中等职业教育规划教材

计算机网络实用技术

主　编　何　琳
主　审　古燕莹

中国人民大学出版社
·北京·

教材编写委员会

总　序

当前，中等职业教育“职业能力”培养的实施、课程与教学改革的推进已经越来越指向教与学这个最普通、最基本的行为，改变传统教学行为、向学科本位的教学思想宣战等说法已不鲜见。然而，在学校里，真正改变原有教与学行为方式的重要载体是教材，因此，教材建设将成为中职课程与教学改革的重要环节。为实现服务首都世界城市建设、培养高质量技能型人才的目标，北京市朝阳区教育委员会决定于“十二五”期间启动系列专业教材开发行动计划，这是全面提升职业教育办学水平的重大举措，也是区域职业教育教学改革和人才培养模式创新的重要历史任务。

本系列教材编写致力于突出“四个体现”：

第一，体现职教特色与学生终身发展需要。紧密结合社会经济发展和市场经济需求并与之相适应，关注学生认知规律和职业成长发展规律。

第二，体现职业教育课改思想。教材编写以工作过程系统化、典型工作任务为基础，以工作项目为载体，遵循“教学做合一”的基本原则。

第三，体现校企合作、工学结合的基本特征。教学内容符合岗位特点，针对工作任务训练技能，针对岗位标准实施考核评价。

第四，体现行动导向的教学思想。积极创新教学模式，遵循“以人为本”、“做中学”的教学原则，实施多样化的教学模式。

本系列教材的编写以建设现代高端职业教育为目标，以高标准、创品牌、出精品为宗旨。编写过程分为组建专业团队、全面开展培训、统一思想认识、组织团队研讨等阶段；同时经历了企业调研、专家指导、集中论证、专业把关、严格修改等必要环节。

整个编写过程，对于广大一线教师而言，是一个不断成长和发展的过程，也是一个不断拓展和提升的过程。尽管他们的专业背景各有不同，对课改的理解和内化各有差异，但是，他们都很努力地投入到课程与教学改革实践中去学习和感悟，尤其在编写过程中，他们的体验逐渐丰富，认识逐渐深化，研究水平逐渐提升。教材凝聚了职教教师在长期教学实践中的丰富经验和智慧，记载着他们不断探索、勇于创新的艰辛历程。可以说，教师们尽了自己最大的努力来表达他们对职教课改的研究和理解。

此系列教材的编写得到了北京市朝阳区委教育工委和区教委的高度重视，区教育研究中心承担了教材编写的研究、组织和指导工作，北京市部分职业学校积极参与了此项工作，一批优秀的骨干教师积极投身到教材编写工作中，并为此付出了辛勤的汗水。教材编写得到了北京教育科学研究院有关领导、专家的指导，得到了相关行业企业的大力支持，在此深表感谢！还要特别感谢中国人民大学出版社为教材出版所做的辛勤工作！

本系列教材的出版，尽管得益于众多专家的指导，经过编写团队的多次修改、加工，但受时间紧、任务重、水平有限的局限，仍然有许多不足之处，敬请批评指正！

教材编写委员会

2012 年 1 月

前言

随着互联网的快速发展和在全球的迅速普及，计算机网络已渗入社会生活的多个角落，上网已经成为我们生活中不可缺少的一部分。在享受网络给我们带来便利的同时，我们也想知道网络是如何工作的；网络是如何建立起来的；在网络中出现了故障我们如何解决。因此在职业院校的计算机专业中都开设有网络技术基础课程，为了能使学生更好地学习网络技术的基础知识和基本技能，我们组织了一批有丰富一线教学经验的老师编写了这本教材。

本书依据“以工作过程为导向”的课程改革理念进行编写，突出“在做中学，在学中做”的教学理念，适合作为中等职业院校计算机网络专业的教材，也可以供学习网络技术知识的初学者使用。通过本书的学习，主要使学习者建立网络技术基础概念，具备网络技术基本操作技能和应用能力。

本书以工作任务为载体，通过与企业专家沟通，设计了一系列的工作场景，以完成工作任务的方式展开。学习者可以通过完成不同的工作任务，达到认知理论、掌握技能的目的。全书共四个单元，每个单元有相对独立的任务，但单元之间设计的知识是逐步递进的关系。参考学时为 72 学时。

第一单元：双机互联，主要介绍网络的连接线缆网线的制作和两台计算机互联的详细过程，建议学时为 16 学时。

第二单元：多机互联，主要介绍连接多台计算机使用的网络设备和技术，建议学时为 24 学时。

第三单元：局域网接入 Internet，主要介绍了五种常见局域网络的组建过程和四种常见接入 Internet 的方式，建议学时为 16 学时。

第四单元：局域网管理与维护，主要介绍了进行局域网管理和维护的基本方法和工作技巧，建议学时为 16 学时。

本书以“通过实践理解理论，通过理论指导实践”的思想为指导，注重从实际出发，理论联系实际，融合实际工作中的实用技巧，以及采用激励性评价原则，采用工作页方式方便学生学习，提高学生学习兴趣。本书内容由浅入深、循序渐进，语言清晰流畅、通俗易懂，使读者能较快学习到网络技术的基本理论和实际应用。

本书由何琳主编，古燕莹主审。高大伟、郭芳、沈天璐、关斌、邓凯等老师参与了本书的编写工作，其中第一单元、第二单元由何琳编写，第三单元由高大伟、郭芳、沈天璐、关斌、邓凯编写，第四单元由高大伟、何琳编写。本书四个单元的评价均由沈天瑢完成。本书编写过程中得到了北京市求实职业学校林安杰校长、杨毅副校长，以及企业专家冯江的大力支持，古燕莹、宫谦对本书的编写提出了宝贵意见，在此一并表示感谢。

由于时间仓促和编写者水平有限，书中难免有不妥和不足之处，恳求各位专家、学者和读者提出宝贵的意见，并欢迎广大读者与我们联系和交流，希望我们共同进步。

编者

目　录

第一单元　双机互联 …… 1
任务一　制作双绞线网线 …… 1
任务分析 …… 1
任务准备 …… 2
任务实施 …… 3
工作页与评价 …… 9
相关知识 …… 10
工作技巧 …… 15
任务二　两台计算机互联 …… 16
任务分析 …… 16
任务准备 …… 16
任务实施 …… 17
工作页与评价 …… 39
相关知识 …… 40
工作技巧 …… 46
单元小结 …… 46
思考与练习 …… 46

第二单元　多机互联 …… 48
任务一　选择网络连接设备 …… 49
任务分析 …… 49
任务准备 …… 49
任务实施 …… 50
工作页与评价 …… 51
相关知识 …… 52
工作技巧 …… 55
任务二　计算机与网络设备互联 …… 56
任务分析 …… 56
任务准备 …… 56

任务实施 …… 57
工作页与评价 …… 64
相关知识 …… 65
工作技巧 …… 78
任务三 在 Windows XP 上安装服务 …… 78
任务分析 …… 78
任务准备 …… 78
任务实施 …… 80
工作页与评价 …… 94
相关知识 …… 95
工作技巧 …… 96
单元小结 …… 96
思考与练习 …… 96

第三单元 局域网接入 Internet …… 98
任务一 常见局域网的组建 …… 98
任务分析 …… 98
任务准备 …… 99
任务实施 …… 100
工作页与评价 …… 108
相关知识 …… 110
工作技巧 …… 112
任务二 局域网与 Internet 的连接 …… 113
任务分析 …… 113
任务准备 …… 113
任务实施 …… 113
工作页与评价 …… 132
相关知识 …… 133
工作技巧 …… 135
单元小结 …… 136
思考与练习 …… 136

第四单元 局域网管理与维护 …… 137
任务一 局域网的管理 …… 138
任务分析 …… 138
任务准备 …… 138
任务实施 …… 138
工作页与评价 …… 181

相关知识 …… 182
工作技巧 …… 188
任务二　局域网的维护 …… 189
任务分析 …… 189
任务准备 …… 189
任务实施 …… 190
工作页与评价 …… 201
相关知识 …… 202
工作技巧 …… 205
单元小结 …… 207
思考与练习 …… 208

第一
单元

双机互联

单元学习目标

1. 了解网络基础知识；
2. 了解计算机网络线缆知识；
3. 掌握计算机网线制作及测试知识；
4. 掌握共享文件夹的设置方法；
5. 掌握共享打印机的设置方法；
6. 能够制作网线并测试网线的质量；
7. 初步具有耐心细致的工作作风；
8. 初步具有遵守规则的意识。

工作情境

某家庭用户新购一台计算机，希望能够使用新计算机播放原有计算机上的电影，同时又不想使用移动存储设备进行文件复制操作。现在两台计算机安装的均是 Windows XP 操作系统。请你设计一个解决方案，帮助解决这个问题。

工作分析

要想在不使用移动存储设备进行文件复制的前提下让新计算机播放旧计算机上的电影，就要通过两台计算机之间的资源共享来实现。而要解决两台计算机之间的资源共享，首先要解决两台计算机的连接问题，然后再进行资源共享的设置与使用操作。现在，我们先来解决两台计算机的连接问题，即制作并测试连接两台计算机的双绞线网线。

任务一　制作双绞线网线

任务分析

为了把这两台计算机连接在一起，我们首先要完成网线的制作与测试。

任务准备

1. 认识双绞线

双绞线的英文名字叫 Twist-Pair，是综合布线工程中最常用的一种传输介质。如图 1—1 所示。

双绞线采用了一对互相绝缘的金属导线互相绞合的方式来抵御一部分外界电磁波干扰，更主要的是降低自身信号的对外干扰。把两根绝缘的铜导线按一定密度互相绞在一起，可以降低信号干扰的程度，每一根导线在传输中辐射的电波会被另一根线上发出的电波抵消。“双绞线”的名字也是由此而来。双绞线一般由两根 22～26 号绝缘铜导线相互缠绕而成，实际使用时，双绞线是由多对双绞线一起包在一个绝缘电缆套管里的。典型的双绞线有四对的，也有更多对双绞线放在一个电缆套管里的。这些我们称之为双绞线电缆。在双绞线电缆（也称双扭线电缆）内，不同线对具有不同的扭绞长度，一般来说，扭绞长度在 38.1mm 至 14cm 内，按逆时针方向扭绞。相邻线对的扭绞长度在 12.7mm 以上，一般扭线越密其抗干扰能力就越强，与其他传输介质相比，双绞线在传输距离、信道宽度和数据传输速度等方面均受到一定限制，但价格较为低廉。

2. 认识水晶头

每条双绞线两头通过安装 RJ-45 连接器（俗称水晶头）与网卡和集线器（或交换机）相连。如图 1—2 所示。

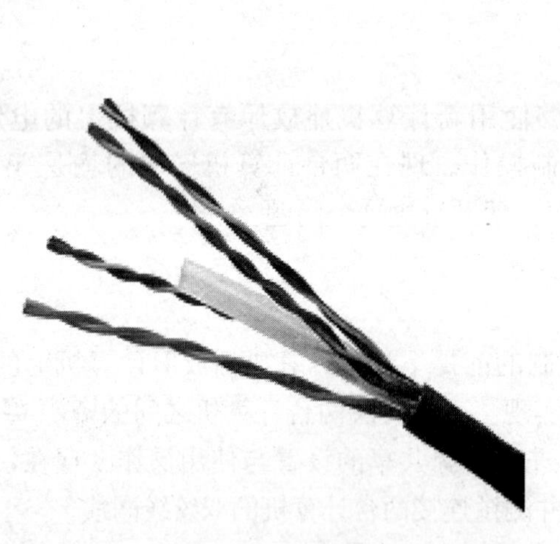

图 1—1 双绞线

图 1—2 RJ-45 水晶头图

RJ-45 接头是一种只能沿固定方向插入并自动防止脱落的塑料接头，俗称“水晶头”，专业术语为 RJ-45 连接器（RJ-45 是一种网络接口规范，类似的还有 RJ-11 接口，就是我们平常所用的“电话接口”，用来连接电话线）。之所以把它称为“水晶头”，是因为它的外表晶莹透亮。双绞线的两端必须都安装这种 RJ-45 插头，以便插在网卡（NIC）、集线器（Hub）或交换机（Switch）的 RJ-45 接口上，进行网络通信。

3. 认识制线工具

制作双绞线网线，使用的工具是网线压线钳。如图 1—3 所示。它可以完成切线、剥线和压线。在购买网线压线钳时一定要注意选对种类，因为网线压线钳针对不同的线材会有不同的规格，一定要选用双绞线专用的压线钳才可用来制作以太网双绞线网线。

4. 认识测线器

在进行局域网网络布线和线路维修时，通常使用网络电缆测试仪进行连通性测试。网络电缆测试仪有专业测试仪和简易测试仪之分，如图 1—4 所示。

图 1—3　压线钳

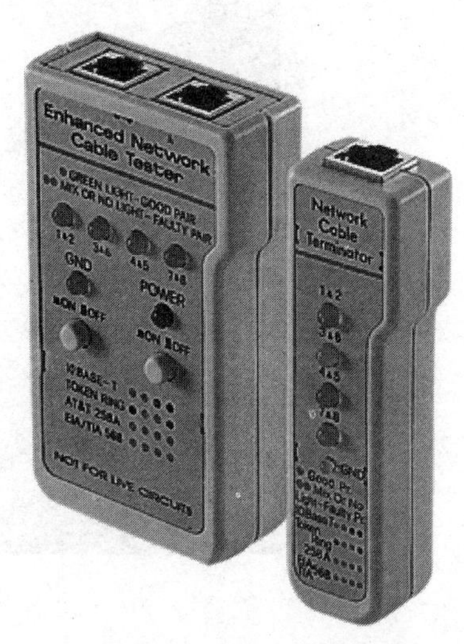

图 1—4　简易测线器

任务实施

一、制作双绞线网线

1. 剥线

用双绞线剥线器或压线钳剥线口，将双绞线的外皮剥除 1.5 厘米左右。将双绞线的一端剪齐后插入到压线钳用于剥线的缺口中，顶住剥线钳后面的挡位以后，稍微握紧压线钳慢慢旋转一圈，让刀口划开双绞线的保护胶皮并剥除外皮，如图 1—5 所示。

图 1—5　剥线

注意：

(1) 剥线刀口非常锋利，握剥线钳力度不能过大，否则会剪断芯线，只要看到电缆外皮略有变形就应停止加力，慢慢旋转双绞线，剥线的长度为 1.5 厘米左右，不宜太长或太短。

(2) 压线钳挡位离剥线刀口长度通常恰好为水晶头长度，这样可以有效避免剥线过长或过短。如果剥线过长往往会因为网线不能被水晶头卡住而容易松动，如果剥线过短则会造成水晶头插针不能跟双绞线完好接触。

2. 排线

剥除双绞线外皮后会看到双绞线的 4 对芯线，每对芯线的颜色各不相同。将绞在一起的芯线分开，按照“橙白、橙、绿白、蓝、蓝白、绿、棕白、棕”的颜色依次排列。如图 1—6 所示。

图 1—6 排线

注意：制作双绞线网线有两种类型：

（1）直连线：一端线序为“橙白、橙、绿白、蓝、蓝白、绿、棕白、棕”，另一端线序为“橙白、橙、绿白、蓝、蓝白、绿、棕白、棕”，如图 1—7 所示。

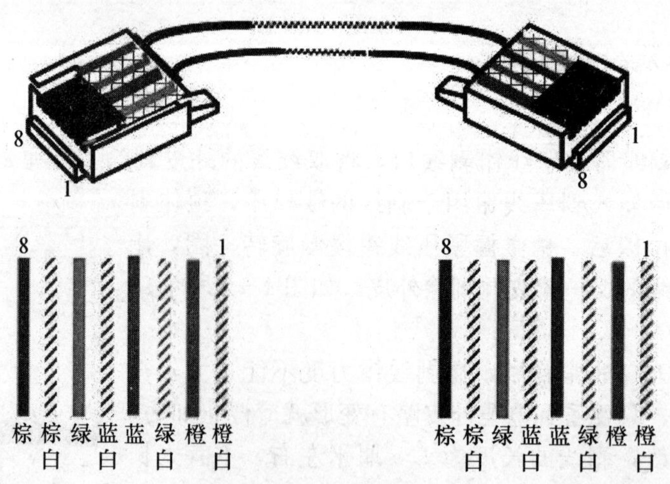

图 1—7 直连线

（2）交叉线：一端线序为“橙白、橙、绿白、蓝、蓝白、绿、棕白、棕”，另一端线序为“绿白、绿、橙白、蓝、蓝白、橙、棕白、棕”，如图 1—8 所示。

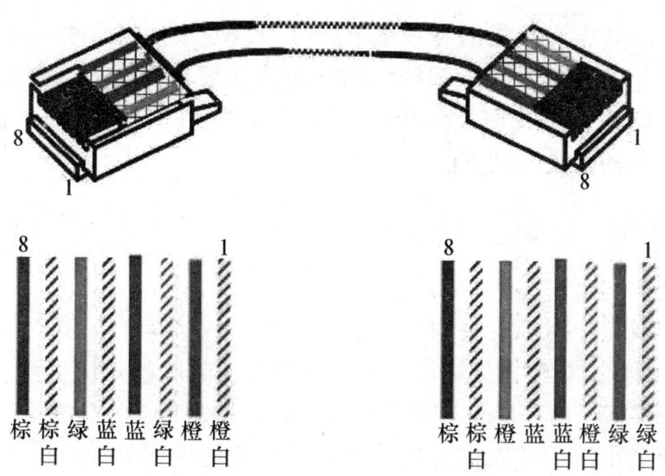

图 1—8　交叉线

3. 切线

将排好线序的双绞线用压线钳的切线口将线的顶端切到只剩下 1.2 厘米的长度，如图 1—9 所示。

4. 插线

一只手捏住水晶头，将水晶头有弹片一侧向下，另一只手将排好线序的双绞线平行插入水晶头的线槽中，8 条导线顶端应插入线槽顶端，如图 1—10 所示。

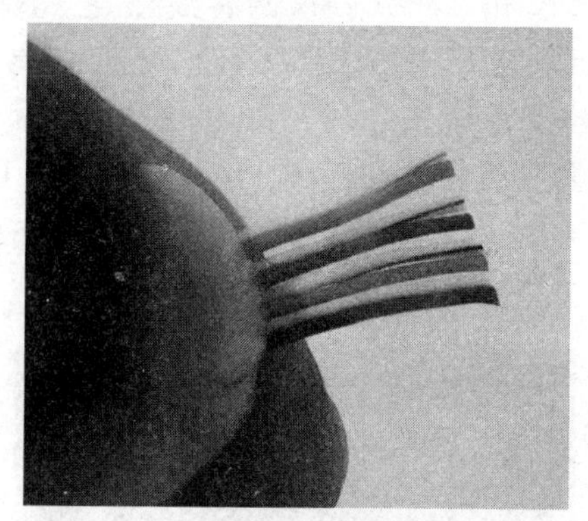

图 1—9　切线

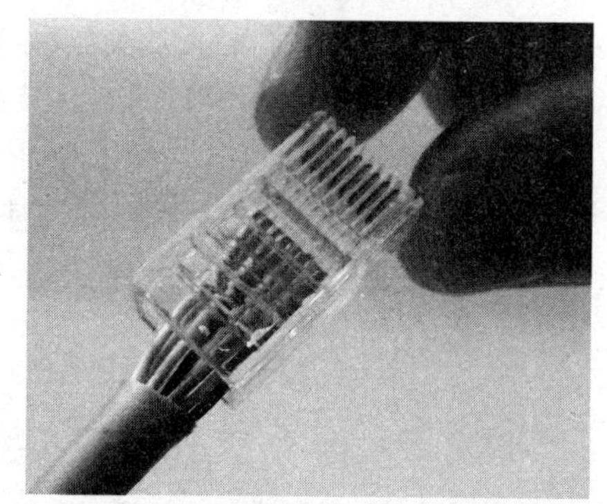

图 1—10　插线

注意：将并拢的双绞线插入 RJ-45 接头时，“橙白”线要对着 RJ-45 的第一脚。

5. 压线

将插入双绞线的 RJ-45 插头插入压线钳的压线插槽中，用力压下压线钳的手柄，使 RJ-45 插头的针脚都能接触到双绞线的芯线。如图 1—11 所示。

注意：如果测试网线不通，应先把水晶头用压线钳再狠夹一次，把水晶头的金属片压下去，压到位。新手制作的网线不通大多数是由此造成的。

图 1—11　压线

按照以上五步制作双绞线的另一端，即可完成双绞线网线的制作。为了实现双机互联，我们制作的是交叉线，双绞线网线制作完成后，要检验其是否连通，可以直接插入计算机的网卡。我们在使用前，一般需要测试一下网线是否能正常通信，下面介绍两种简单的网线测试方法。

二、测试网线

1. 静态测试

将要测试的线缆分别接入主测试仪和远程测试仪，拨动开关 ON 为正常测试速度，S 键为慢速测试。观察网线在测试时，发射器和接收器灯亮的顺序。若发射器 1 号灯亮时，接收器 3 号灯亮，发射器 2 号灯亮时，接收器 6 号灯亮……则说明我们制作的这根网线通信正常，可以作为连接两台计算机的网线使用。能手测试仪的测试过程，如图 1—12 所示。

2. 动态测试

进行了上面的简单测试后，已经可以证明网线能正常工作了，实际中没有必要再做其他测试了。但在一些要求十分严格的场合，则还需要进行网线质量的进一步测试，这就需要更高级的设备的支持，如 Fluke 测试仪。

目前大多数情况下，双绞线电缆的线路是直通连接的，称作直通线。直通线就是双绞线两端的数据发送端口与发送端口直接相连，接收端口与接收端口直接相连的线缆。直通线也存在两种不同的线序：T568A 和 T568B。这两种线序在 ANSI/EIA/TIA-568-B. 2 中作了定义。美国联邦政府出版物 FIPS PUB174 仅认可 T568A 的名称。但必要时可按照 T568B 的方法装配 8 芯电缆系统。

注意：T568A 和 T568B 是标准中所规定的两种线序，与标准 TIA-568-A 和 TIA-568-B 要区分开来。在同一个工程中要使用单一接线标准，而不能混用。图 1—13 是正确的直通线接线和两种不同线序。

图 1—12 能手测试仪及测试时的连线

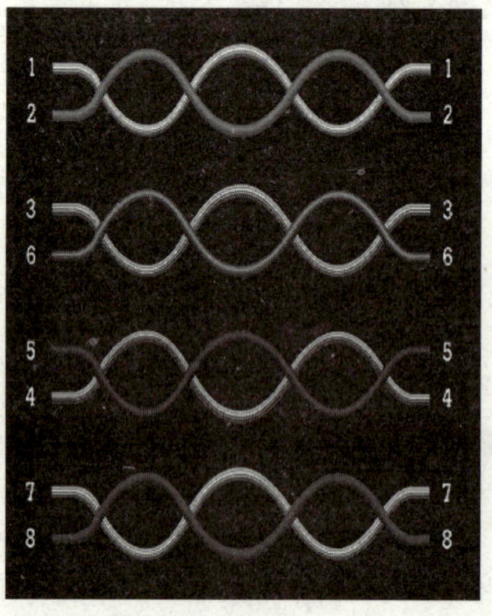

图 1—13 正确的接线方式

T568A 标准：绿白—1，绿—2，橙白—3，蓝—4，蓝白—5，橙—6，棕白—7，棕—8，如图 1—14 所示。

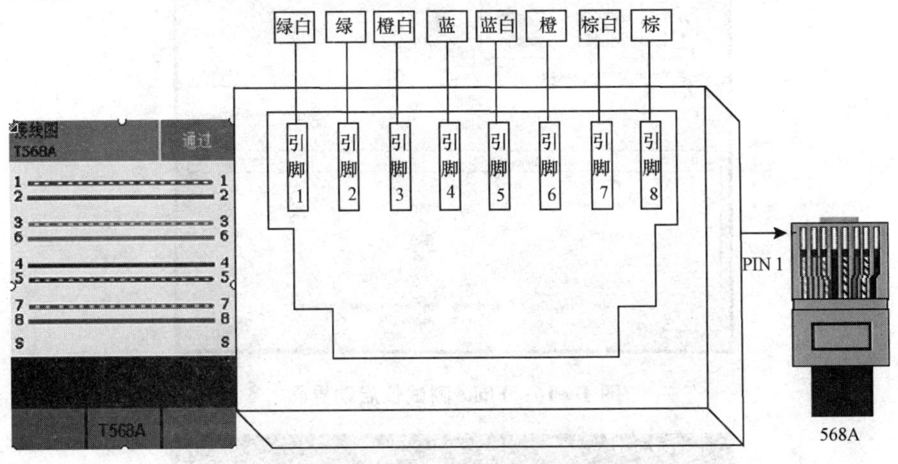

图 1—14　T568A 标准

T568B 标准：橙白—1，橙—2，绿白—3，蓝—4，蓝白—5，绿—6，棕白—7，棕—8，如图 1—15 所示。

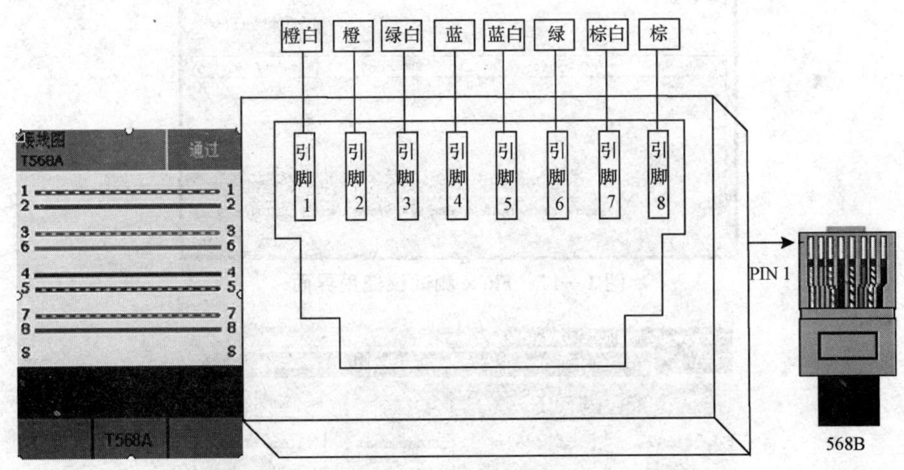

图 1—15　T568B 标准

3. Fluke 测试仪管理程序的使用

(1) 启动 OptiView Analyzer Remote，双击桌面上的图标即可启动，界面如图 1—16 所示。

(2) 打开 DSP4000 测试仪，将计算机的标准网线接到测试仪，并把待测网线插入测试仪的测试口，如果网线连通正确，测试程序将会自动发现设备。

(3) 单击图 1—16 中的“Launch user interface for selected analyzer”按钮即可进入测试画面，如图 1—17 所示。

(4) 单击图 1—17 中“Cable Test”页签并点击 TEST 键进行测试，如果显示绿色对钩则表示网线可以正常工作，如图 1—18 所示。

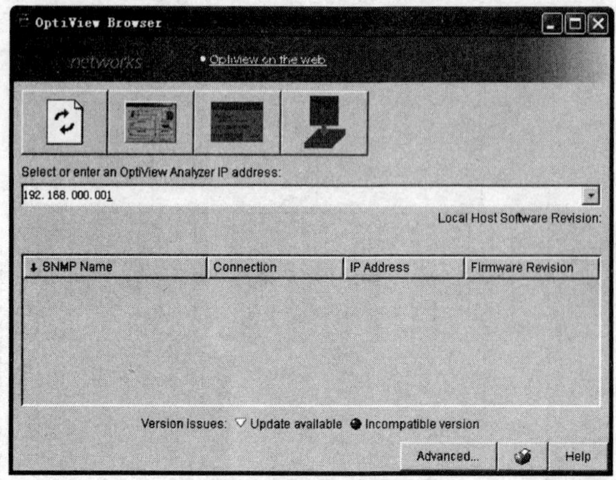

图 1—16 Fluke 测试仪启动界面

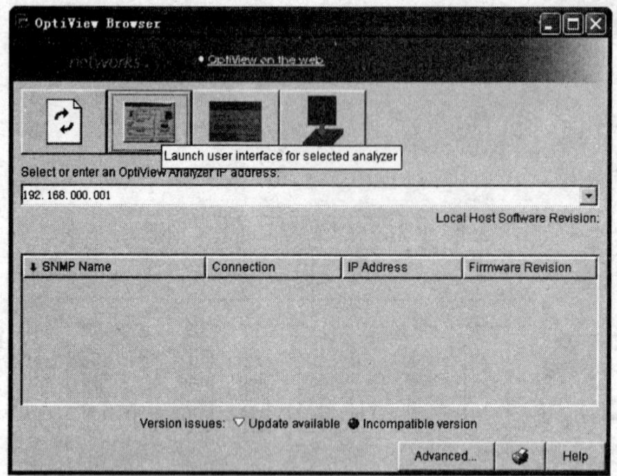

图 1—17 Fluke 测试仪使用界面

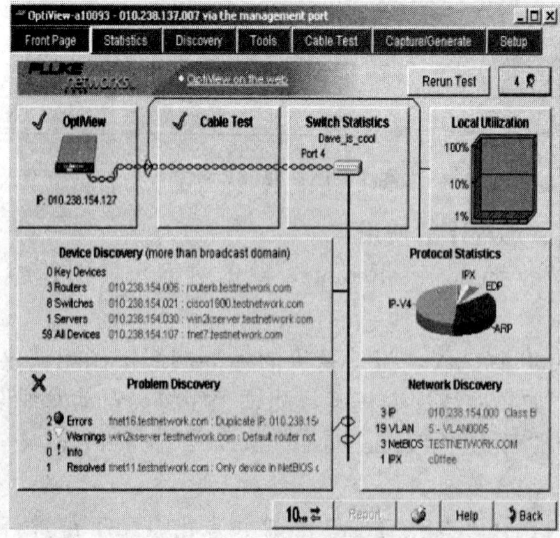

图 1—18 Fluke 测试仪测试成功界面

工作页与评价

<table>
<tr><td>第一单元</td><td colspan="8">双机互联</td></tr>
<tr><td>工作名称</td><td colspan="8">任务一：制作双绞线网线</td></tr>
<tr><td>工作时间</td><td colspan="2">年　　月　　日</td><td>地点</td><td></td><td>工作组号</td><td colspan="3"></td></tr>
<tr><td>工作材料</td><td colspan="8"></td></tr>
<tr><td>小组成员</td><td colspan="8">组长：　　　　　组员：</td></tr>
<tr><td>工作目标</td><td colspan="8"></td></tr>
<tr><td rowspan="6">工作过程</td><td rowspan="2">工作任务</td><td colspan="3" rowspan="2">工作记录</td><td colspan="4">评价</td></tr>
<tr><td>A</td><td>B</td><td>C</td><td>D</td></tr>
<tr><td>截取网线</td><td colspan="3">长度：　　　　　　工具：</td><td></td><td></td><td></td><td></td></tr>
<tr><td>制作网线</td><td colspan="3">剥线：　排线：　切线：　插线：　压线：</td><td></td><td></td><td></td><td></td></tr>
<tr><td>测线工具</td><td colspan="3"></td><td></td><td></td><td></td><td></td></tr>
<tr><td>测试结果</td><td colspan="3"></td><td></td><td></td><td></td><td></td></tr>
<tr><td>反馈意见</td><td colspan="8"></td></tr>
<tr><td>教师签字</td><td colspan="8"></td></tr>
<tr><td rowspan="5">评价标准</td><td>等级
工作任务</td><td colspan="2">A</td><td colspan="2">B</td><td colspan="3">C</td></tr>
<tr><td>材料损耗</td><td colspan="2">每根网线制作一次成功且网线长度符合任务要求，误差不超过0.1米</td><td colspan="2">平均每根网线制作多用水晶头1个或网线长度误差范围在0.1米到0.15米内</td><td colspan="3">能够使用提供的材料完成网线的制作</td></tr>
<tr><td>制作网线</td><td colspan="2">线芯无裸露在绝缘套管外，裸露部分线芯无叠压；符合线序标准；插线到位；</td><td colspan="2">线芯有一端裸露出绝缘套管外或一端裸露部分有叠压；符合线序标准；插线到位</td><td colspan="3">线芯裸露出绝缘套管外、裸露部分有叠压现象达到2处；符合线序标准；插线到位</td></tr>
<tr><td>测线工具</td><td colspan="2">正确使用测试工具对网线进行测试并能正确识别所有参数信息</td><td colspan="2">正确使用测试工具对网线进行测试，不能正确识别的参数不超过2个</td><td colspan="3">正确使用测试工具对网线进行测试</td></tr>
<tr><td>测试结果</td><td colspan="2">网线通过测线仪测试，通信正常；按要求线序标准制作网线</td><td colspan="2">网线通过测线仪测试，通信正常；未按要求线序标准制作网线</td><td colspan="3">网线通过测线仪测试，通信不正常，但经过二次压线后可以通过测试</td></tr>
</table>

注：未达到C标准的视为D。

问题讨论：

1. 哪几种标准的双绞线能够用于100M计算机局域网建网？
2. 网线制作时所用的水晶头标准是什么？
3. 网线两端的线序有什么关系？

相关知识

1. 双绞线的分类

第一种划分方法：按是否屏蔽分。

计算机局域网中的双绞线可分为非屏蔽双绞线（UTP）和屏蔽双绞线（STP）两大类：STP外面由一层金属材料包裹，以减小辐射，防止信息被窃听，同时具有较高的数据传输速率，但价格较高，安装也比较复杂；UTP无金属屏蔽材料，只有一层绝缘胶皮包裹，价格相对便宜，组网灵活。除某些特殊场合在布线中使用STP外，一般情况下我们都采用UTP。

第二种划分方法：按线缆标准分，见表1—1。

表1—1　双绞线标准及用途

标准	最高传输速率	主要用途
一类		主要用于传输语音（一类标准主要用于20世纪80年代初之前的电话线缆），不用于数据传输。
二类	1Mbps	传输频率为1MHz，用于语音传输和最高传输速率为4Mbps的数据传输，常见于使用4Mbps规范令牌传递协议的旧的令牌网。
三类	16Mbps	目前在ANSI和EIA/TIA568标准中指定的电缆，该电缆的传输频率为16MHz，用于语音传输及最高传输速率为10Mbps的数据传输，主要用于10BASE-T。
四类	20MHz	该类电缆的传输频率为20MHz，用于语音传输和最高传输速率为16Mbps的数据传输，主要用于基于令牌的局域网和10BASE-T/100BASE-T。
五类	100Mbps	该类电缆增加了绕线密度，外套一种高质量的绝缘材料，传输频率为100MHz，用于语音传输和最高传输速率为10Mbps的数据传输，主要用于100BASE-T和10BASE-T网络。这是最常用的以太网电缆。
超五类	100Mbps	超5类具有衰减小、串扰少的特点，并且具有更高的衰减与串扰的比值（ACR）和信噪比（Structural Return Loss）、更小的时延误差，性能得到很大提高。超五类线主要用于千兆位以太网（1 000Mbps）。
六类	1 000Mbps	该类电缆的传输频率为1MHz～250MHz，六类布线系统在200MHz时综合衰减串扰比（PS-ACR）应该有较大的余量，它提供2倍于超五类的带宽。六类布线的传输性能远远高于超五类标准，最适用于传输速率高于1Gbps的应用。六类与超五类的一个重要的不同点在于：改善了在串扰以及回波损耗方面的性能，对于新一代全双工的高速网络应用而言，优良的回波损耗性能是极重要的。六类标准中取消了基本链路模型，布线标准采用星形的拓扑结构，要求的布线距离为：永久链路的长度不能超过90m，信道长度不能超过100m。
超六类	10Gbps	超六类线是六类线的改进版，同样是ANSI/EIA/TIA-568B.2和ISO 6类/E级标准中规定的一种非双绞线电缆，主要应用于千兆位网络中。在传输频率方面与六类线一样，也是200～250MHz，最大传输速度也可达到1 000Mbps，只是在串扰、衰减和信噪比等方面有较大改善。
七类	10Gbps	该线是ISO 7类/F级标准中最新的一种双绞线，它主要为了适应万兆位以太网技术的应用和发展。但它不再是一种非屏蔽双绞线了，而是屏蔽一种双绞线，所以它的传输频率至少可达500MHz，是六类线和超六类线的2倍以上，传输速率可达10Gbps。

2. 以太网的线缆标准：线序、传输距离

（1）同轴电缆：同轴电缆是由一根空心的外圆柱导体（铜网）和一根位于中心轴线的内导线（电缆铜芯）组成，并且内导线和圆柱导体及圆柱导体和外界之间都是用绝缘材料隔开，如图1—19所示。

图1—19　同轴电缆的结构

同轴电缆可分为两种基本类型，基带同轴电缆和宽带同轴电缆。目前基带常用的电缆，其屏蔽线是用铜做成的网状的，特征阻抗为50（如RG-8、RG-58等）；宽带同轴电缆常用的电缆的屏蔽层通常是用铝冲压成的，特征阻抗为75（如RG-59等）。

粗同轴电缆与细同轴电缆是指同轴电缆的直径大还是小。粗缆适用于比较大型的局部网络，它的标准距离长、可靠性高。由于安装时不需要切断电缆，因此可以根据需要灵活调整计算机的入网位置。但粗缆网络必须安装收发器和收发器电缆，安装难度大，所以总体造价高。相反，细缆安装则比较简单，造价低，但由于安装过程要切断电缆，两头须装上基本网络连接头（BNC），然后接在T型连接器两端，所以当接头多时容易产生接触不良的隐患，这是目前运行中的以太网所发生的最常见故障之一。两种电缆的比较可见表1—2。

表1—2　两种同轴电缆对比

名称	描述	技术参数
细缆	对于使用细缆的以太网，每个干线段的长度不能超过185米，可以用中继器连接两个干线段，以扩充主干电缆的长度。每个以太网中最多可以使用四个中继器，连接五段干线段电缆。	● 最大的干线段长度：185米。 ● 最大网络干线电缆长度：925米。 ● 每条干线段支持的最大节点数：30。 ● BNC-T型连接器之间的最小距离：0.5米。
粗缆	对于使用粗缆的以太网，每个干线段的长度不超过500米，可以用中继器连接两个干线段，以扩充主干电缆的长度。每个以太网中最多可以使用四个中继器，连接五段干线段电缆。	● 最大干线段长度：500米。 ● 最大网络干线电缆长度：2 500米。 ● 每条干线段支持的最大节点数：100。 ● 收发器之间最小距离：2.5米。 ● 收发器电缆的最大长度：50米。

为了保持同轴电缆的正确电气特性，电缆屏蔽层必须接地。同时两头要有终端器来削弱信号反射作用。

（2）光纤：光纤和同轴电缆相似，只是没有网状屏蔽层。中心是光传播的玻璃芯。在多模光纤中，芯的直径是15μm～50μm，大致与人的头发的粗细相当。而单模光纤芯的直径为8μm～10μm。芯外面包围着一层折射率比芯低的玻璃封套，以使光纤保持在芯内。再外面的是一层薄的塑料外套，用来保护封套。光纤通常被扎成束，外面有外壳保护。纤芯通常是由石英玻璃制成的横截面积很小的双层同心圆柱体，它质地脆，易断裂，因此需要外加一保护层。

光纤按传输点模数类分单模光纤（Single Mode Fiber）和多模光纤（Multi Mode Fiber）。多模光纤：中心玻璃芯较粗（50μm或62.5μm），可传多种模式的光。但其模间色散较大，这就限制了传输数字信号的频率，而且随距离的增加会更加严重。例如：600MB/KM的光纤在2KM时则只有300MB的带宽了。因此，多模光纤传输的距离比

较近，一般只有几公里。单模光纤：中心玻璃芯较细（芯径一般为 9μm 或 10μm），只能传一种模式的光。因此，其模间色散很小，适用于远程通信，但其色度色散起主要作用，这样单模光纤对光源的谱宽和稳定性有较高的要求，即谱宽要窄，稳定性要好。

光纤的类型由模材料（玻璃或塑料纤维）及芯和外层尺寸决定，芯的尺寸大小决定光的传输质量。常用的光纤线缆有：

- 8.3μm 芯、125μm 外层、单模。
- 62.5μm 芯、125μm 外层、多模。
- 50μm 芯、125μm 外层、多模。
- 100μm 芯、140μm 外层、多模。

光纤传输距离可见表 1—3。

表 1—3　　不同光纤在各种传输速率及波长下的最大传输距离

速率，波长 / 光纤类型	1Gb/s，850nm	10Gb/s，850nm	2.5Gb/s，1 550nm	10Gb/s，1 550nm	在 40Gb/s，1 550nm
普通 50μm 多模光纤	550m	250m			
普通 62.5μm 多模光纤	275m	100m			
新型 50μm 多模光纤	1 100m	550m			
g. 652 单模光纤			100km	60km	4km
g. 655 单模光纤			390km（ofs truewave）	240km（ofs truewave）	16km（ofs truewave）

（3）双绞线：双绞线的最大传输距离为 100m。如果要加大传输距离，在两段双绞线之间可安装中继器，最多可安装 4 个中继器。如安装 4 个中继器连接 5 个网段，则最大传输距离可达 500m。

3. 测试方法与测试工具

（1）能手测试仪。

将网线两端的水晶头分别插入主测试仪和远程测试端的 RJ45 端口，将开关拨到“ON”。这时主测试仪和远程测试端的指示头就应该逐个闪亮，如图 1—20 所示。

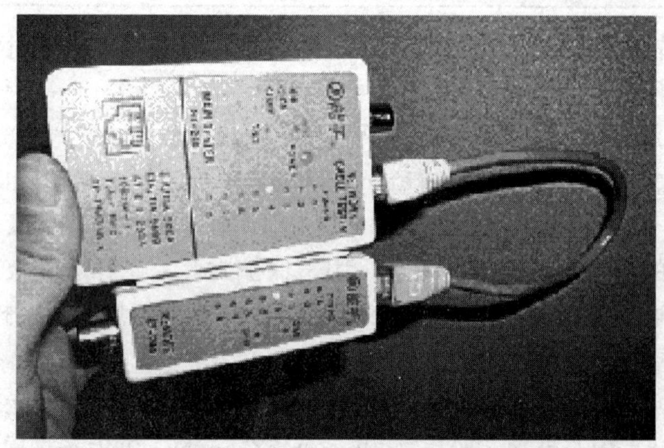

图 1—20　能手测试仪

①直通连线的测试：测试直通连线时，主测试仪的指示灯应该从 1 到 8 逐个顺序

闪亮，而远程测试端的指示灯也应该从 1 到 8 逐个顺序闪亮。如果是这种现象，说明直通线的连通性没问题，否则就得重做。

②交叉连线的测试：测试交叉连线时，主测试仪的指示灯也应该从 1 到 8 逐个顺序闪亮，而远程测试端的指示灯应该是按着 3、6、1、4、5、2、7、8 的顺序逐个闪亮。如果是这样，说明交叉线连的通性没问题，否则就得重做。

③若网线两端的线序不正确时：主测试仪的指示灯仍然从 1 到 8 逐个闪亮，只是远程测试端的指示灯将按着与主测试端连通的线号的顺序逐个闪亮。也就是说，远程测试端不能按着①和②的顺序闪亮。

④导线断路测试的现象：

Ⅰ. 当有 1 到 6 根导线断路时，则主测试仪和远程测试端的对应线号的指示灯都不亮，其他的灯仍然可以逐个闪亮。

Ⅱ. 当有 7 根或 8 根导线断路时，则主测试仪和远程测试端的指示灯全都不亮。

⑤导线短路测试的现象：

Ⅰ. 当有两根导线短路时，主测试仪的指示灯仍然按照从 1 到 8 的顺序逐个闪亮，而远程测试端两根短路线所对应的指示灯将被同时点亮，其他的指示灯仍按正常的顺序逐个闪亮。

Ⅱ. 当有三根或三根以上的导线短路时，主测试仪的指示灯仍然按照从 1 到 8 逐个顺序闪亮，而远程测试端的所有短路线对应的指示灯都不亮。

(2) FLUKE 测试仪。

FLUKE 测试仪和我们常用的“能手”一样，也是由两部分组成，除了一般的测试外，还有衰减，线序，线长等的测试，还能把测试数据保存下来做工程数据用，但它只能测五类线，且线路如果完全断开它是无能为力。最简单的测试方法就是用 AUTOTEST 档，然后用测试仪两端接要测试的网线，用法同“能手”。测试完后，用“1”号键查基本资料，按 SAVE 键保存资料。测试通过时，主机会有节奏地发出响声，副机三个灯的黄、绿灯会有规律地闪动，出错时闪红灯。线长是从主机端口到副机端口的距离（包括附赠的跳线）。线序出错时，按“3”键继续测试。断线处查找方法：当测试仪测到该路有断路、短路（至少有一条未断）时，会显示出来，分别为断开的直线和用一条短线短接两条短路的图示，断点距离为所显示距离扣去跳线长度。

Fluke 测试仪的外观图见图 1—21。

图 1—21　Fluke 测试仪

Fluke 测试仪的软件界面如图 1—22 所示。

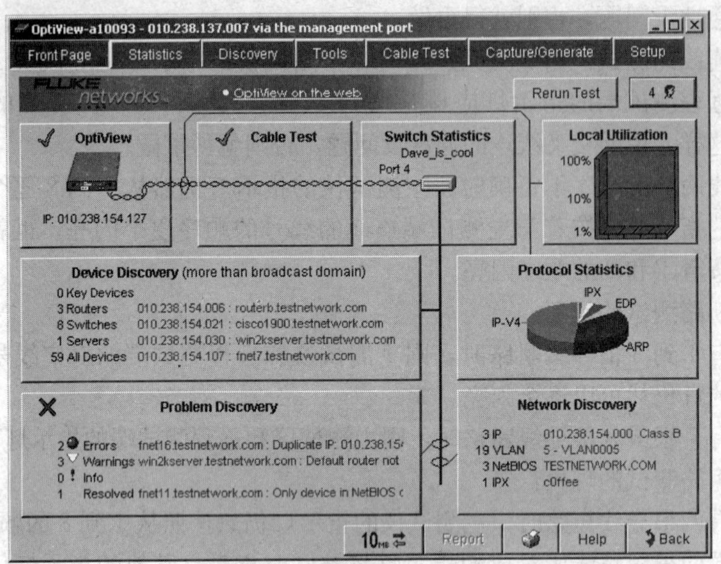

图 1—22　Fluke 测试仪的软件界面

Fluke 测试仪的管理程序安装过程如下：

(1) 首先安装 Fluke 测试仪的管理程序，双击此管理程序的 OVRemote. exe 文件，将出现“安装向导”对话框，如图 1—23 所示。

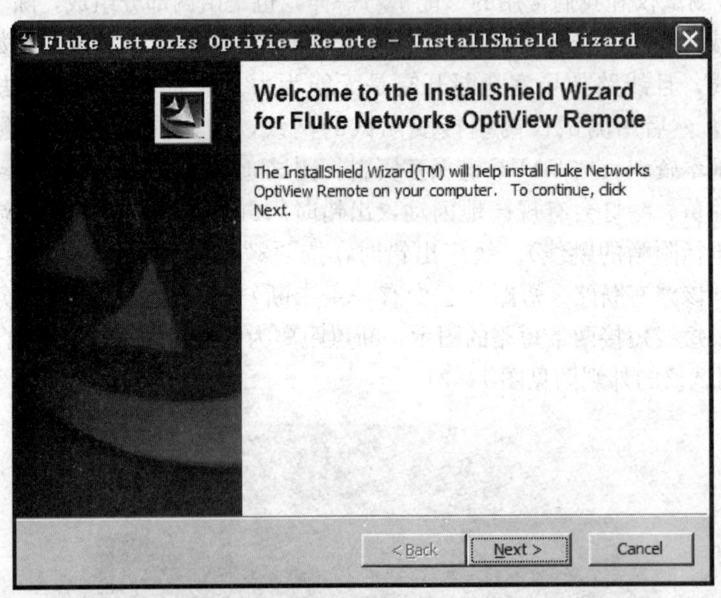

图 1—23　Fluke 测试仪安装向导

(2) 单击“Next”按钮将出现安装路径的选择，如图 1—24 所示。

(3) 选择适当的安装路径后点击“Next”按钮，继续安装程序。

(4) 出现如图 1—25 的界面，代表安装完成，点击“Finish”按钮将退出程序。

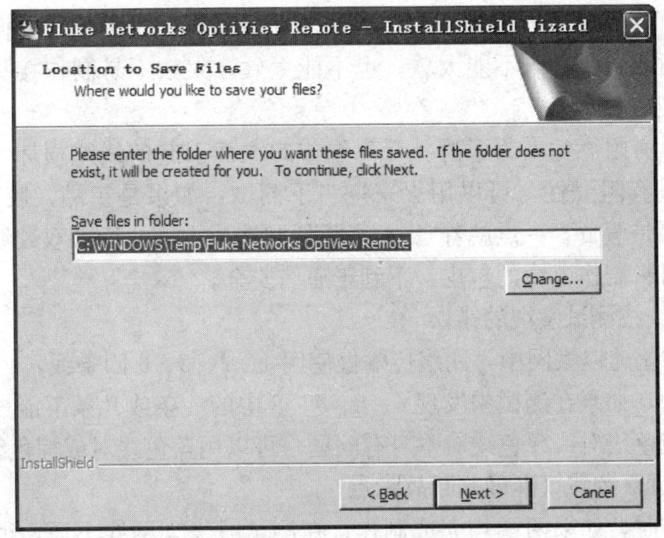

图 1—24 选择安装路径

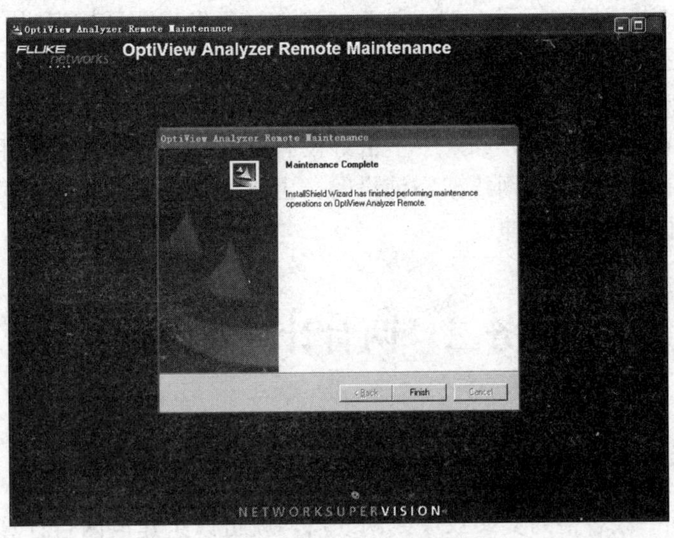

图 1—25 安装完成界面

工作技巧

1. 判别双绞线质量好坏的三种方法

(1) 查看电缆外面的说明信息。在双绞线电缆的外面包皮上应该印有像“AMPSystems Cable…24awg…cat5”的字样，表示该双绞线是 AMP 公司（最具声誉的双绞线品牌）的五类双绞线，其中 24awg 表示是局域网中所使用的双绞线，cat5 表示为五类；此外还有一种 nordx/cdt 公司的 ibdn 标准五类网线，上面的字样就是“ibdn plus nordx/cdx…24 awg…category 5”，这里“category 5”也表示五类线（category 是英文“种类”的意思）。

(2) 看线缆是否易弯曲。双绞线应弯曲自然，以方便布线。为了使双绞线在移动中不至于断线，除外皮保护层外，内部的铜芯还要具有一定的韧性。同时为便于接头的制作和连接可靠，铜芯既不能太软，也不能太硬，太软不易制作接头，太硬则容易产生接头处断裂。

（3）是否具有阻燃性。为了避免受高温或起火而引起的线缆损坏，双绞线最外面的一层包皮应具有阻燃性（可以用火来烧一下测试：如果是正品，胶皮会受热松软，不会起火；如果是假货，一点就着）。为了降低制造成本，非标准双绞线电缆一般采用不符合要求的材料制作电缆的包皮，不利于通信安全。

2. 解决双绞线测试发现的错误

在 100M 的快速以太网中，网络传输仅使用 1、2、3、6 四条线，4、5、7、8 是作为备用线使用的，如果在测试中发现 4、5、7、8 中的一条或几条不能连通，可不予理会。如果出现橙色线对或绿色线对本身有问题，可以用蓝色线对或棕色线对来代替。

3. 快速测试双绞线（准确判断故障点）

在网线制作时，如果两端均完成制作，在测试时发现网线不通，很难判断是哪一端出现问题。因而，在制作网线时，可先把另一端的网线成对进行短接，然后进行连通性测试，此时由于只进行了一端水晶头的制作，当发现测试错误时，我们可以直接确定故障所在是此次压线的水晶头。

4. 加强线的作用（网线中的小白线）

在进行网线剥线操作时，如果手上恰好没有剥线工具，可通过用手牵引此线来完成网线剥线；在制作完成的网线架空铺设时，由于此线的胀性较小，可用于加强网线的抗拉性，防止线缆过度拉伸。

任务二　两台计算机互联

任务分析

我们制作出一条合格的交叉双绞线网线后，就可以组建成两台计算机互联的小型局域网，从而实现资源共享。

任务准备

两台计算机均需要一块网卡，网卡可以很方便地从电子市场买到，安装在计算机的 PCI 扩展槽中。现在一般的计算机主板均集成网卡，因此大部分情况无需购买。常见的 PCI 网卡，如图 1—26 所示。

图 1—26　PCI 网卡

网卡最终是要与网络进行连接，所以也就必须有一个接口使网线通过它与其他计算机网络设备连接起来。不同的网络接口适用于不同的网络类型，目前常见的接口主要有以太网的 RJ-45 接口、细同轴电缆的

BNC 接口和粗同轴电缆的 AUI 接口、FDDI 接口、ATM 接口等。而且有的网卡为了适用于更广泛的应用环境，提供了两种或多种类型的接口，如有的网卡会同时提供 RJ-45、BNC 接口或 AUI 接口。

1. RJ-45 接口

RJ-45 接口的网卡是最常见的一种网卡，也是应用最广的一种接口类型网卡，这主要得益于双绞线以太网应用的普及。因为这种 RJ-45 接口类型的网卡就是应用于以双绞线为传输介质的以太网中，它的接口类似于常见的电话接口 RJ-11，但 RJ-45 是 8 芯线，而电话线的接口是 4 芯的，通常只接 2 芯线（ISDN 的电话线接 4 芯线）。在网卡上还自带两个状态指示灯，通过这两个指示灯颜色可初步判断网卡的工作状态。RJ-45 接口的网卡，如图 1—27 所示。

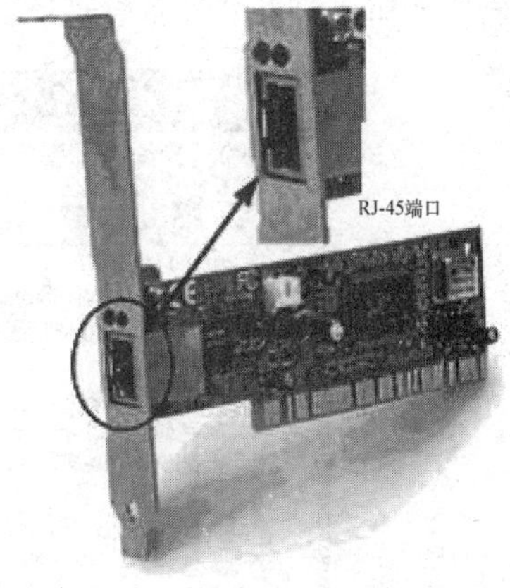

图 1—27 RJ-45 接口网卡

2. FDDI 接口

FDDI 接口的网卡适用于 FDDI（光纤分布数据接口）网络中，这种网络具有 100Mbps 的带宽，但它所使用的传输介质是光纤，所以这种 FDDI 接口网卡的接口也是光纤接口。随着快速以太网的出现，它的速度优越性已不复存在，但它须采用昂贵的光纤作为传输介质的缺点并没有改变，所以目前也非常少见。FDDI 接口的网卡，如图 1—28 所示。

3. ATM 接口

ATM 接口的网卡适用于 ATM（异步传输模式）光纤（或双绞线）网络中，它能提供物理的传输速度达 155Mbps。MMF-SC 光接口和 RJ-45 电接口的 ATM 网卡，如图 1—29 所示。

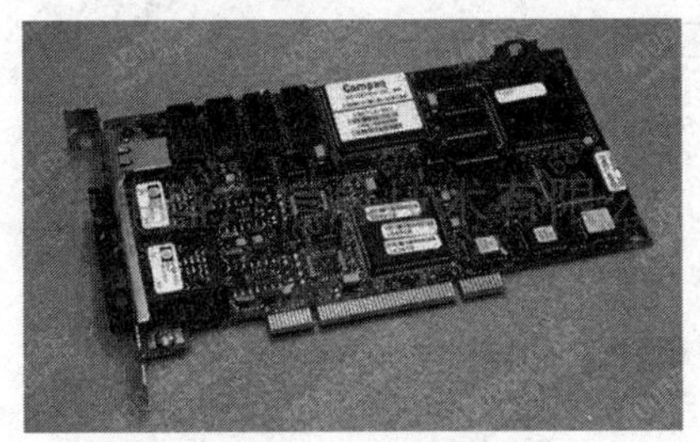

图 1—28 FDDI 接口网卡

图 1—29 ATM 接口网卡

任务实施

一、安装网卡及协议（以 Windows XP 为例，其他 Windows 系统网卡驱动程序的安装类似）

1. 安装网卡驱动程序

目前使用的计算机，其主板均集成了网卡，因此不需要单独重新安装网卡，除非有特殊需要安装多块网卡。计算机安装完操作系统后，安装主板自带的驱动程序即可。若计算机需要再安装一块新网卡，网卡驱动程序安装的操作步骤如下：

(1) 右击"我的电脑"选择"属性"，选择"硬件"选项卡，然后单击"设备管理器"按钮，打开"设备管理器"窗口，如图 1—30 所示。

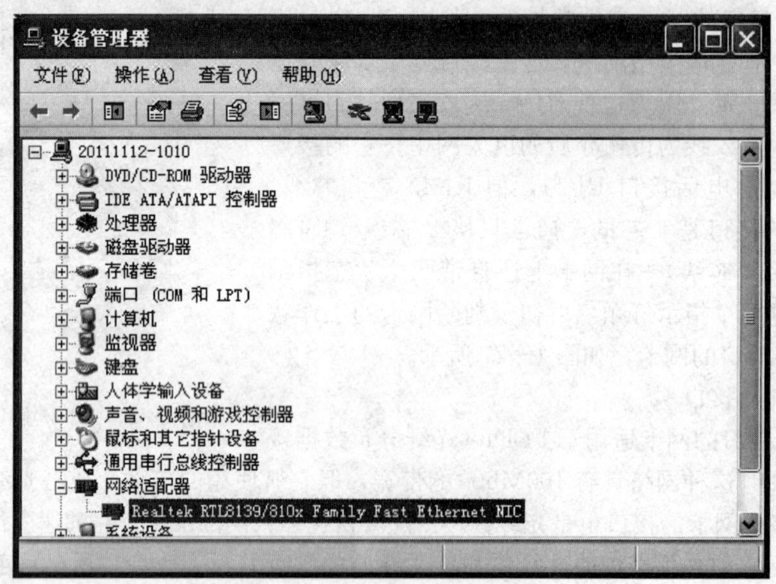

图 1—30　设备管理器窗口

(2) 右击驱动有问题的"网卡"，在弹出的快捷菜单中选择"更新驱动程序"，打开"硬件更新向导"对话框，如图 1—31 所示。

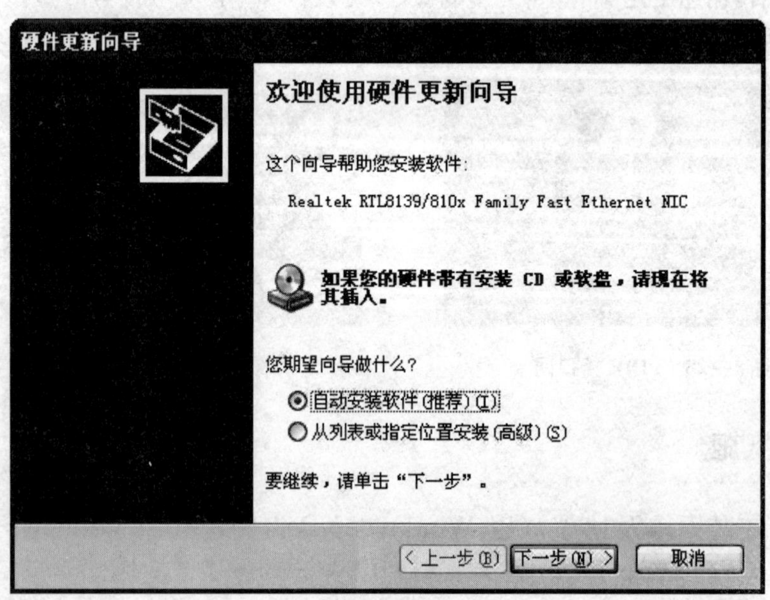

图 1—31　"硬件更新向导"对话框

（3）选中“从列表或指定位置安装（高级）”选项，然后单击“下一步”按钮，打开“请选择您的搜索和安装选项”对话框，如图 1—32 所示。

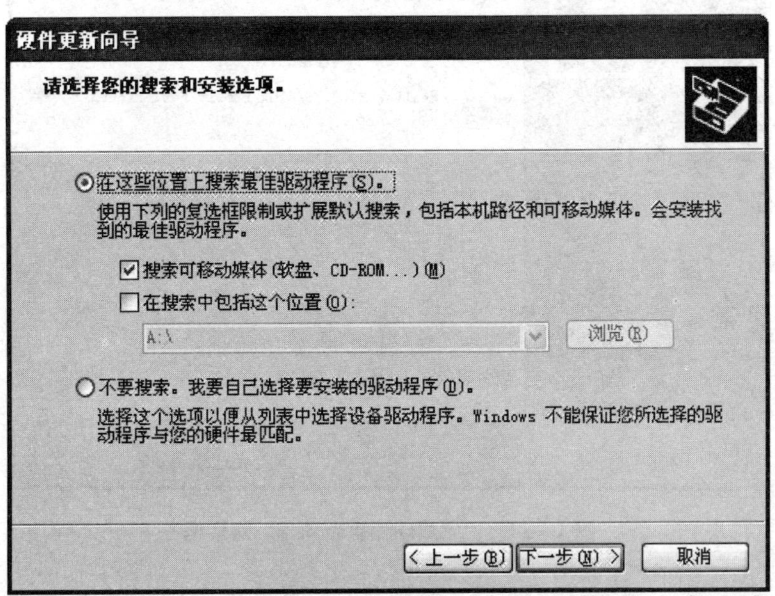

图 1—32　“请选择您的搜索和安装选项”对话框

（4）选中“不要搜索。我要自己选择要安装的驱动程序”选项，然后单击“下一步”按钮，出现“选择网卡”对话框，如图 1—33 所示。

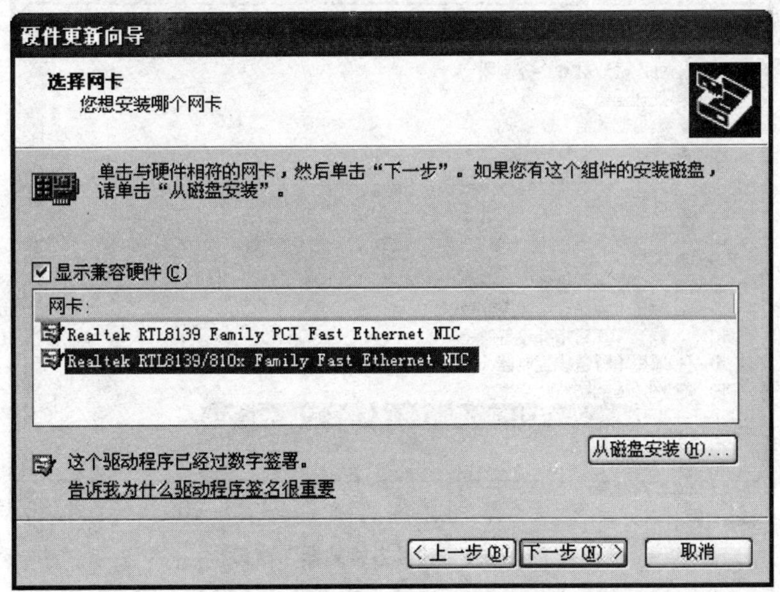

图 1—33　“选择网卡”对话框

（5）在列表中选择要安装的网卡，单击“下一步”按钮，开始安装并出现成功“完成硬件更新向导”提示对话框，如图 1—34 所示。

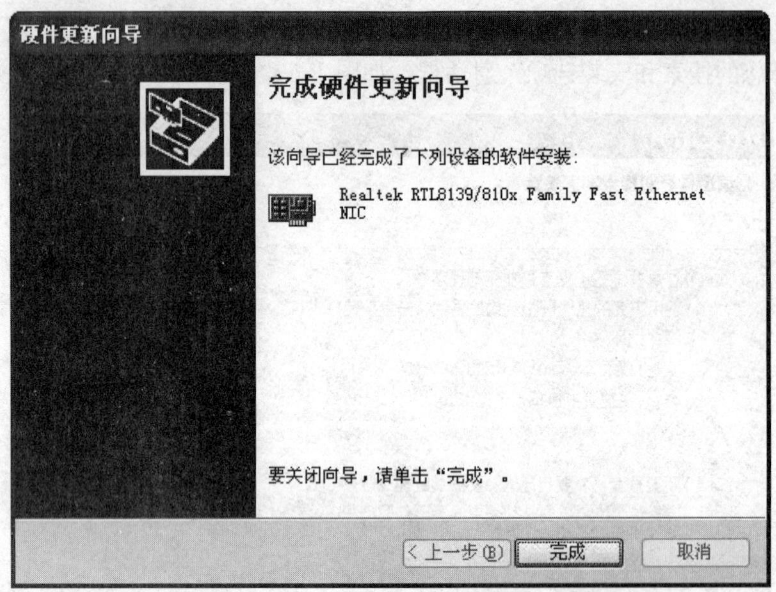

图 1—34 “完成硬件更新向导”对话框

(6) 单击“完成”按钮完成安装，返回到“设备管理器”窗口，如图 1—35 所示。

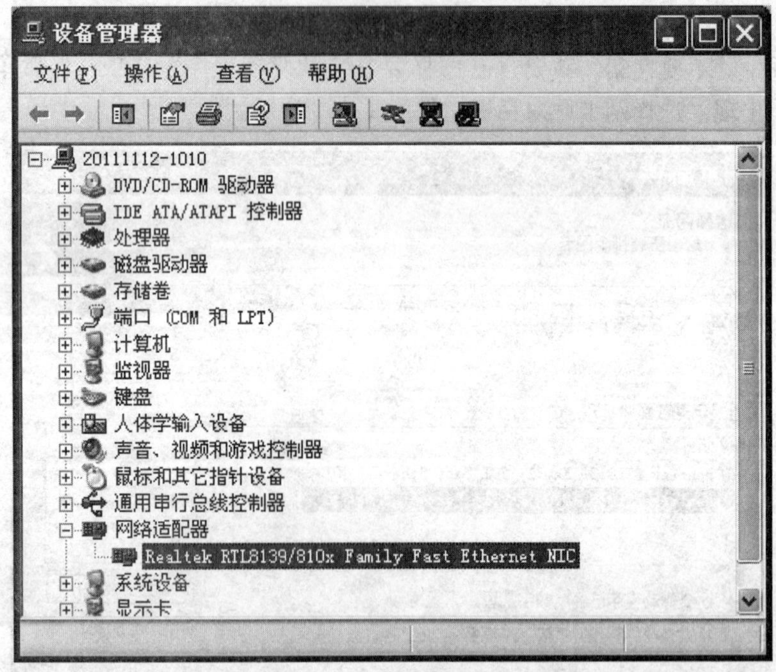

图 1—35 “设备管理器”窗口

注意:

从磁盘安装网卡驱动程序步骤:

(1) 在第 (4) 步中单击“从磁盘安装”按钮，出现“从磁盘安装”对话框，如图 1—36 所示。

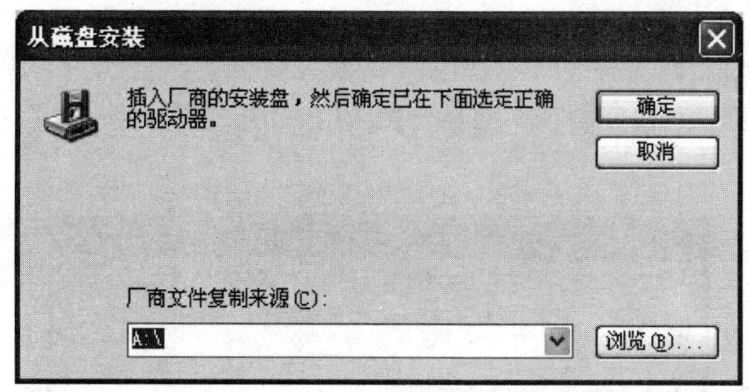

图 1—36　“从磁盘安装”对话框一

（2）单击“浏览”按钮，指明网卡驱动程序所在磁盘，如图 1—37 所示。

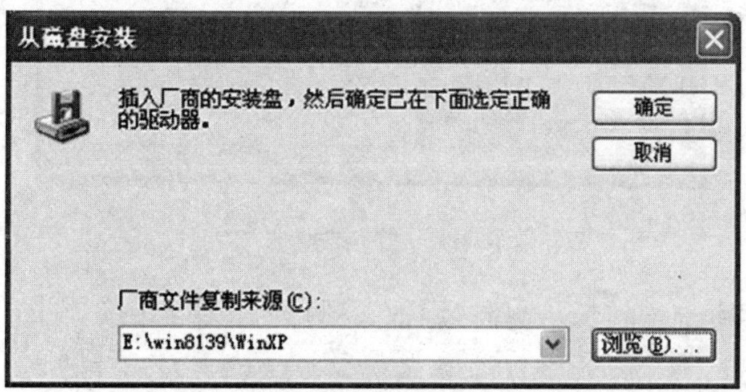

图 1—37　“从磁盘安装”对话框二

（3）单击“确定”按钮，返回到“选择网卡”对话框，如图 1—38 所示。

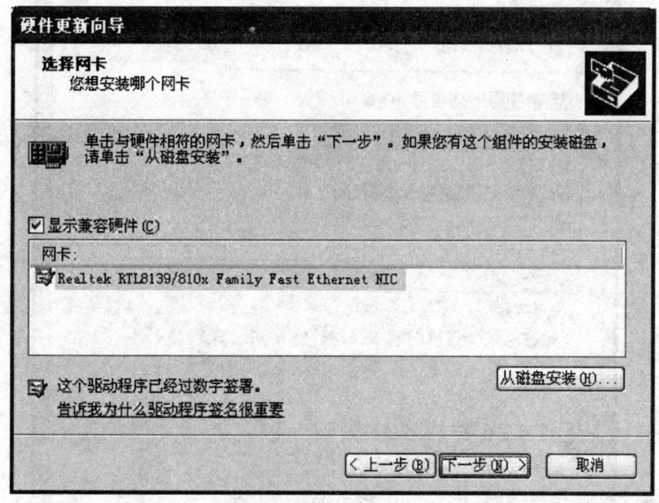

图 1—38　“选择网卡”对话框

（4）单击“下一步”按钮，开始安装网卡驱动并出现成功安装提示对话框，如图 1—34 所示。

(5) 单击"完成"按钮，完成网卡驱动程序的安装。

2. 安装网络协议

(1) 右击"网上邻居"图标，选择"属性"，打开"网络连接"窗口，如图1—39所示。

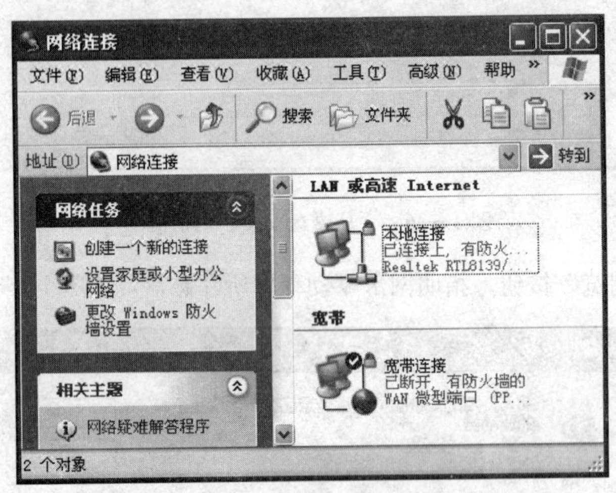

图1—39 "网络连接"窗口

(2) 右击"本地连接"，选择"属性"，打开"本地连接 属性"对话框，如图1—40所示。

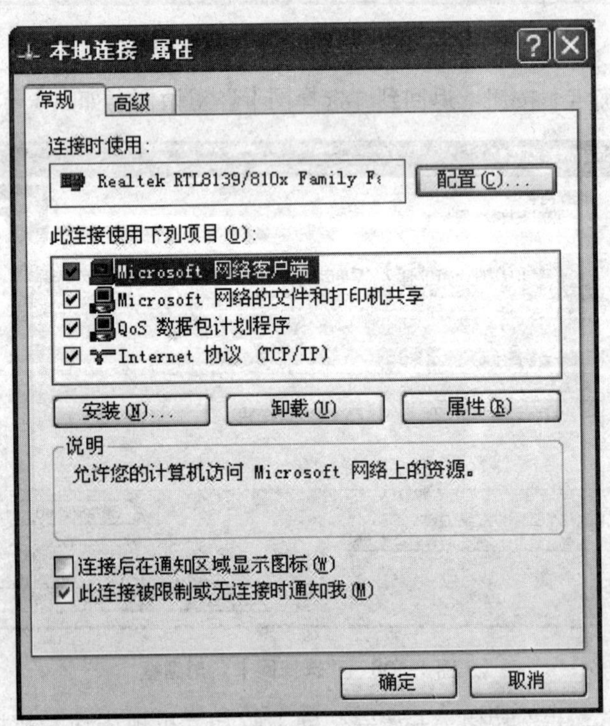

图1—40 "本地连接 属性"对话框

(3) 单击“安装”按钮，打开“选择网络组件类型”对话框，如图1—41所示。

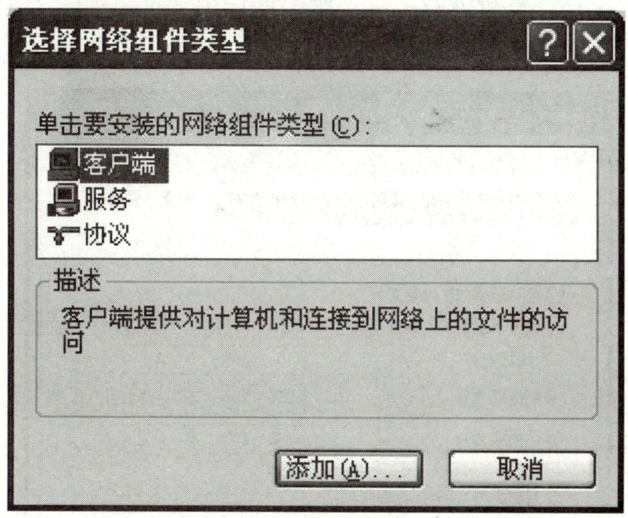

图1—41　“选择网络组件类型”对话框

(4) 选择“协议”后单击“添加”按钮，打开“选择网络协议”对话框，如图1—42所示。

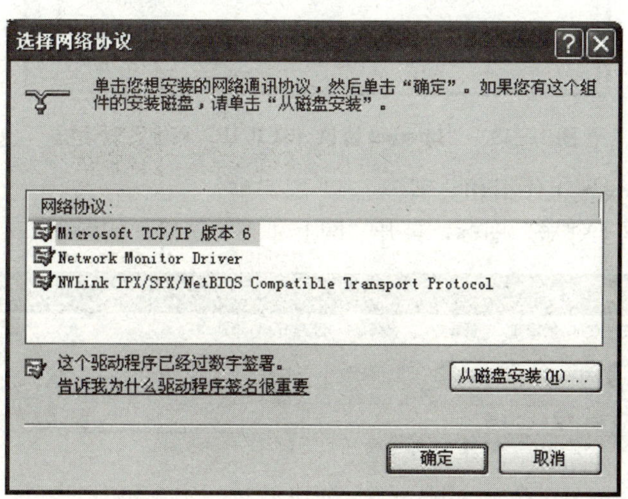

图1—42　“选择网络协议”对话框

(5) 选择具体要安装的网络协议，单击“确定”按钮，就完成了网络协议的安装。

二、设置计算机

1. 配置网络协议，设置IP地址

在如图1—40所示的“本地连接 属性”对话框中，双击“Internet 协议 (TCP/IP)”，打开“Internet 协议 (TCP/IP) 属性”对话框，在该对话框中可以配置IP地址、网关和DNS地址。如本地有DHCP服务器，也可选择自动获取IP地址。本次我们选

用一个C类的内网IP地址：192.168.0.1，子网掩码：255.255.255.0。配置完IP地址和子网掩码后，这台计算机就有了一个唯一的标识地址，如图1—43所示。以后要连接该计算机时，我们就可以用此IP地址来连接。

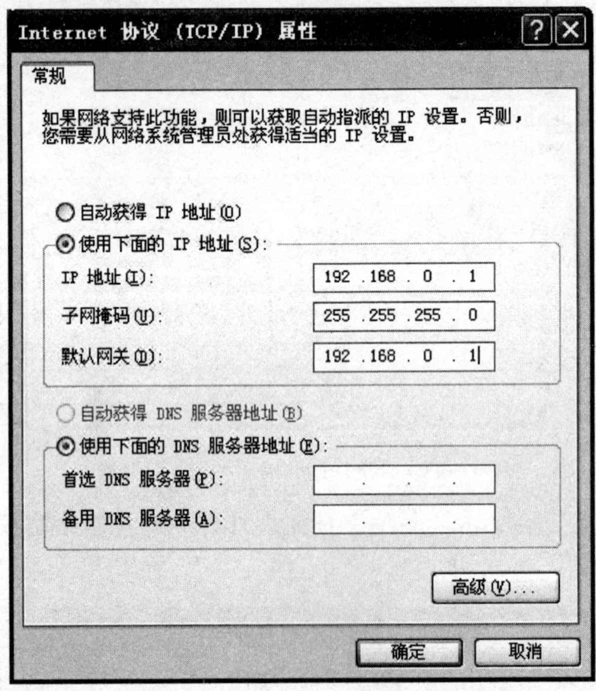

图1—43 “Internet协议（TCP/IP）属性”对话框

2. 使用向导设置工作组和共享

（1）双击“网上邻居”图标，打开“网上邻居”窗口，如图1—44所示。

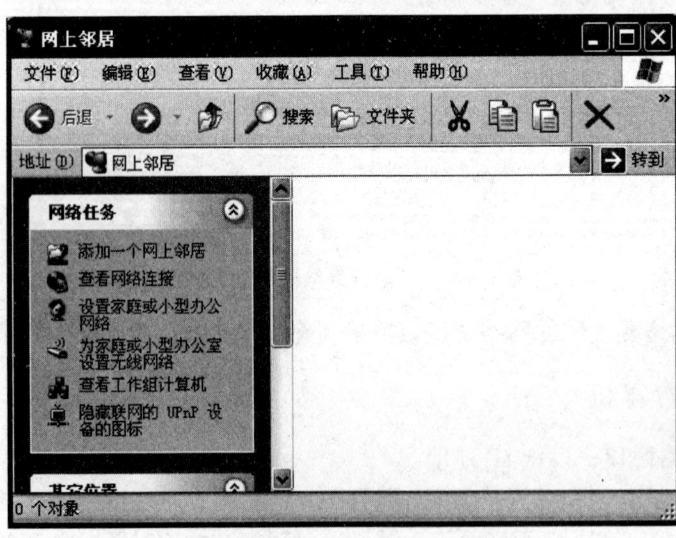

图1—44 “网上邻居”窗口

（2）点击“设置家庭或小型办公网络”，打开“网络安装向导”对话框，如图1—45所示。

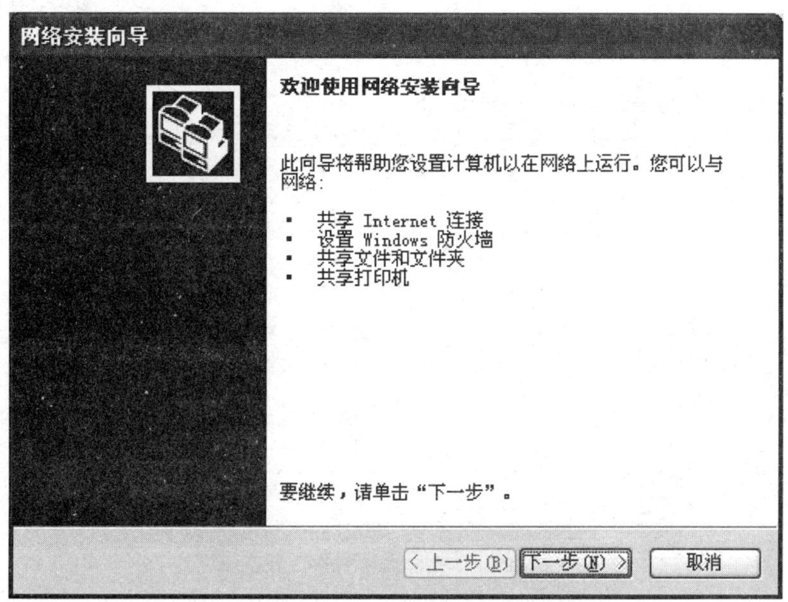

图1—45　“网络安装向导”对话框

（3）单击“下一步”按钮，打开“网络安装向导”继续对话框，如图1—46所示。

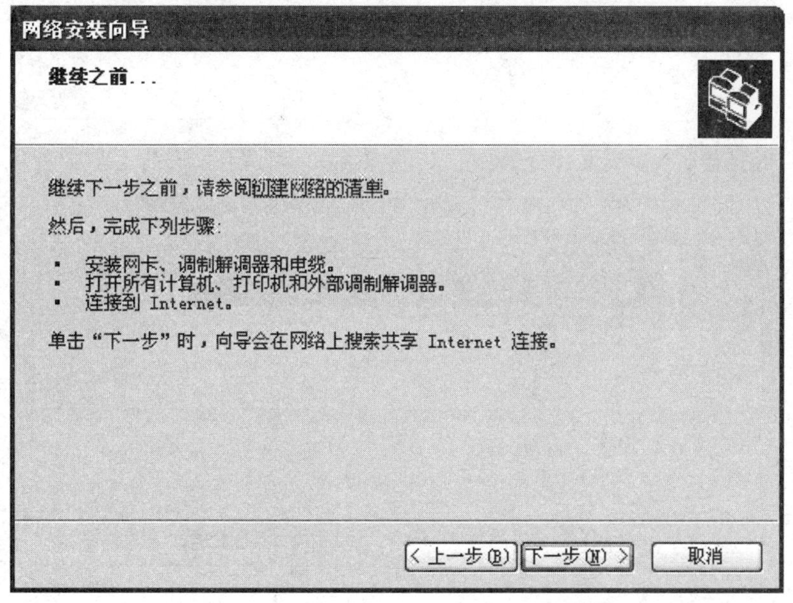

图1—46　“网络安装向导”继续对话框

（4）单击“下一步”按钮，打开“选择连接方法”对话框。为了方便以后的共享上网，我们选择第一个选项，如图1—47所示。

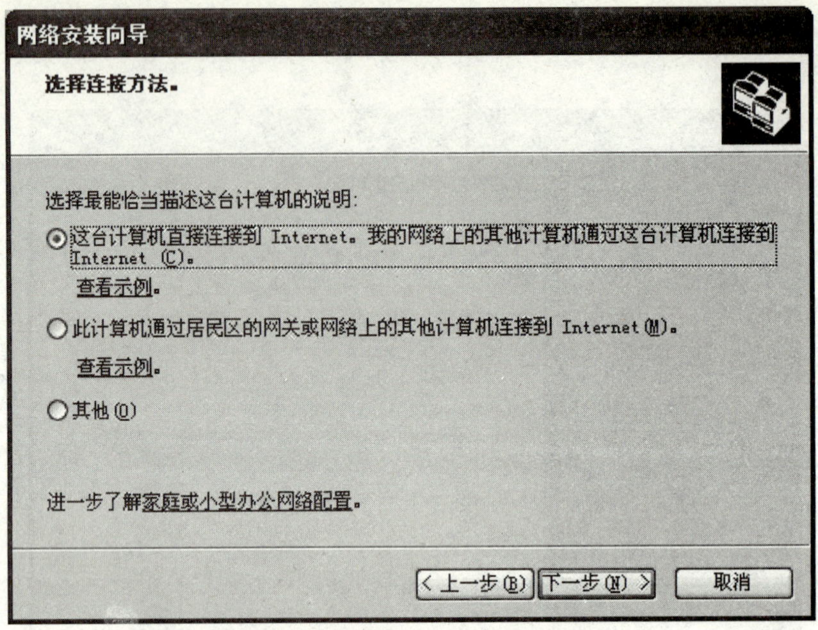

图 1—47 “选择连接方法”对话框

(5) 单击“下一步”按钮，打开“选择 Internet 连接”对话框，我们选择刚才配置的“本地连接”，如图 1—48 所示。

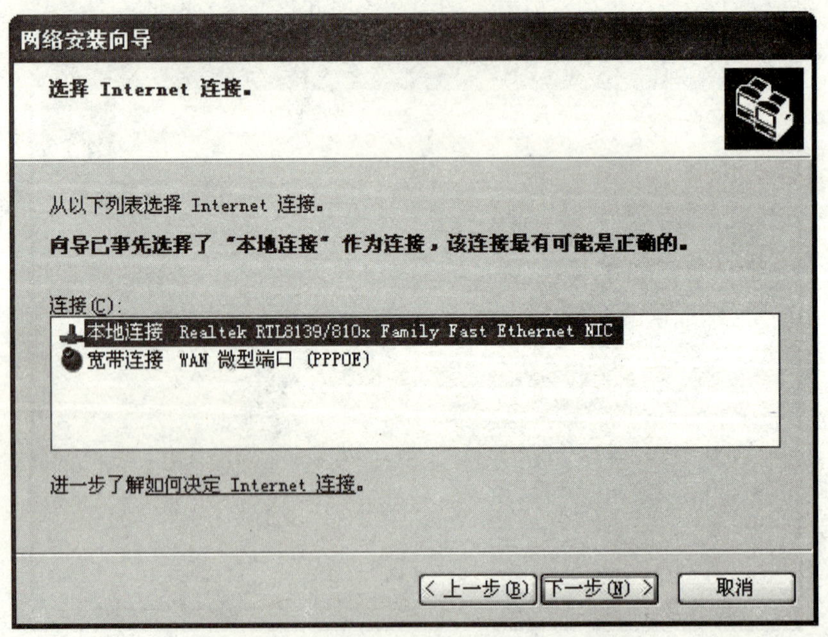

图 1—48 “选择 Internet 连接”对话框

(6) 单击“下一步”按钮，打开“给这台计算机提供描述和名称”对话框，填入自己规划的描述和计算机名即可，如图 1—49 所示。

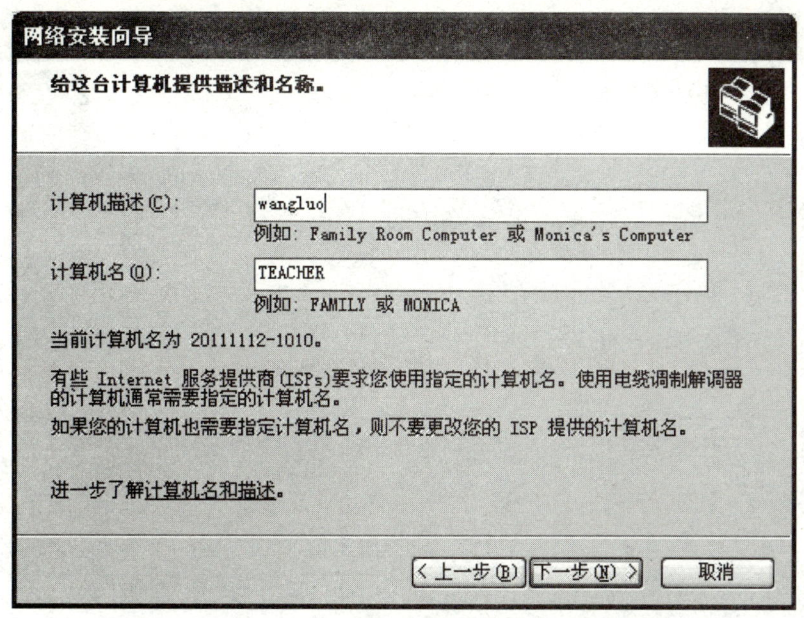

图 1—49　“给这台计算机提供描述和名称”对话框

(7) 单击“下一步”按钮，打开“命名您的网络”对话框，我们选择默认的 MS-HOME，也可以起一个自己喜欢的名字如“FEIXIANG”，如图 1—50 所示。(注：两台计算机在同一个工作组内，可以方便地访问共享的网络资源。)

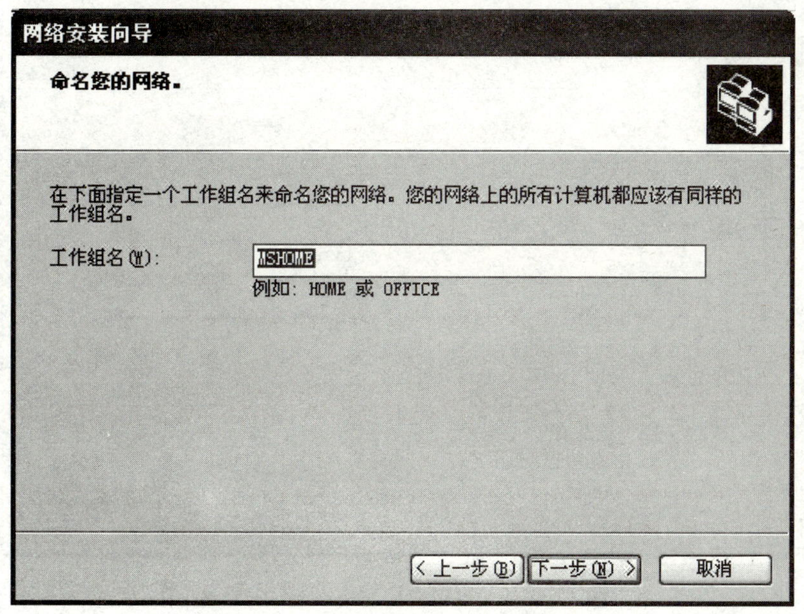

图 1—50　“命名您的网络”对话框

(8) 单击“下一步”按钮，打开“文件和打印机共享”对话框，此处选中“启用文件和打印机共享”选项，如图 1—51 所示。

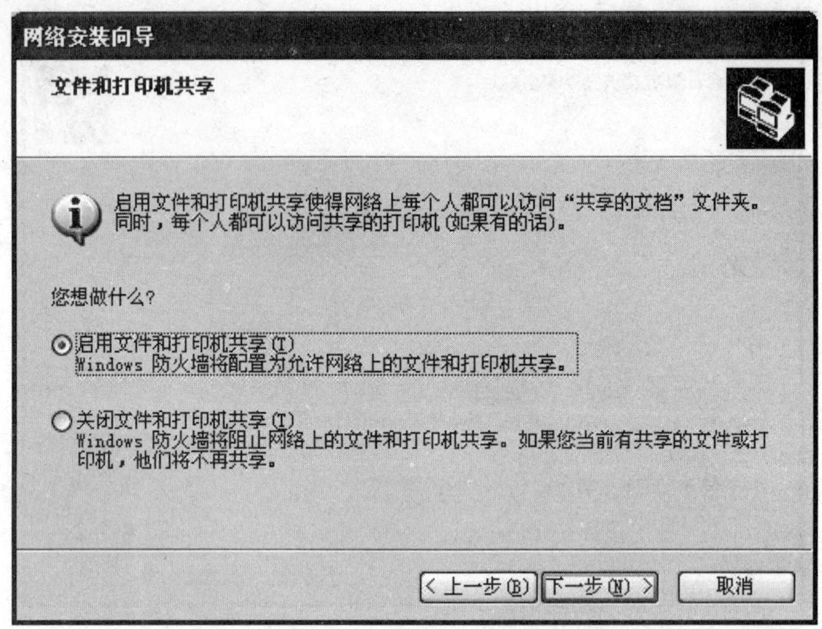

图 1—51 “文件和打印机共享”对话框

(9) 单击“下一步”按钮，打开“准备应用网络设置”对话框，如图 1—52 所示。

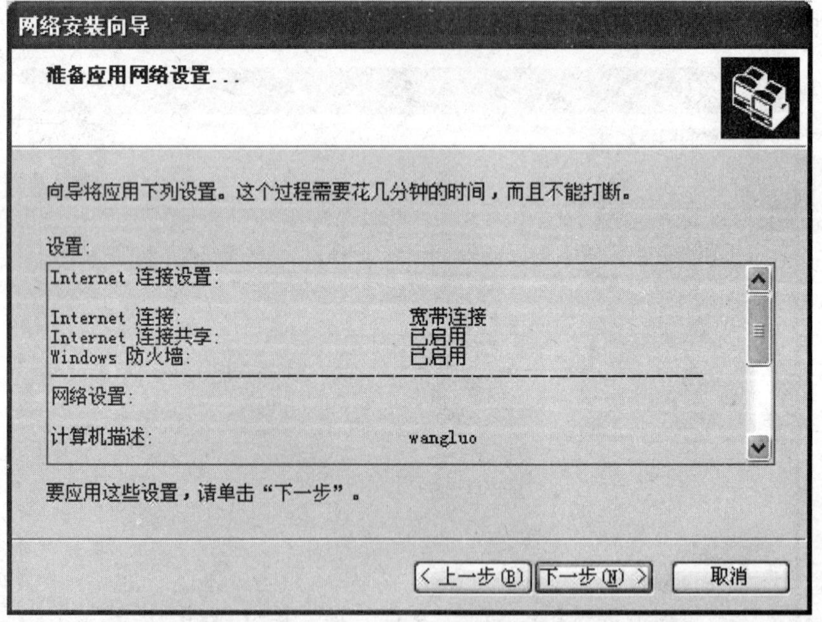

图 1—52 “准备应用网络设置”对话框

(10) 单击“下一步”按钮，出现正在配置网络“请稍候”对话框，如图 1—53 所示。

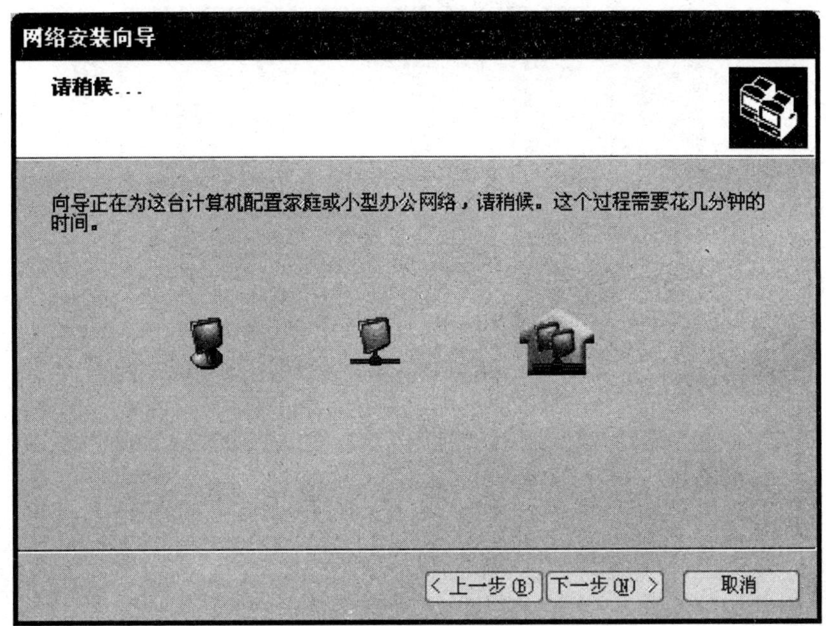

图 1—53 正在配置网络“请稍候”对话框

(11) 配置完后，单击“下一步”按钮，出现网络设置“快完成了”对话框，如图 1—54 所示。

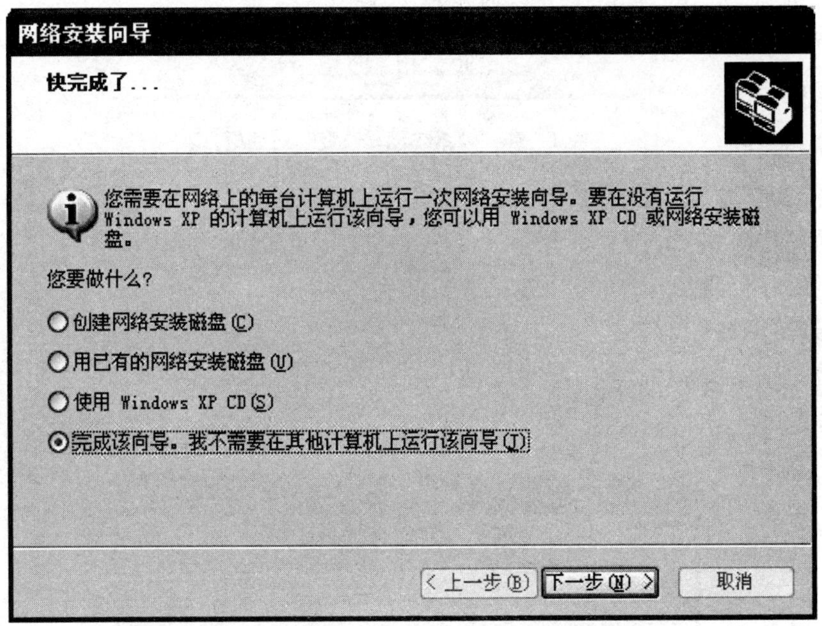

图 1—54 网络设置“快完成了”对话框

(12) 选中“完成该向导。我不需要在其他计算机上运行该向导”选项，单击“下一步”按钮，出现网络设置“正在完成网络安装向导”对话框，如图 1—55 所示。

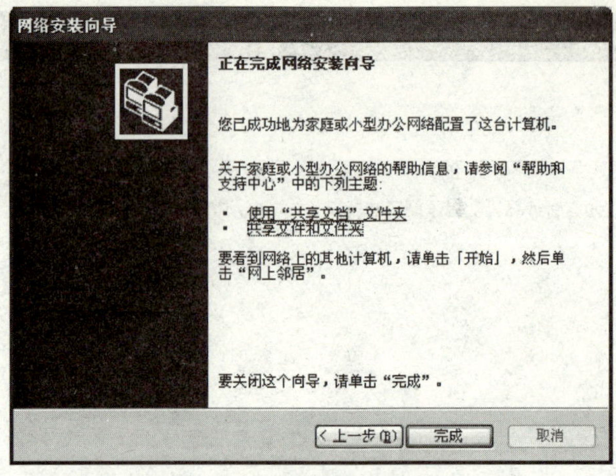

图 1—55 “正在完成网络安装向导”对话框

(13) 单击“完成”按钮，出现“系统设置改变”对话框，询问是否重新启动计算机，如图 1—56 所示。选择“是”重新启动计算机，设置立即生效，也可以以后重启设置再生效。

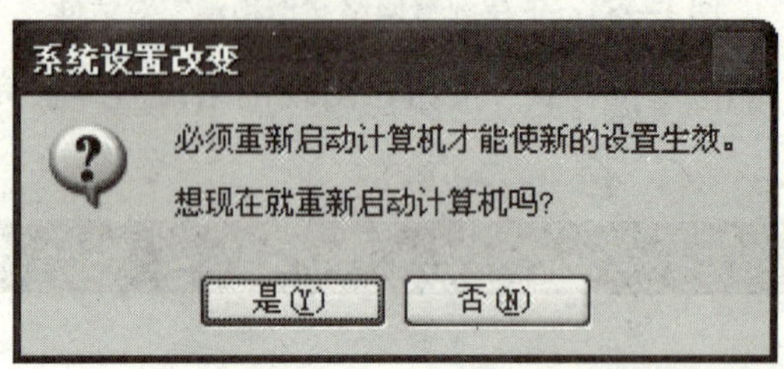

图 1—56 “系统设置改变”对话框

3. 配置另外一台计算机

按照同样的方法，配置好另外一台计算机，其 IP 地址为 192.168.0.2，其工作组和配置的第一台计算机所在的工作组要一致。

4. 连接网络

计算机网卡没插网线时，右击“网上邻居”，选择“属性”，打开“网络连接”窗口，如图 1—57 所示。显示“网络电缆被拔出”的带有红色叉的图标，代表网线没有插好或网线故障。

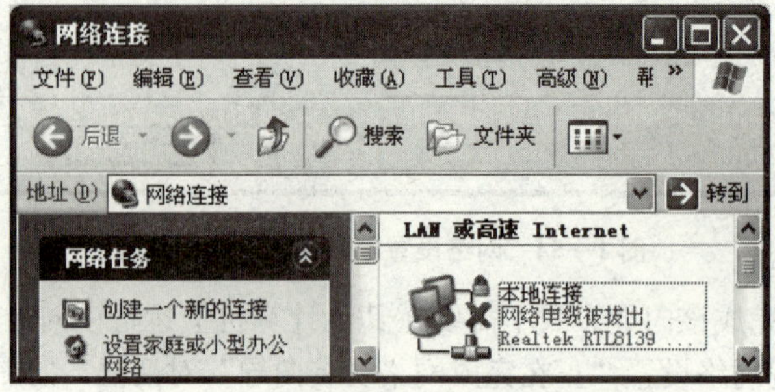

图 1—57 网络连接不通的本地连接窗口

在两台计算机的网卡上分别插入刚做好的交叉双绞线网线，将显示“已连接”，表示成功地连通了两台计算机。如图 1—58 所示。

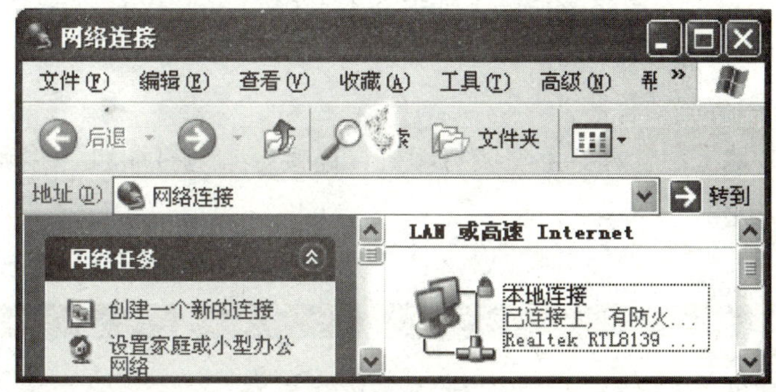

图 1—58 网络连接成功的本地连接窗口

5. 测试连通性

根据前面学过的知识，正确配置两台计算机的 IP 地址，并用交叉双绞线网线将两台计算机互联，会发现网卡显示“已连接”的状态。可用 Ping 命令检查网络的连通性。

Ping 命令格式：Ping ＜对方的 IP 地址（或主机名）＞

在第一台计算机（IP 地址：192.168.0.1）上，点击“开始”，选择“运行”，输入 cmd，打开命令窗口。在命令提示符后输入 Ping 192.168.0.2 后回车，若正常连通显示的界面，如图 1—59 所示。

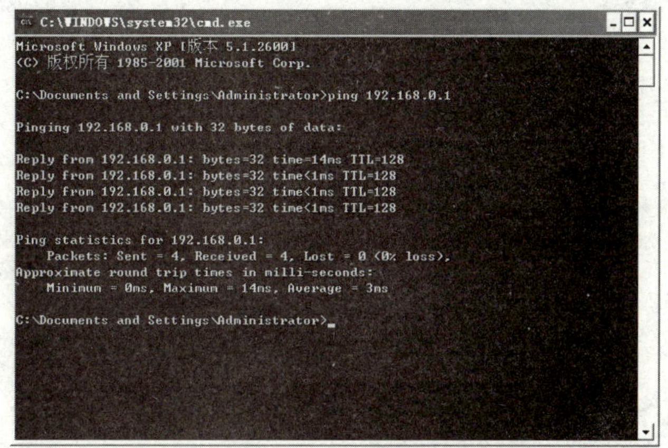

图 1—59 网络的连通性测试界面

注意：

(1) 下列情况表示网络不通：

①若显示“Request timed out”，表示本机与目标主机连接超时，可能是路由器有问题，也可能是中心主机有问题。

②若显示“Unknown host”，表示不知名主机，说明被 Ping 的目标主机不能被 DNS（域名服务器）解析，可能是 DNS 故障，也可能是主机名字不正确。

解决办法：需要按照前面介绍的操作步骤逐项检查计算机配置是否正确。

（2）如果是在第二台计算机上进行测试，就点击“开始”，选择“运行”，输入cmd，打开命令窗口。在提示符后输入如下命令：Ping 192.168.0.1。

6．安装并共享打印机

（1）安装打印机驱动程序。

在配置好IP地址的计算机上安装打印机，连接好本地打印机，并确保电源处于打开状态。

①单击“开始”，选择“控制面板”，打开“控制面板”窗口，如图1—60所示。

图1—60 “控制面板”窗口

②在“控制面板”窗口中，双击“打印机和传真”图标，打开“打印机和传真”窗口，如图1—61所示。

图1—61 “打印机和传真”窗口

③在左侧的选项中单击“添加打印机”。打开“添加打印机向导”对话框，如图1—62所示。

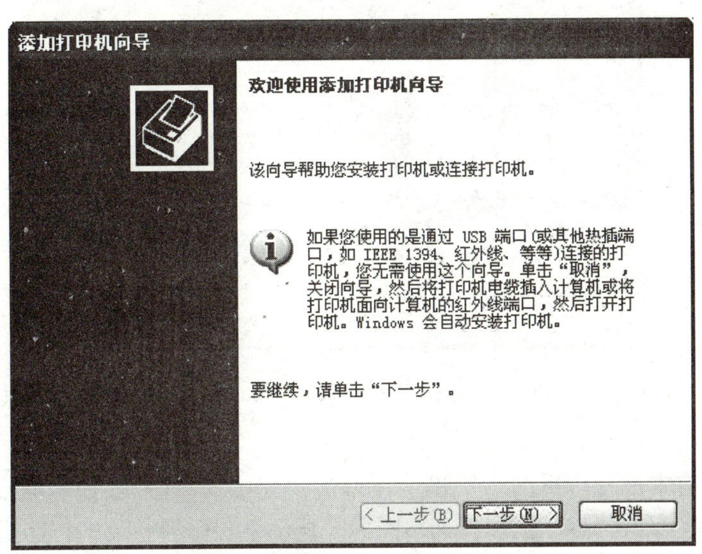

图1—62 “添加打印机向导”对话框

④单击“下一步”按钮，打开“本地或网络打印机”对话框，如图1—63所示。

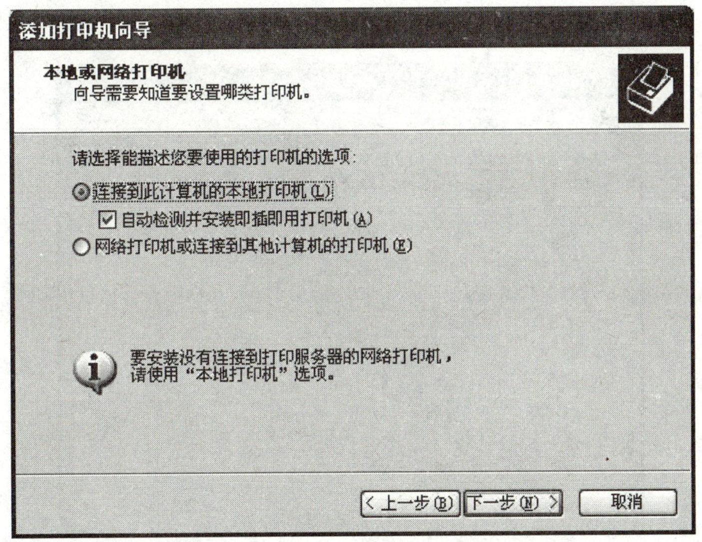

图1—63 “本地或网络打印机”对话框

⑤选中“自动检测并安装即插即用打印机”复选框，单击“下一步”按钮，计算机将自动搜索打印机，如果驱动程序在光驱中，指明搜索路径，即可成功安装打印机驱动程序。

⑥如果安装成功，会在“打印机和传真”窗口中显示成功安装的打印机，如图1—64所示。

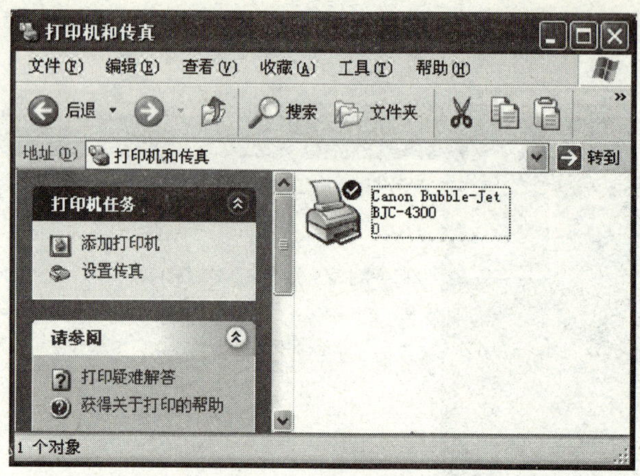

图 1—64 “打印机和传真”窗口

(2) 共享打印机。

①在安装有本地打印机的计算机上，单击“开始”，选择“控制面板”，打开“控制面板”窗口，双击“打印机和传真”图标，显示系统已经安装的打印机，如图 1—64 所示。

②右击要共享的打印机，在弹出的快捷菜单中选择“属性”选项，打开“打印机属性”设置对话框，选择“共享”选项卡，切换到“打印机属性”共享设置对话框，如图 1—65 所示。

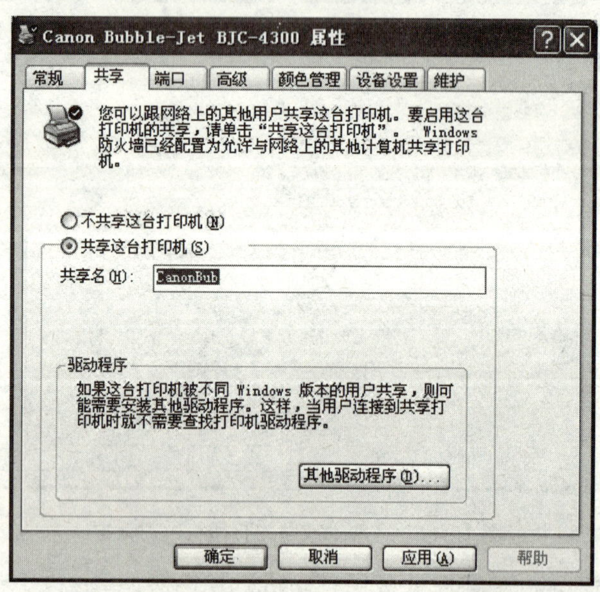

图 1—65 “打印机属性”共享设置对话框

③选中“共享这台打印机”选项，选择默认共享名称，也可输入自己另设的名称，单击“确定”按钮完成打印机共享设置。

④在装有打印机的计算机端，启用 Guest 用户（除系统用户）客户端才可访问打

印机。单击“开始”，选择“控制面板”，打开“控制面板”窗口，双击“用户账户”图标，打开“用户账户”窗口，如图 1—66 所示。

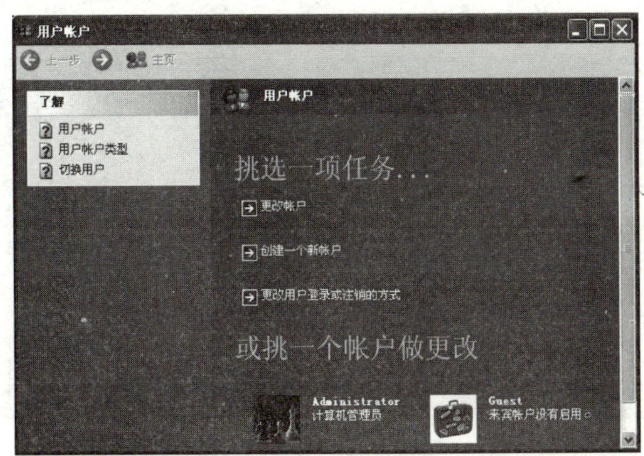

图 1—66　“用户账户”窗口

⑤单击“Guest 来宾账户没有启用”图标，打开“启用来宾账户”窗口，如图 1—67 所示。

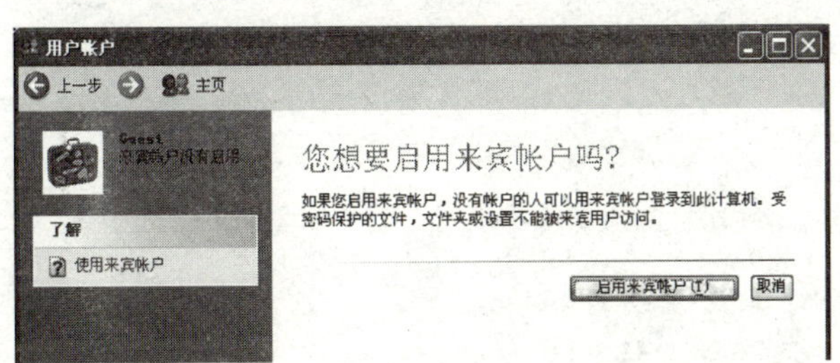

图 1—67　“启用来宾账户”窗口

⑥单击“启用来宾账户”按钮启用来宾账户，返回“启用 Guest 来宾账户”窗口，如图 1—68 所示。通过“启用 Guest 来宾账户”，网络中的客户端就可以通过此用户来访问共享打印机等资源。

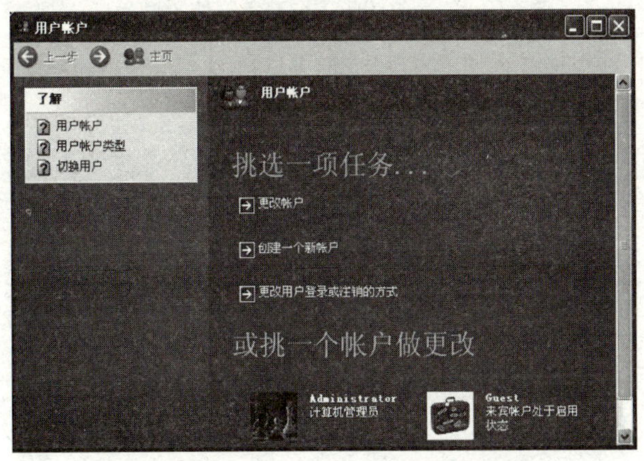

图 1—68　“启用 Guest 来宾账户”窗口

⑦在网络中的客户端（未连接打印机的计算机上），单击“开始”，选择“运行”，打开“运行”对话框，在“打开”编辑框中输入：“\\安装有共享打印机计算机的 IP 地址”，如：“\\192.168.0.1”，如图 1—69 所示。

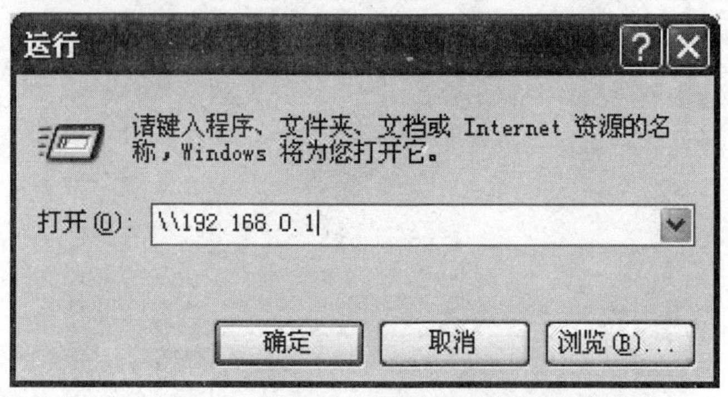

图 1—69　通过运行对话框访问网络打印机

⑧点击“确定”按钮，便可以查看网络中的共享打印机等资源，如图 1—70 所示。若账户设有密码，将打开登录界面，输入用户名“Guest”和密码即可。

图 1—70　查看网络中的共享打印机等资源

⑨双击如图 1—68 所示窗口中的打印机图标，提示安装打印机驱动，如图 1—71 所示。

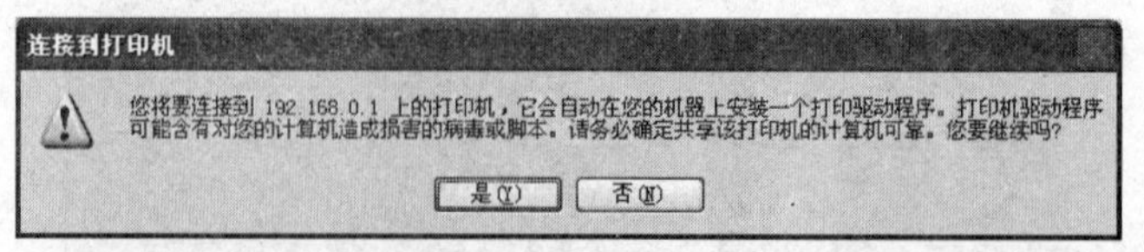

图 1—71　安装网络打印机驱动对话框

⑩选择“是”，安装网络打印机驱动，安装完毕后，打开“网络打印机”窗口，如图 1—72 所示。单击“打印机”菜单，选择“设为默认打印机”后，就可以使用网络印机了。

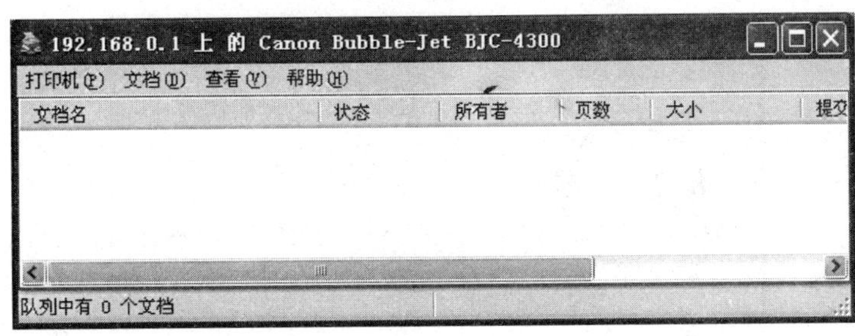

图 1—72　“网络打印机”窗口

7. 实现文件夹共享

两台计算机网络组建之后，我们就可以实现两台计算机之间相互传输文件，不必用 U 盘进行相互拷贝了。设置文件夹共享的方法有三种：

第一种：“工具→文件夹选项→查看→使用简单文件夹共享”。这样设置后，其他用户只能以 Guest 用户的身份访问你共享的文件或者文件夹。

第二种：“控制面板→管理工具→计算机管理”，在“计算机管理”对话框中，依次点击“文件夹共享→共享”，然后在右键中选择“新建共享”即可。

第三种：直接在你想要共享的文件夹上右击，通过“共享和安全”选项即可设置共享。具体操作步骤是：

(1) 打开“我的电脑”，找到要共享的文件夹，如 D:\MyFile，如图 1—73 所示。

图 1—73　要设置共享文件夹窗口

(2) 右击要共享的文件夹 MyFile，在弹出的快捷菜单中，选择“共享和安全”，打开“MyFile”属性设置对话框，如图 1—74 所示。

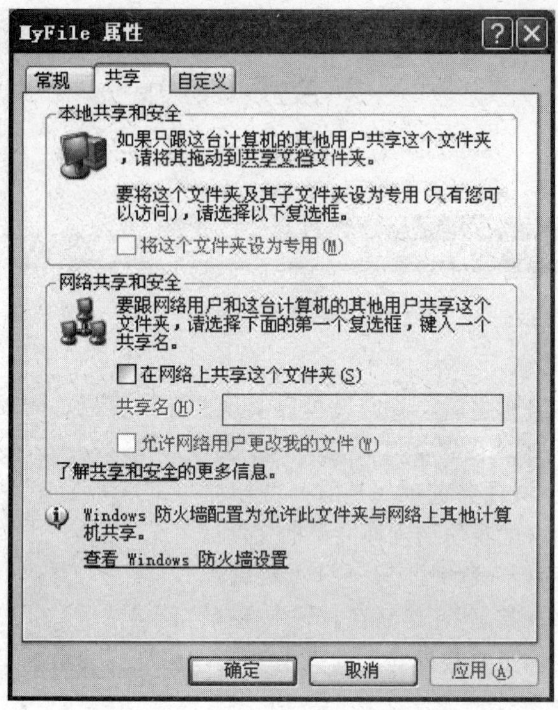

图 1—74 “MyFile”属性设置对话框

(3) 选中“在网络上共享这个文件夹”，选择共享名为默认，也可输入新名称。单击“确定”按钮完成共享文件夹设置，如图 1—75 所示。

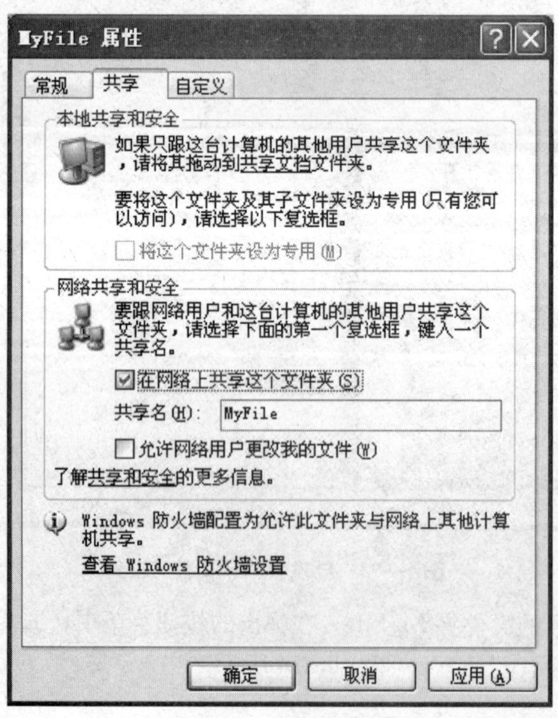

图 1—75 设置共享对话框

(4) 设置文件夹共享后，MyFile 文件夹的显示如图 1—76 所示。

图 1—76　设置文件夹共享显示窗口

至此，我们组建了由两台计算机和一台打印机构成的最基本的小型局域网络，它们通过一条交叉的双绞线网线相连，实现了网络资源的共享。

工作页与评价

<table>
<tr><td>第一单元</td><td colspan="10">双机互联</td></tr>
<tr><td>工作名称</td><td colspan="10">任务二：两台计算机互联</td></tr>
<tr><td>工作时间</td><td colspan="2">年　　月　　日</td><td>地点</td><td colspan="3"></td><td>工作组号</td><td colspan="3"></td></tr>
<tr><td>工作材料</td><td colspan="10"></td></tr>
<tr><td>小组成员</td><td colspan="10">组长：　　　　　　组员：</td></tr>
<tr><td>工作目标</td><td colspan="10"></td></tr>
<tr><td rowspan="8">工作过程</td><td rowspan="2">工作任务</td><td colspan="5" rowspan="2">工作记录</td><td colspan="4">评价</td></tr>
<tr><td>A</td><td>B</td><td>C</td><td>D</td></tr>
<tr><td>安装网卡驱动及网络协议</td><td colspan="5"></td><td></td><td></td><td></td><td></td></tr>
<tr><td rowspan="3">规划设置网络参数</td><td></td><td>IP 地址</td><td>子网掩码</td><td>工作组名</td><td>计算机名</td><td>A</td><td>B</td><td>C</td><td>D</td></tr>
<tr><td>第一台计算机</td><td></td><td></td><td></td><td></td><td></td><td></td><td></td><td></td></tr>
<tr><td>第二台计算机</td><td></td><td></td><td></td><td></td><td></td><td></td><td></td><td></td></tr>
<tr><td>安装本地和网络打印机</td><td colspan="5"></td><td></td><td></td><td></td><td></td></tr>
<tr><td>来宾账户的启用</td><td colspan="5"></td><td></td><td></td><td></td><td></td></tr>
<tr><td>反馈意见</td><td colspan="10"></td></tr>
<tr><td>教师签字</td><td colspan="10"></td></tr>
</table>

	工作任务＼等级	A	B	C
评价标准	安装网卡驱动及网络协议	完整安装网卡驱动；成功添加网络协议	完整安装网卡驱动；添加网络协议出错	不能正常安装网卡驱动；成功添加网络协议
	规划设置网络参数	IP 地址设置正确；子网掩码设置正确；工作组添加正常；计算机不重名	IP 地址设置正确；子网掩码设置正确；工作组添加不正常或计算机有重名	IP 地址设置正确；子网掩码设置正确；工作组添加不正常且计算机有重名
	安装本地打印机并共享	正确选择打印机厂商及型号并安装驱动；能成功打印；能成功共享	正确选择打印机厂商并安装驱动但型号不正确；能成功打印；能成功共享	正确选择打印机厂商并安装驱动但型号不正确；能成功打印；不能成功共享
	安装网络共享打印机	正确找到共享的打印机的主机；正确找到网络共享打印机；正确设置成默认打印机	正确找到共享的打印机的主机；正确找到网络共享打印机；设置默认打印机不正确	正确找到共享的打印机的主机；添加网络共享打印机不正确

注：未达到 C 标准的视为 D。

问题讨论：

1. 如何安装网卡驱动？
2. 如何安装网络协议？
3. 如何设置网络参数？
4. 如何安装本地和网络打印机？
5. 如何启用来宾账户？

相关知识

1. 网络的定义

计算机网络的精确定义并未统一。一般说来，计算机网络就是通过电缆、电话线或无线通讯等线路介质以及 HUB、交换机、路由器等网络通信设备将地理位置不同且具有独立工作能力的两台以上的计算机互联起来，并在网络协议与软件的支持下实现彼此的数据通信和资源共享的集合。

计算机网络的发展经历了面向终端的单级计算机网络、计算机网络对计算机网络和开放式标准化计算机网络三个阶段。

网络的主要作用是数据传输和资源共享，其次是提高计算机的可靠性和易于分布处理。数据传输是计算机网络的基本功能，用于实现计算机之间的数据信息的传输，这一功能为分布在各地的计算机用户提供了强有力的通信手段。数据传输的最常见形式就是电子邮件。电子邮件和普通邮件相比具有快捷、低价的优点，很受人们的欢迎。只要是能够数字化的信息，如程序、文字、声音、图片、影像等都能作为电子邮件的内容在网上进行传输。

资源共享是现代计算机网络的最主要的作用，它包括软件共享、硬件共享及数据共享。软件共享是指计算机网络内的用户可以共享计算机网络中的软件资源，包括各种语言处理程序、应用程序和服务程序。硬件共享是指可在网络范围内提供对处理资源、存储资源、输入输出资源等硬件资源的共享，特别是对一些高级和昂贵的设备，如巨型计算机、大容量存储器、绘图仪、高分辨率的激光打印机等。数据共享是对网络范围内的数据共享。网上信息包罗万象，无所不有，可以供每一个上网者浏览、咨询、下载。

另外，利用计算机网络还可以实现网上教育、网上办公、电子商务等，从而克服时空的限制，大大提高经济效益。

2. 网络的分类

关于网络的分类，可参见表 1—4。

表 1—4 网络的分类

分类依据	分类结果
覆盖范围	● 局域网 LAN（作用范围一般为几米到几十公里） ● 城域网 MAN（界于 WAN 与 LAN 之间） ● 广域网 WAN（作用范围一般为几十到几千公里）
拓扑结构	● 总线型 ● 环型 ● 星型 ● 网状
信息的交换方式	● 电路交换 ● 报文交换 ● 报文分组交换
传输介质	● 有线网：光纤网、同轴电缆和双绞线 ● 无线网
通信方式	● 点对点传输网络 ● 广播式传输网络
网络使用的目的	● 共享资源网 ● 数据处理网 ● 数据传输网
服务方式	● 客户机/服务器网络 ● 浏览器/服务器网络 ● 对等网

3. 网络的语言——网络协议

网络协议即网络中传递、管理信息的一些规范。如同人与人之间相互交流是需要遵循一定的规矩一样，计算机之间的相互通信也需要共同遵守一定的规则，这些规则就称为网络协议。

一台计算机只有在遵守网络协议的前提下，才能在网络上与其他计算机进行正常的通信。网络协议通常被分为几个层次，每层完成自己单独的功能。通信双方只有在共同的层次间才能相互联系。常见的协议有：TCP/IP 协议、IPX/SPX 协议等。在局域网中用得的比较多的是 IPX/SPX.。用户如果访问 Internet，则必须在网络协议中添加 TCP/IP 协议。

(1) TCP/IP 协议。

TCP/IP 是“Transmission Control Protocol/Internet Protocol”的简写，中文译名为传输控制协议/互联网络协议，它规范了网络上的所有通信设备，尤其是一个主机与另一个主机之间的数据往来格式以及传送方式。TCP/IP 是 Internet 的基础协议，也是一种电脑数据打包和寻址的标准方法。在数据传送中，可以形象地理解为有两个信封，TCP 和 IP 就像是信封，要传递的信息被划分成若干段，每一段塞入一个 TCP 信封，并在该信封面上记录有分段号的信息，再将 TCP 信封塞入 IP 大信封，发送上网。在接收端，一个 TCP 软件包收集信封，抽出数据，按发送前的顺序还原，并加以校验，若发现差错，TCP 将会要求重发。因此，TCP/IP 在 Internet 中几乎可以无差错地传送数据。对普通用户来说，并不需要了解网络协议的整个结构，仅需了解 IP 的地址格式，即可与世界各地进行网络通信。

(2) IP 地址。

IP 地址被用来给 Internet 上的电脑一个编号。大家日常见到的情况是每台联网的 PC 上都需要有 IP 地址，才能正常通信。我们可以把“个人电脑”比作“一台电话”，那么“IP 地址”就相当于“电话号码”，而 Internet 中的路由器，就相当于电信局的“程控式交换机”。IP 地址是一个 32 位的二进制数，通常被分割为 4 个“8 位二进制数”(也就是 4 个字节)。IP 地址通常用“点分十进制”表示成（X. X. X. X）的形式，其中，X 是 0～255 之间的十进制整数。例：点分十进制 IP 地址（100.4.5.6），实际上是 32 位二进制数（01100100.00000100.00000101.00000110）。

(3) IP 分类。

最初设计互联网络时，为了便于寻址以及层次化构造网络，每个 IP 地址包括两个标识码（ID），即网络 ID 和主机 ID。同一个物理网络上的所有主机都使用同一个网络 ID，网络上的一个主机（包括网络上工作站、服务器和路由器等）有一个主机 ID 与其对应。Internet 委员会定义了 5 种 IP 地址类型以适合不同容量的网络，即 A 类～E 类。

其中 A、B、C 三类（如表 1—5 所示）由 Internet NIC 在全球范围内统一分配，D、E 类为特殊地址。

表 1—5　　IP 地址分类

网络类别	最大网络数	最小的网络号	最大的网络号	网络中最大主机数
A	126	1	126	16777214
B	16383	128.1	191.255	65534
C	2097151	192.0.1	223.255.255	254

除了以上三种类型的 IP 地址外，还有几种特殊类型的 IP 地址，TCP/IP 协议规定，凡 IP 地址中的第一个字节以“11110”开始的地址都叫多点广播地址。因此，任

何第一个字节大于 223 小于 240 的 IP 地址都是多点广播地址；IP 地址中的每一个字节都为 0 的地址（“0.0.0.0”）对应于当前主机；IP 地址中的每一个字节都为 1 的 IP 地址（“255.255.255.255”）是当前子网的广播地址；IP 地址中凡是以“11110”的地址都留着将来作为特殊用途使用；IP 地址中不能以十进制“127”作为开头，该类地址中数字 127.0.0.1 到 127.1.1.1 用于回路测试，如：127.0.0.1 可以代表本机 IP 地址，用“http：//127.0.0.1”就可以测试本机中配置的 Web 服务器。网络 ID 的第一个 6 位组也不能全置为“0”，全“0”表示本地网络。D 类 IP 地址的第一个字节以“1110”开始，它是一个专门保留的地址。它并不指向特定的网络，目前这一类地址被用在多点广播（Multicast）中。多点广播地址用来一次寻址一组计算机，它标识共享同一协议的一组计算机，地址范围从 224.0.0.1 到 239.255.255.254。E 类 IP 地址以“11110”开始，保留用于将来和实验使用。

（4）子网掩码。

子网掩码（subnet mask）又叫网络掩码、地址掩码、子网络遮罩，它是一种用来指明一个 IP 地址的哪些位标识的是主机所在的子网以及哪些位标识的是主机的位掩码。子网掩码不能单独存在，它必须结合 IP 地址一起使用。子网掩码只有一个作用，就是将某个 IP 地址划分成网络地址和主机地址两部分。

子网掩码一共分为两类：一类是缺省（自动生成）子网掩码，另一类是自定义子网掩码。缺省子网掩码即未划分子网，对应的网络号的位［1］［2］都置 1，主机号都置 0。

A 类网络缺省子网掩码：255.0.0.0

B 类网络缺省子网掩码：255.255.0.0

C 类网络缺省子网掩码：255.255.255.0

自定义子网掩码是将一个网络划分为几个子网，需要每一段使用不同的网络号或子网号，实际上我们可以认为是将主机号分为两个部分：子网号、子网主机号。形式如下：

未做子网划分的 IP 地址：网络号＋主机号

做子网划分后的 IP 地址：网络号＋子网号＋子网主机号

也就是说 IP 地址在划分子网后，以前的主机号位置的一部分给了子网号，余下的是子网主机号。子网掩码是 32 位二进制数，它的子网主机标识用部分为全“0”。利用子网掩码可以判断两台主机是否在同一子网中。若两台主机的 IP 地址分别与它们的子网掩码相“与”后的结果相同，则说明这两台主机在同一子网中。

（5）二进制。

二进制是计算技术中广泛采用的一种数制。二进制数据是用 0 和 1 两个数码来表示的数。它的基数为 2，进位规则是“逢二进一”，借位规则是“借一当二”，由 18 世纪德国数理哲学大师莱布尼兹发现。当前的计算机系统使用的基本上是二进制系统。

二进制数据也是采用位置计数法，其位权是以 2 为底的幂。例如二进制数据 110.11，其权的大小顺序为 2^2、2^1、2^0、2^{-1}、2^{-2}。对于有 n 位整数、m 位小数的二进制数据用加权系数展开式表示，可写为：$(a_{(n-1)}a_{(n-2)}\cdots a_{(-m)})_2=a_{(n-1)}\times 2(n-2)+$

$a_{(n-2)} \times 2^{(n-3)} + \cdots + a_{(1)} \times 2^{0} + a_{(0)} \times 2^{(-1)} + a_{(-1)} \times 2^{(-2)} + a_{(-2)} \times 2^{(-3)} + \cdots + a_{(-m)} \times 2^{[-(m-1)]}$

二进制数据一般可写为：$(a_{(n-1)}a_{(n-2)}\cdots a_{(1)}a_{(0)}.\ a_{(-1)}a_{(-2)}\cdots a_{(-m)})_2$。

【例】将二进制数据 111.01 写成加权系数的形式。

解：$(111.01)_2=(1\times 2^2)+(1\times 2^1)+(1\times 2^0)+(0\times 2^{-1})+(1\times 2^{-2})$

二进制的优点：数字装置简单可靠，所用元件少；只有两个数码 0 和 1，因此它的每一位数都可用任何具有两个不同稳定状态的元件来表示；基本运算规则简单，运算操作方便。

二进制的缺点：用二进制表示一个数时，位数多。因此实际使用中多采用送入数字系统前用十进制，送入机器后再转换成二进制数，让数字系统进行运算，运算结束后再将二进制转换为十进制供人们阅读。

4. 计算机命名原则

网络上的计算机需要唯一的名称，以便可以相互进行识别和通信。最好使计算机名比较简短（十五个字符或更少）并且容易识别。

我们建议您在计算机名中仅使用 Internet 标准字符。标准字符是从 0 到 9 的数字、从 A 到 Z 的大写和小写字符以及连字符（－）字符。计算机名不能完全由数字组成，也不能包含空格，而且还不能包含特殊字符，如以下字符：〈〉;:" ＊＋＝\|?。

注意：

（1）某些 Internet 服务提供商（ISP）要求您使用特定的计算机名，以便他们可以标识您的计算机并验证您的账户。如果您的 ISP 要求使用特定的计算机名，则不要更改他们为您提供的名称。

（2）微软的建议是使用尽可能不会发生变化的名称，比如地名、国家名、历史名、星球名等等。由于部门、人员、电话等都是很容易发生变化的 ID，故而不建议采用。可以考虑采用公司名＋地名＋流水号。

5. 测试命令——Ping 的使用方法

（1）Ping 主机 IP 地址，如图 1—77 所示。

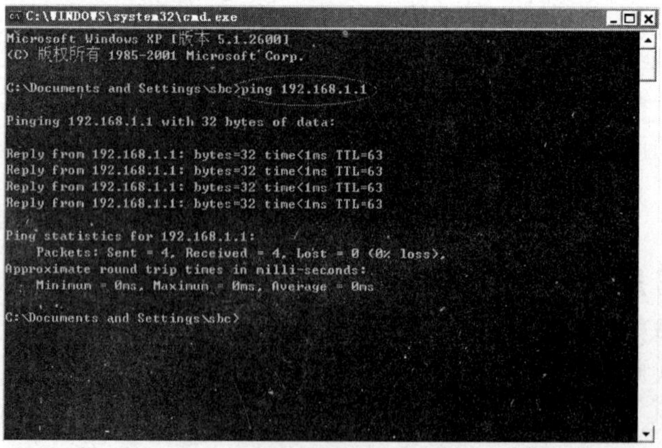

```
C:\WINDOWS\system32\cmd.exe
Microsoft Windows XP [版本 5.1.2600]
(C) 版权所有 1985-2001 Microsoft Corp.

C:\Documents and Settings\sbc>ping 192.168.1.1

Pinging 192.168.1.1 with 32 bytes of data:

Reply from 192.168.1.1: bytes=32 time<1ms TTL=63
Reply from 192.168.1.1: bytes=32 time<1ms TTL=63
Reply from 192.168.1.1: bytes=32 time<1ms TTL=63
Reply from 192.168.1.1: bytes=32 time<1ms TTL=63

Ping statistics for 192.168.1.1:
    Packets: Sent = 4, Received = 4, Lost = 0 (0% loss),
Approximate round trip times in milli-seconds:
    Minimum = 0ms, Maximum = 0ms, Average = 0ms

C:\Documents and Settings\sbc>
```

图 1—77 Ping 主机 IP 地址

（2）Ping 主机名，如图 1—78 所示。

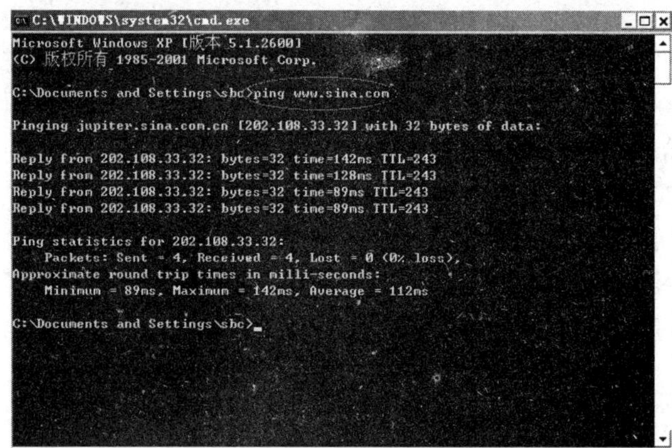

图 1—78　Ping 主机名

（3）将 IP 地址解析为主机名，使用参数-a，如图 1—79 所示。

```
C:\WINDOWS\system32\cmd.exe
Microsoft Windows XP [版本 5.1.2600]
(C) 版权所有 1985-2001 Microsoft Corp.

C:\Documents and Settings\sbc>ping -a 127.0.0.1

Pinging localhost [127.0.0.1] with 32 bytes of data:

Reply from 127.0.0.1: bytes=32 time<1ms TTL=128
Reply from 127.0.0.1: bytes=32 time<1ms TTL=128
Reply from 127.0.0.1: bytes=32 time<1ms TTL=128
Reply from 127.0.0.1: bytes=32 time<1ms TTL=128

Ping statistics for 127.0.0.1:
    Packets: Sent = 4, Received = 4, Lost = 0 (0% loss),
Approximate round trip times in milli-seconds:
    Minimum = 0ms, Maximum = 0ms, Average = 0ms

C:\Documents and Settings\sbc>
```

图 1—79　使用-a 参数 Ping 主机 IP 地址

（4）不停地 Ping 某一台主机，直至按 Ctrl＋C 停止，使用参数-t，如图 1—80 所示。

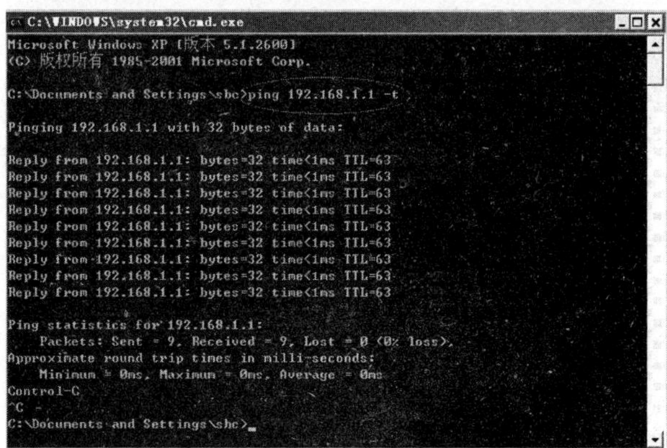

图 1—80　使用-t 参数 Ping 主机 IP 地址

6. 资源共享知识

（1）网络存储常见的便是文件共享服务，采用 FTP 和 TFTP 服务，使用户能够在工作组计算机上方便而安全的访问共享服务器上的资源，而且 ftp 资源大多是免费的。

（2）资源备份随着网络攻击和病毒的发展，资源备份也成为资源共享当中不可或缺的一部分，现代企业大都采取实时高效的资源备份方式，以便在网络崩溃的时候能够最大限度地保护公司信息。

（3）设备共享：主要是指硬盘、软驱、光驱和打印机等硬件设备的共享，使网络中其他没有该硬件设备的用户可以使用这些设备，就像自己也安装了这些硬件设备一样，从而节约网络用户的硬件投入费用。

工作技巧

1. 快速访问共享资源——使用 UNC 访问

UNC（Universal Naming Convention），译为通用命名规则，也称通用命名规范、通用命名约定。

网络（主要指局域网）上资源的完整 Windows 2000 名称。它符合\\servername\sharename 格式，其中 servername 是服务器名，sharename 是共享资源的名称。目录或文件的 UNC 名称可以包括共享名称下的目录路径，格式为：\\servername\sharename\directory\filename。

当我们要访问一个在末尾加了“＄”符号的管理共享时，就要使用 UNC 方式访问。如要访问 softer 计算机的管理共享 Soft＄，就可以在打开的窗口地址栏输入\\softer\Soft＄来实现。

2. 检查 TCP/IP 协议（Ping 127.0.0.1）

当你的网络出现故障或无法连通时，如何才能简单高效地找出故障？其实只需要一个 Ping 命令，就可以判断 TCP/IP 协议故障……

（1）Ping 127.0.0.1：

127.0.0.1 是本地循环地址，如果本地址无法 Ping 通，则表明本地机 TCP/IP 协议不能正常工作。

（2）Ping 本机的 IP 地址：

用 ipconfig 查看本机 IP，然后 Ping 该 IP，通则表明网络适配器（网卡或 MODEM）工作正常，不通则是网络适配器出现故障。

单元小结

本单元我们主要学习了双绞线网线的制作、小型局域网的搭建、计算机网络参数的设置、本地和网络打印机的安装与设置、实现两台计算机之间的资源共享。

思考与练习

请根据下表给出的设备，规划设计小型局域网，实现网络资源共享，请你具体解决以下问题：

序号	设备型号	数量
1	计算机（集成网卡）	3 台
2	家用打印机	1 台
3	4 口交换机	1 台
4	网络双绞线	20 米
5	水晶头	10 个

1. 利用双绞线网线将设备互联成小型局域网。
2. 安装网络协议。
3. 规划设计 IP 地址、工作组与计算机名。
4. 安装和配置网络打印机。
5. 启用 Guest 来宾账户。
6. 设置网络共享资源（某盘或某文件夹）。

第二单元 多机互联

单元学习目标

1. 了解集线器、交换机知识；
2. 熟悉 IP 地址知识；
3. 掌握计算机网络设置知识；
4. 掌握 Ping 的常用方法；
5. 掌握 IIS 的安装与配置知识；
6. 能够独立制作网线并测试网线的质量；
7. 能够使用网线进行多台计算机的连通；
8. 能够正确设置计算机名、工作组、IP 地址；
9. 能够检测计算机网络的连通性；
10. 能够正确配置 WEB 站点、FTP 站点；
11. 基本具有耐心细致的工作作风；
12. 基本具有遵守规则的意识。

工作情境

某公司的培训部门，有 20 台计算机位于同一个房间。为了保证学员能方便访问教学资料，同时能使学员之间及时交流学习心得，使学员能共享文件及文件夹、享受 WEB 及 FTP 服务等。请你帮助解决。

工作分析

如果连接 20 台计算机，我们要选择合适的网络设备，然后再使用网线及网络连接设备把这些计算机连接成网络，接下来再设置共享文件夹并安装相关服务实现网络资源的共享。下面，我们首先进行选择网络连接设备的操作。

任务一 选择网络连接设备

任务分析

用户已经提出了网络建设的要求，现在我们的任务是为此次网络建设选择所需要的网络连接设备，以便构成可用的网络。

任务准备

1. 认识集线器

集线器（英文：Hub，意为“中心”），如图 2—1 所示。集线器的主要功能是对接收到的信号进行再生整形放大，以扩大网络的传输距离，同时把所有节点集中在以它为中心的节点上。它工作于 OSI（开放系统互联参考模型）参考模型第一层，即“物理层”。集线器与网卡、网线等传输介质一样，属于局域网中的基础设备，采用 CSMA/CD（一种检测协议）访问方式。

集线器内部采用了电器互联，当维护 LAN 的环境是逻辑总线或环型结构时，完全可以用集线器建立一个物理上的星型或树型网络结构。在这方面，集线器所起的作用相当于多端口的中继器。其实，集线器实际上就是中继器的一种，其区别仅在于集线器能够提供更多的端口服务，所以集线器又叫多口中继器。

图 2—1 集线器

集线器不能单独应用于较大网络中（通常是与交换机等设备一起分担小部分的网络通信负荷），就像在大城市中心不能有单车道一样，因为网络越大，出现网络碰撞现象的机会就越大。也正因如此，集线器的数据传输效率是比较低的，因为它在同一时刻只能有一个方向的数据传输，也就是所谓的“单工”方式。如果网络中要选用集线器作为单一的集线设备，则网络规模最好在 10 台以内，而且集线器带宽应为 10/100Mbps 以上。随着网络技术的不断发展，集线器在网络中的应用逐渐被交换机所取代。

2. 认识交换机

交换机（英文：Switch，意为“开关”），如图 2—2 所示。交换机是一种用于电信号转发的网络设备，它可以为接入交换机的任意两个网络节点提供独享的电信号通路，类似传统的桥接器。交换机提供了许多网络互联功能。交换机能经济地将网络分成小的冲突网域，为每个工作站提供更高的带宽。协议的透明性使得交换机在软件配置简单的情况下直接安装在多协议网络中；交换机使用现有的电缆、中继器、集线器和工作站的网卡，不必作高层的硬件升级；交换机对工作站是透明的，这样

图 2—2 交换机

管理开销低廉，简化了网络节点的增加、移动和网络变化的操作。最常见的交换机有以太网交换机、电话语音交换机、光纤交换机等。

交换机的传输模式有全双工，半双工，全双工/半双工自适应。

交换机的全双工是指交换机在发送数据的同时也能够接收数据，两者同步进行，这好像我们平时打电话一样，说话的同时也能够听到对方的声音。目前的交换机都支持全双工。全双工的好处在于迟延小，速度快。

提到全双工，就不能不提与之密切对应的另一个概念，那就是“半双工”。所谓半双工就是指一个时间段内只有一个动作发生。举个简单例子，一条窄窄的马路，同时只能有一辆车通过，当目前有两辆车对开，这种情况下就只能一辆先过，等到头后另一辆再开，这个例子形象地说明了半双工的原理。早期的对讲机以及早期集线器等设备都是实行半双工的产品。随着技术的不断进步，半双工会逐渐退出历史舞台。

任务实施

一、了解网络连接设备的功能及性能

在选择网络连接设备之前，我们需要了解各种连接设备的功能及性能。如：面板接口及按钮的功能、系统的特性、安装的环境要求、场地要求、电源电压要求、配置电缆的连接、初次加电时的注意事项及参数设置等。只有了解了各种网络连接设备的一些基本信息后，我们才能更好地根据需求选择最适合的网络设备。

二、根据组网要求选择合适的网络连接设备

当网络规模较小时（一般少于 10 台计算机），网络连接设备通常选择集线器；而当网络规模稍大时（在 10 台计算机以上），网络连接设备通常选择交换机。

在本单元任务中，要求实现 20 台计算机的连接，所以关于网络连接设备，我们选择一台 24 口的交换机。图 2—3、图 2—4、图 2—5 分别是 Quidway E126 以太网交换机的外观图及前后面板示意图。

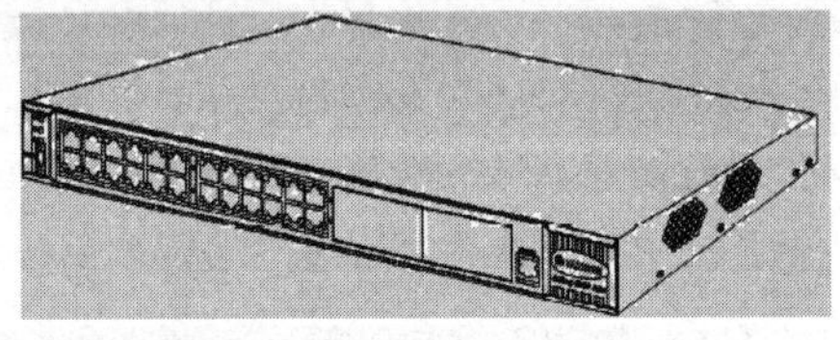

图 2—3　交换机的外观图

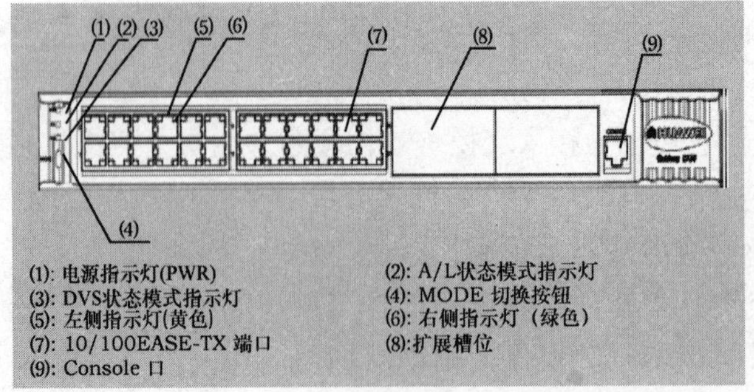

图 2—4　交换机前面板示意图

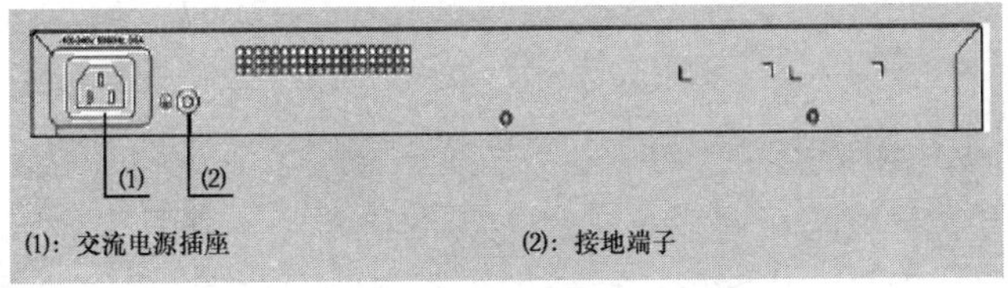

图 2—5　交换机后面板示意图

工作页与评价

<table>
<tr><td>第二单元</td><td colspan="8">多机互联</td></tr>
<tr><td>工作名称</td><td colspan="8">任务一：选择网络连接设备</td></tr>
<tr><td>工作时间</td><td colspan="2">年　　月　　日</td><td>地点</td><td colspan="2"></td><td>工作组号</td><td colspan="2"></td></tr>
<tr><td>工作材料</td><td colspan="8"></td></tr>
<tr><td>小组成员</td><td colspan="8">组长：　　　　　　　　组员：</td></tr>
<tr><td>工作目标</td><td colspan="8"></td></tr>
<tr><td rowspan="5">工作过程</td><td rowspan="2">工作任务</td><td rowspan="2" colspan="3">工作记录</td><td colspan="4">评价</td></tr>
<tr><td>A</td><td>B</td><td>C</td><td>D</td></tr>
<tr><td>网络规模</td><td colspan="3">计算机配置：　　　　数量：　　　台</td><td></td><td></td><td></td><td></td></tr>
<tr><td>网络设备</td><td colspan="3">品牌及型号：　　　　数量：　　　台</td><td></td><td></td><td></td><td></td></tr>
<tr><td>工作描述</td><td colspan="3"></td><td></td><td></td><td></td><td></td></tr>
<tr><td>反馈意见</td><td colspan="8"></td></tr>
<tr><td>教师签字</td><td colspan="8"></td></tr>
<tr><td rowspan="4">评价标准</td><td>等级
工作任务</td><td colspan="2">A</td><td colspan="2">B</td><td colspan="3">C</td></tr>
<tr><td>网络规模</td><td colspan="2">正确理解任务需求；正确构建网络；选择适量的计算机终端进行构建</td><td colspan="2">正确理解任务需求；构建网络不正确；选择适量的计算机终端进行构建</td><td colspan="3">正确理解任务需求；构建网络不正确；计算机终端选择不正确</td></tr>
<tr><td>网络设备</td><td colspan="2">正确理解任务需求；正确构建网络；正确选择网络设备类型和型号进行构建</td><td colspan="2">正确理解任务需求；构建网络不正确；正确选择网络设备类型和型号进行构建</td><td colspan="3">正确理解任务需求；构建网络不正确；网络设备类型和型号选择不正确</td></tr>
<tr><td>工作描述</td><td colspan="2">正确理解任务需求；对网络环境所能进行的工作进行正确描述</td><td colspan="2">正确理解任务需求；对网络环境所能进行的工作描述不正确</td><td colspan="3">None</td></tr>
</table>

注：未达到 C 标准的视为 D。

问题讨论：

1. 集线器的应用限制是什么？
2. 交换机在哪个方面解决了集线器的问题？
3. 选择交换机还是集线器的主要依据是什么？

相关知识

1. 集线器的作用和特点

集线器顾名思义，就是将网线集中到一起的机器，也就是多台主机和设备的连接器。集线器的主要功能是对接收到的信号进行同步整形放大，以扩大网络的传输距离，所以它属于中继器的一种。区别仅在于集线器能提供更多的连接端口，而中继器只是一个 1 对 1 的专门延长传输距离的连接器。

集线器具有以下特点：

(1) 集线器在 OSI 模型中属于第一层物理层设备，从 OSI 模型可以看出它只是对数据的传输起到同步、放大和整形的作用，对数据传输中的短帧、碎片等无法进行有效的处理，不能保证数据传输的完整性和正确性。

(2) 所有端口都是共享一条带宽，在同一时刻只能有两个端口传送数据，其他端口只能等待，所以只能工作在半双工模式下，传输效率低。如果是个 8 口的 Hub，那么每个端口得到的带宽就只有 1/8 的总带宽了。现在市场上的 Hub 多为 10/100Mbps 带宽自适应型。

(3) 集线器是一种广播工作模式，也就是说集线器的某个端口工作的时候，其他所有端口都能够收听到信息，容易产生广播风暴。另外安全性差，所有的网卡都能接收到所发数据，只是非目的地网卡自动丢弃了这个不是发给它的信息包。当网卡或网络设备损坏后，会不停地发送广播包，从而导致广播风暴，使网络通信陷入瘫痪。

集线器多用于小型局域的组网，不过随着交换机的整体价格下调，集线器的性价比明显偏低，处于淘汰的边缘了。目前主流集线器主要有 8 口、16 口和 24 口等大类，但也有少数品牌提供非标准端口数，如 4 口和 12 口的，2～3 台电脑的家庭用一个 4 口的 10/100Mbps 自适应型的集线器就可以了。有的 Hub 会有一个 UPLink 端口，它是专门用来连接其他网络设备（如交换机、路由器等）的。

2. 交换机的作用

使用交换机也可以把网络“分段”，通过对照 MAC 地址表，交换机只允许必要的网络流量通过交换机。通过交换机的过滤和转发，可以有效地隔离广播风暴，减少误包和错包的出现，避免共享冲突。

交换机在同一时刻可进行多个端口对之间的数据传输。每一端口都可视为独立的网段，连接在其上的网络设备独自享有全部的带宽，无须同其他设备竞争使用。当节点 A 向节点 D 发送数据时，节点 B 可同时向节点 C 发送数据，而且这两个传输都享有网络的全部带宽，都有着自己的虚拟连接。假使这里使用的是 10Mbps 的以太网交换机，那么该交换机这时的总流通量就等于 2×10Mbps＝20Mbps，而使用 10Mbps 的共享式 Hub 时，一个 Hub 的总流通量也不会超出 10Mbps。

总之，交换机是一种基于 MAC 地址识别，能完成封装转发数据包功能的网络设备。交换机可以“学习”MAC 地址，并将其存放在内部地址表中，通过在数据帧的始发者和目标接收者之间建立临时的交换路径，使数据帧直接由源地址到达目的地址。

交换机的主要功能包括物理编址、网络拓扑结构、错误校验、帧序列以及流控。

目前交换机还具备了一些新的功能，如对 VLAN（虚拟局域网）的支持、对链路汇聚的支持，甚至有的还具有防火墙的功能。

学习：以太网交换机了解每一端口相连设备的 MAC 地址，并将地址同相应的端口映射起来存放在交换机缓存中的 MAC 地址表中。

转发/过滤：当一个数据帧的目的地址在 MAC 地址表中有映射时，它被转发到连接目的节点的端口而不是所有端口（如该数据帧为广播/组播帧则转发至所有端口）。

消除回路：当交换机包括一个冗余回路时，以太网交换机通过生成树协议避免回路的产生，同时允许存在后备路径。

交换机除了能够连接同种类型的网络之外，还可以在不同类型的网络（如以太网和快速以太网）之间起到互联作用。如今许多交换机都能够提供支持快速以太网或 FDDI 等的高速连接端口，用于连接网络中的其他交换机或者为带宽占用量大的关键服务器提供附加带宽。一般来说，交换机的每个端口都用来连接一个独立的网段，但是有时为了提供更快的接入速度，我们可以把一些重要的网络计算机直接连接到交换机的端口上。这样，网络的关键服务器和重要用户就拥有更快的接入速度，支持更大的信息流量。

交换机的基本功能：

（1）交换机像集线器一样，提供了大量可供线缆连接的端口，这样可以采用星型拓扑布线。

（2）交换机像中继器、集线器和网桥那样，当它转发帧时，交换机会重新产生一个不失真的方形电信号。

（3）交换机像网桥那样，在每个端口上都使用相同的转发或过滤逻辑。

（4）交换机像网桥那样，将局域网分为多个冲突域，每个冲突域都是有独立的宽带，因此大大提高了局域网的带宽。

（5）交换机除了具有网桥、集线器和中继器的功能以外，还提供了更先进的功能，如虚拟局域网（VLAN）和更高的性能。

3. 交换机与集线器的区别

如果我们把集线器看成是一条内置的以太网总线的话，交换机则可以被视为多条总线的交换矩阵互联。

从工作方式来看，集线器是一种广播模式，也就是说集线器的某个端口工作的时候，其他所有端口都可以收听到信息，容易产生广播风暴。当网络较大的时候，网络性能会受到很大的影响，那么用什么方法避免这种现象的发生呢？交换机就能够起到这种作用，当交换机工作的时候，只有发出请求的端口和目的端口之间相互响应而不影响其他端口，这样就能够隔离冲突域和有效地抑制广播风暴的产生。

从带宽来看，集线器不管有多少个端口，所有端口都共享一条带宽，在同一时刻只能有两个端口传送数据，其他端口只能等待；同时集线器只能工作在半双工模式下。而对于交换机而言，每个端口都有一条独占的带宽，当两个端口工作时并不影响其他端口的工作；同时交换机不但可以工作在半双工模式下，也可以工作在全双工模式下。

从技术上来讲，交换机把每一个端口都挂在一条带宽很高的背板总线上（至少比端口带宽高出一个数量级），并与一个交换机相连。由端口接收的封装数据包经背板总线进入交换机，并通过直通转发和存储转发两种方式进行交换。从硬件上看，交换机比集线器多出背板总线和交换两大部分，从而多出两种交换方式。这也是相同接口、相同带宽的交换机比集线器贵很多的原因。

从使用效果上讲，交换机的性价比更高。以前，交换机价格较高，因此许多企业退而求其次，选择集线器。近几年，随着交换技术的不断发展，以太网交换机的价格急剧下降。时至今日，交换机的性价比已远远超过集线器。交换机与集线器的对照如表 2—1 所示。

表 2—1　　交换机与集线器比较

比较依据 网络设备	工作方式	带宽	技术	适用规模	购买价格
交换机	隔离模式	共享带宽	直通连接	100 台以下	价格较高
集线器	广播模式	独享带宽	高速背板总线	10 台以下	价格较低

4. 扩展端口的方法

交换机与集线器扩展端口对照如表 2—2 所示。

表 2—2　　扩展端口的方法比较

扩展方法 网络设备	级联	堆叠	插卡
交换机	可通过普通端口与可使用级联端口，占用端口	使用堆叠接口，可菊花链式，也可星型，不占端口	在交换机背板上插卡，不占端口
集线器	可通过普通端口与可使用级联端口，占用端口	使用堆叠接口，可菊花链式，也可星型，不占端口	一般不用

（1）级联。

级联可以定义为两台或两台以上的交换机通过一定的方式相互联接，根据需要，多台交换机可以以多种方式进行级联。在较大的局域网例如园区网（校园网）中，多台交换机按照性能和用途一般形成总线型、树型或星型的级联结构。如图 2—6 所示。

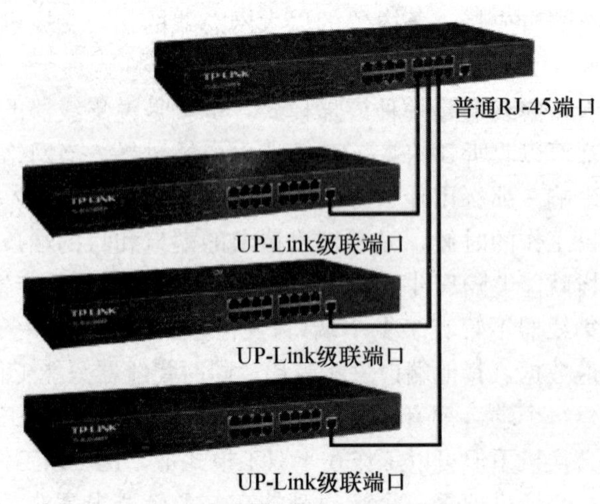

图 2—6　交换机级联

(2) 堆叠。

堆叠是指将一台以上的交换机组合起来共同工作，以便在有限的空间内提供尽可能多的端口。多台交换机经过堆叠形成一个堆叠单元。可堆叠的交换机性能指标中有一个“最大可堆叠数”的参数，它是指一个堆叠单元中所能堆叠的最大交换机数，代表一个堆叠单元中所能提供的最大端口密度，如图 2—7 所示。

图 2—7 交换机堆叠

堆叠与级联这两个概念既有区别又有联系。堆叠可以看作是级联的一种特殊形势。它们的不同之处在于：级联的交换机之间可以相距很远（在媒体许可范围内），而一个堆叠单元内的多台交换机之间的距离非常近，一般不超过几米；级联一般采用普通端口，而堆叠一般采用专用的堆叠模块和堆叠电缆。一般来说，不同厂家、不同型号的交换机可以互相级联，而堆叠则不同，它必须在可堆叠的同类型交换机（至少应该是同一厂家的交换机）之间进行；级联仅仅是交换机之间的简单连接，而堆叠则是将整个堆叠单元作为一台交换机来使用，这不但意味着端口密度的增加，而且意味着系统带宽的加宽。

目前，市场上的主流交换机可以细分为可堆叠型和非堆叠型两大类。而号称可以堆叠的交换机中，又有虚拟堆叠和真正堆叠之分。所谓的虚拟堆叠，实际就是交换机之间的级联。交换机并不是通过专用堆叠模块和堆叠电缆，而是通过 Fast Ethernet 端口或 Giga Ethernet 端口进行堆叠，实际上这是一种变相的级联。即便如此，虚拟堆叠的多台交换机在网络中已经可以作为一个逻辑设备进行管理，从而使网络管理变得简单起来。

真正意义上的堆叠应该满足：采用专用堆叠模块和堆叠总线进行堆叠，不占用网络端口；多台交换机堆叠后，具有足够的系统带宽，从而保证堆叠后每个端口仍能达到线速交换；多台交换机堆叠后，VLAN 等功能不受影响。

(3) 插卡。

这类交换机一般属于高端交换机，如图 2—8 所示。它可以根据用户方便地扩展，根据用途更换模块，来达到不同的功能。这样的设计就是模块化设计，假如一个模块坏掉了，不会影响其他模块的运行。

插卡式交换机的模块要插在相应的插槽中，每一个插槽有相应的编号，就是槽位。用户可以根据需要选择不同端口的模块，插入空插槽内即可完成端口的扩充。

图 2—8 插卡式交换机

工作技巧

1. 省钱又快速的连接（计算机数少于 8 台时建议使用集线器）

集线器是广播式传输数据，所有计算机共享带宽，当一台计算机发送数据时，数据是直接传送到所有计算机上的，没有网络延时。当计算机数少于 8 台时，由于计算机之间发生冲突的几率较低，这时如果采用集线器进行网络连接，不仅购买设备的费用较低，同时还因为没有网络设备的延时，使得整个网络的工作效率比使用交换机还要高。

2. 进行流量分析（使用集线器可以不用进行端口镜像的设置）

集线器是广播式传输数据，一个端口接收的数据会自动广播到其他所有的端口之上。因而，当使用集线器时，要进行流量分析，可以不用进行端口镜像的设置，直接使用任意端口进行数据接收。

3. 快速的级联（使用 UP-Link 端口实现级联）

对于许多交换机来说，大都配备有一个 UP-Link 端口。当我们要进行交换机的级联时，可使用直通线，一端接交换机的普通端口，另一端接上联交换机的 UP-Link 端口（注意，并不是 UP-Link 端口的相互联接）。这样，就避免了挑选线缆的麻烦，可以和计算机使用相同的连接线缆了。当线缆出现问题时，也可以方便地进行更换。

任务二　计算机与网络设备互联

任务分析

网络设备已经选定了，我们现在的任务就是将所有的计算机与网络设备连接起来，为后面网络应用做好准备。下面，请你完成网线的制作及测试。

任务准备

1. 确定网络拓扑结构

一般我们要了解用户组建网络的目的是什么，要实现哪些具体的网络应用，现有哪些设备可用于组建网络，设备的配置如何等情况。只有清楚了组网需求，才好根据需求设计网络。

计算机网络的拓扑结构是指网络设备物理连接的布局关系。拓扑结构的好坏会直接影响网络的性能，所以说选择合适的网络拓扑结构是组建一个具有良好性能网络的重要步骤。这里我们选择星型网络结构作为本单元任务的组网拓扑结构，星型网络拓扑结构如图 2—9 所示。

图 2—9　星型网络拓扑结构

2. 确定网络走线路由

当选择好网络拓扑结构之后，首先要确定网络设备（即交换机）放置在什么地方，然后依据安全、隐蔽、美观、可靠、节约的原则确定线缆的走向，也就是网络走线路由。

网络走线路由直接影响线缆、辅助材料（线槽、线管）等的用量，同时也影响着整个网络在使用过程中的安全、美观及可靠性。网络走线路由确定后，可手工（或使用计算机软件如：Microsoft Word、Microsoft Visio 等）绘制出简单的走线路由草图，以便施工时参照。如图 2—10 所示。

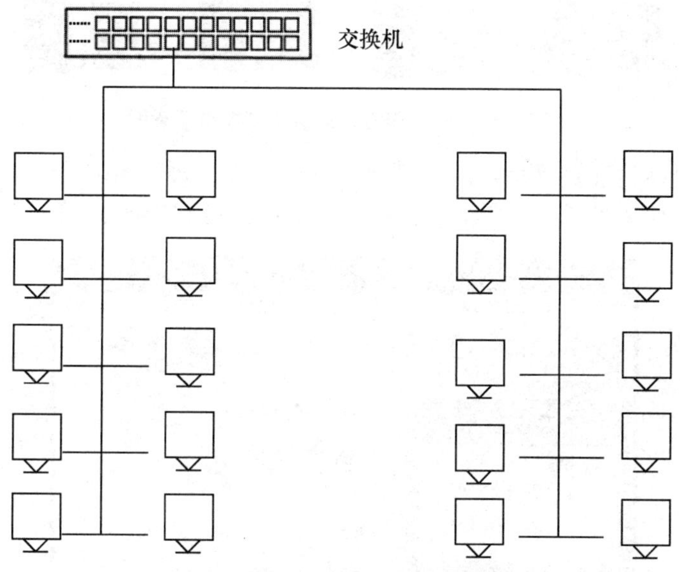

图 2—10　网络走线路由示意图

任务实施

一、制作双绞线网线

因为计算机与交换机不是同类设备，所以用直连线连接，因此首先要制作 20 根直连线。

所谓直连线，是指两端具有相同线序的双绞线跳线。在我国，计算机网络中通常使用的是 T568B 线序标准。所以在捋线时，两端都要按照“橙白、橙、绿白、蓝、蓝白、绿、棕白、棕”的颜色进行排线，排好线序后用压线钳的切线口切线，最后插入水晶头并用压线钳压紧。

注意：

每条网线的长度不一，要根据每台计算机与交换机的物理位置来定，并且制作网线时要稍有富余，以便日后水晶头损坏重做后网线长度够用。

二、计算机与交换机互联

将直连线的一端插入计算机网卡的 RJ-45 接口，另一端插入交换机的以太网口，实现计算机与交换机互联，连接后的接口示意图如图 2—11 所示。

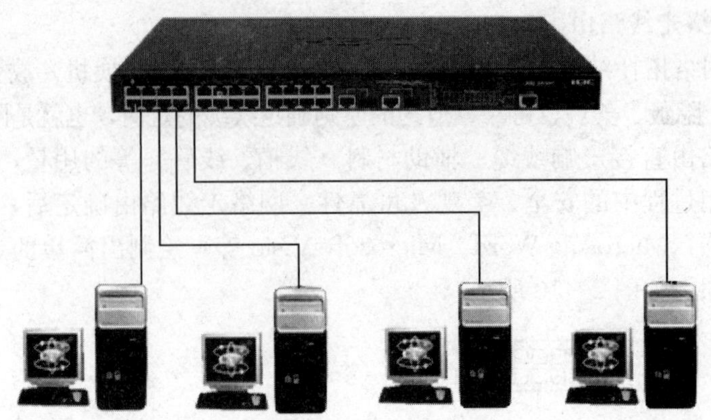

图 2—11 网线连接计算机与交换机示意图

计算机与交换机连接好后，若计算机已开机，交换机已接通电源，计算机的“本地连接”图标，应该显示“已连接上”字样。如图 2—12 所示。

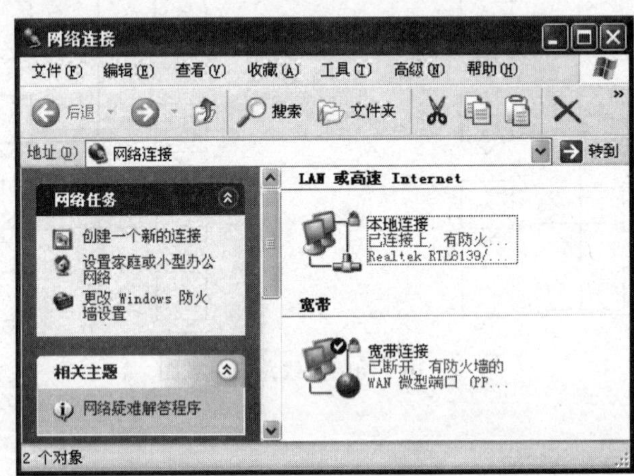

图 2—12 计算机与交换机成功连接

三、设置计算机参数

虽然我们按照事先准备的走线路由把计算机与网络设备（交换机）连接起来了，但是此时的网络还是不能正常使用的，我们还需要对网络中的每台计算机进行合理的设置才能保证网络正常工作。

设置的内容包括：计算机名、工作组、IP 地址等。

1. 更改计算机名、工作组名

计算机名是局域网中进行网络资源共享时经常使用的一个名称，它有些类似于互联网上的域名，但不需要向任何人申请，也不需要花费任何费用。工作组则用于指定经常协同工作的计算机，相同工作组的计算机在查找时会比较容易。在同一个局域网中，工作组名建议使用部门名，计算机名则使用“部门名—使用者名”或“部门名—计算机品牌—计算机编号”或“部门名—计算机用途”的方式进行命名，以方便查找与管理。

更改计算机名、工作组名的操作步骤：

(1) 右击“我的电脑”，选择“属性”，打开“系统属性”设置对话框，如图2—13所示。

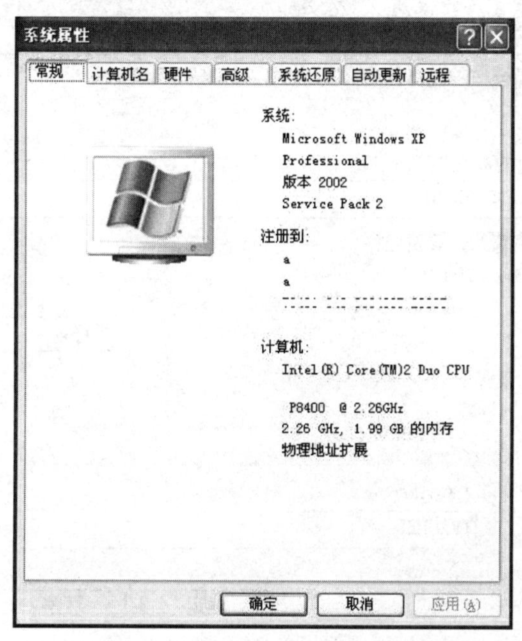

图2—13 “系统属性”设置对话框

(2) 选择“计算机名”选项卡，进入“修改计算机名和网络ID”对话框，如图2—14所示。

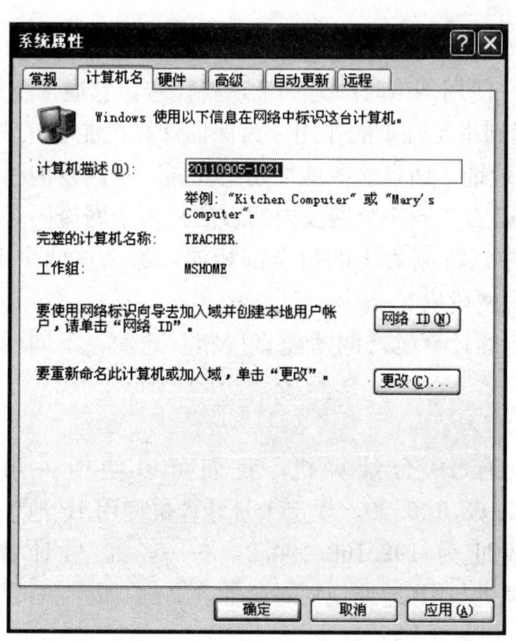

图2—14 “修改计算机名和网络ID”对话框

(3) 单击“更改”按钮，进入“修改计算机名和工作组”对话框，如图 2—15 所示。

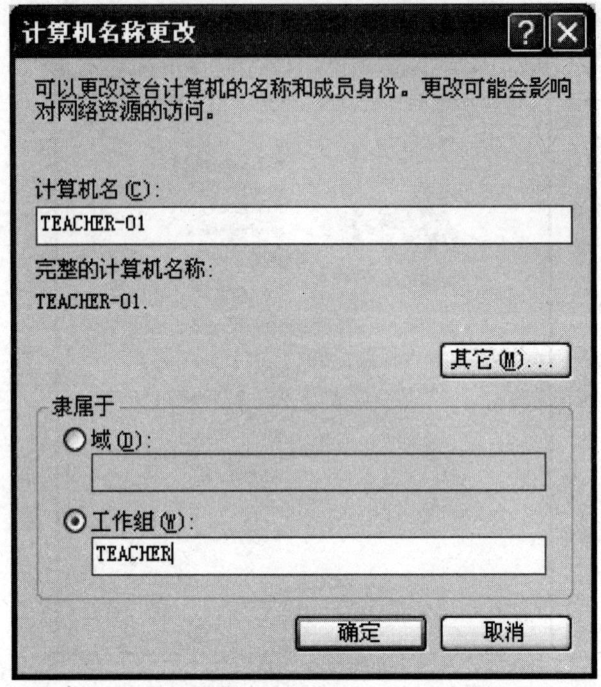

图 2—15 “修改计算机名和工作组”对话框

(4) 输入计算机名“TEACHER－01”和工作组名“TEACHER”后，单击“确定”按钮完成设置。

2. 规划与设置 IP 地址

IP 地址是计算机在使用网络时的另一个重要代号，它通常在进行网络连通性检查、Intranet 应用等方面起到举足轻重的作用。为保证计算机能够互联互通，局域网中的计算机不仅都要设置 IP 地址，而且这些地址还要在同一个网段内。

判断两个 IP 地址是否在同一个网段内的方法是用子网掩码对照 IP 地址。如果两个 IP 地址中，子网掩码中二进制为 1 的位全部相同，那么这两个 IP 地址在同一个网段内，否则就不在同一个网段内。

只有同一个网段内的计算机之间才能直接相互通信，不同网段内的计算机之间不能直接相互通信。

规划 IP 地址：

在这里，由于只有 20 台计算机，我们可以使用一组私有 IP 地址，如：192.168.100.1 至 192.168.100.20，规定 1 号计算机使用 IP 地址为 192.168.100.1，2 号计算机使用 IP 地址为 192.168.100.2，……，20 号计算机使用 IP 地址为 192.168.100.20。计算机与 IP 地址规划对照如表 2—3 所示。

表 2—3　　计算机号与 IP 地址对照表

计算机号	IP 地址	计算机号	IP 地址	计算机号	IP 地址
1	192.168.100.1	8	192.168.100.8	15	192.168.100.15
2	192.168.100.2	9	192.168.100.9	16	192.168.100.16
3	192.168.100.3	10	192.168.100.10	17	192.168.100.17
4	192.168.100.4	11	192.168.100.11	18	192.168.100.18
5	192.168.100.5	12	192.168.100.12	19	192.168.100.19
6	192.168.100.6	13	192.168.100.13	20	192.168.100.20
7	192.168.100.7	14	192.168.100.14		

设置 IP 地址操作步骤：

(1) 右击“网上邻居”，选择“属性”，打开“网络连接”窗口，如图 2—16 所示。

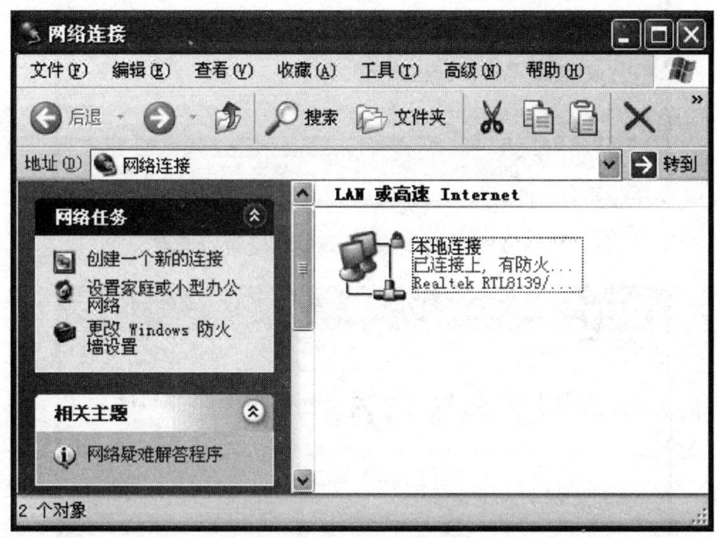

图 2—16　“网络连接”窗口

(2) 右击“本地连接”，选择“属性”，打开“本地连接 属性”设置对话框，如图 2—17 所示。

(3) 双击“Internet 协议（TCP/IP)”，打开“Internet 协议（TCP/IP）属性”设置对话框，如图 2—18 所示。

(4) 输入指定的 IP 地址，然后按“确定”按钮。

四、连通性测试

在 IP 地址设置完成后，要使用 Ping 命令对计算机网络的连通性进行检查，以确保网络可用。通常情况下，检查分三步进行：

(1) 检查协议安装是否正确。使用的命令是：Ping 127.0.0.1。如果安装正确，结果显示如图 2—19 所示。

本地连接 属性
常规
高级
连接时使用:
Realtek RTL8139/810x Family F
配置(C)...
此连接使用下列项目(O):
Microsoft 网络客户端
Microsoft 网络的文件和打印机共享
QoS 数据包计划程序
Internet 协议 (TCP/IP)
安装(N)...
卸载(U)
属性(R)
说明
允许您的计算机访问 Microsoft 网络上的资源。
连接后在通知区域显示图标(W)
此连接被限制或无连接时通知我(M)
确定
取消

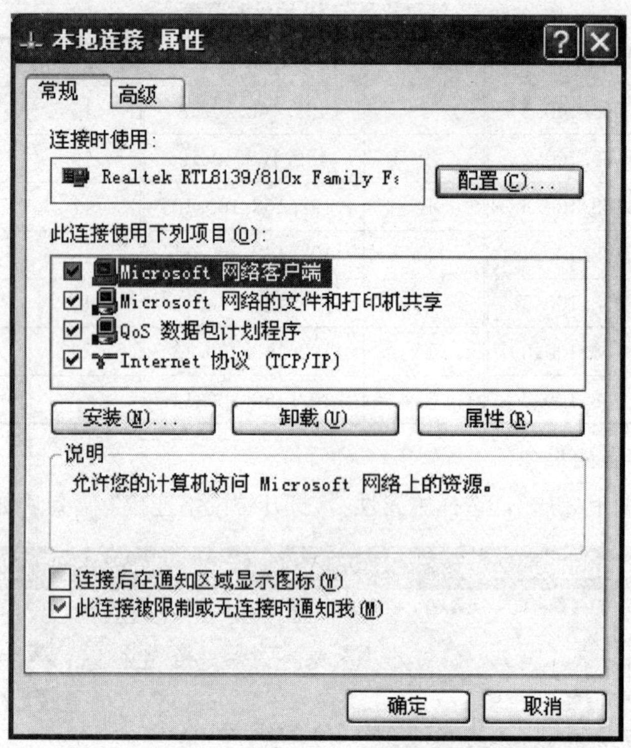

图 2—17 “本地连接 属性”设置对话框

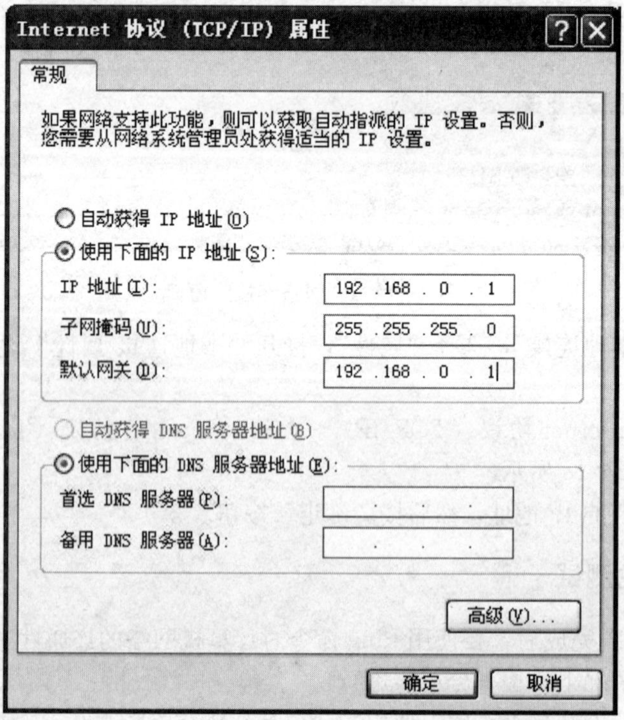

Internet 协议 (TCP/IP) 属性
常规
如果网络支持此功能，则可以获取自动指派的 IP 设置。否则，
您需要从网络系统管理员处获得适当的 IP 设置。
自动获得 IP 地址(O)
使用下面的 IP 地址(S):
IP 地址(I):
192 . 168 . 0 . 1
子网掩码(U):
255 . 255 . 255 . 0
默认网关(D):
192 . 168 . 0 . 1
自动获得 DNS 服务器地址(B)
使用下面的 DNS 服务器地址(E):
首选 DNS 服务器(P):
备用 DNS 服务器(A):
高级(V)...
确定
取消

图 2—18 “Internet 协议（TCP/IP）属性”设置对话框

```
C:\WINDOWS\system32\cmd.exe
Microsoft Windows XP [版本 5.1.2600]
(C) 版权所有 1985-2001 Microsoft Corp.

C:\Documents and Settings\Administrator>ping 127.0.0.1

Pinging 127.0.0.1 with 32 bytes of data:

Reply from 127.0.0.1: bytes=32 time<1ms TTL=128
Reply from 127.0.0.1: bytes=32 time<1ms TTL=128
Reply from 127.0.0.1: bytes=32 time<1ms TTL=128
Reply from 127.0.0.1: bytes=32 time<1ms TTL=128

Ping statistics for 127.0.0.1:
    Packets: Sent = 4, Received = 4, Lost = 0 (0% loss),
Approximate round trip times in milli-seconds:
    Minimum = 0ms, Maximum = 0ms, Average = 0ms

C:\Documents and Settings\Administrator>
```

图 2—19　检查 TCP/IP 协议的安装

(2) 检查本机网卡是否连接正确。使用的命令是：Ping 本机 IP 地址。如本机是第 10 号计算机，则使用命令：Ping 192.168.100.10 进行检查。如果连接正确，结果显示如图 2—20 所示。

```
C:\WINDOWS\system32\cmd.exe
C:\Documents and Settings\Administrator>ping 192.168.100.11

Pinging 192.168.100.11 with 32 bytes of data:

Reply from 192.168.100.11: bytes=32 time<1ms TTL=128
Reply from 192.168.100.11: bytes=32 time<1ms TTL=128
Reply from 192.168.100.11: bytes=32 time<1ms TTL=128
Reply from 192.168.100.11: bytes=32 time<1ms TTL=128

Ping statistics for 192.168.100.11:
    Packets: Sent = 4, Received = 4, Lost = 0 (0% loss),
Approximate round trip times in milli-seconds:
    Minimum = 0ms, Maximum = 0ms, Average = 0ms

C:\Documents and Settings\Administrator>_
```

图 2—20　检查本机网卡连接正确

(3) 检查与其他计算机能否连通。使用的命令是：Ping 对方 IP 地址。如要检查与第 11 号计算机能否连通，则使用命令：Ping 192.168.100.11 进行检查。如果能够连通，结果显示如图 2—21 所示。

```
C:\WINDOWS\system32\cmd.exe
C:\Documents and Settings\Administrator>ping 192.168.100.11

Pinging 192.168.100.11 with 32 bytes of data:

Reply from 192.168.100.11: bytes=32 time<1ms TTL=128
Reply from 192.168.100.11: bytes=32 time<1ms TTL=128
Reply from 192.168.100.11: bytes=32 time<1ms TTL=128
Reply from 192.168.100.11: bytes=32 time<1ms TTL=128

Ping statistics for 192.168.100.11:
    Packets: Sent = 4, Received = 4, Lost = 0 (0% loss),
Approximate round trip times in milli-seconds:
    Minimum = 0ms, Maximum = 0ms, Average = 0ms

C:\Documents and Settings\Administrator>_
```

图 2—21　检查与其他计算机连接正确

（4）使用某一台计算机依次 Ping 网络中的其他计算机的 IP 地址，如果都可以 Ping 通，则说明全网工作正常。

这样，我们就组建了一个有 20 台主机和一台交换机的局域网，这时我们就可以在整个局域网内共享资源。如：局域网资源浏览，文件传输，网络游戏等。

注意：

下列情况表示网络不通：

（1）若显示“Request timed out”，表示本机与目标主机连接超时，可能是路由器有问题，也可能是中心主机有问题。

（2）若显示“Unknown host”，表示不知名主机，说明被 Ping 的目标主机不能被 DNS（域名服务器）解析，可能是 DNS 故障，也可能是主机名字不正确。

工作页与评价

<table>
<tr><td>第二单元</td><td colspan="6">多机互联</td></tr>
<tr><td>工作名称</td><td colspan="6">任务二：计算机与网络设备互联</td></tr>
<tr><td>工作时间</td><td colspan="2">年　月　日　地点</td><td></td><td>工作组号</td><td colspan="2"></td></tr>
<tr><td>工作材料</td><td colspan="6"></td></tr>
<tr><td>小组成员</td><td colspan="6">组长：　　　　组员：</td></tr>
<tr><td>工作目标</td><td colspan="6"></td></tr>
<tr><td rowspan="4">工作过程</td><td rowspan="2">工作任务</td><td rowspan="2">工作记录</td><td colspan="4">评价</td></tr>
<tr><td>A</td><td>B</td><td>C</td><td>D</td></tr>
<tr><td>制作网线</td><td>制作网线共　　条，其中成功的数量：　　条，线缆长度合适的数量：　　条</td><td></td><td></td><td></td><td></td></tr>
<tr><td>网络连接</td><td>计算机与交换机的连接数量：　　台，其中正确连接的数量：　　台</td><td></td><td></td><td></td><td></td></tr>
<tr><td rowspan="4">工作过程</td><td rowspan="2">参数规划</td><td>计算机名：　　　　工作组名：</td><td></td><td></td><td></td><td></td></tr>
<tr><td>IP 地址：　　　　子网掩码：</td><td></td><td></td><td></td><td></td></tr>
<tr><td rowspan="2">连通性检查</td><td>测试计算机网络协议连通性数量：　　台，测试计算机网卡连通性数量：　　台</td><td></td><td></td><td></td><td></td></tr>
<tr><td>测试计算机与计算机连通性数量：台，其中不通数量：　　台，存在问题：</td><td></td><td></td><td></td><td></td></tr>
<tr><td>反馈意见</td><td colspan="6"></td></tr>
<tr><td>教师签字</td><td colspan="6"></td></tr>
<tr><td rowspan="2">评价标准</td><td>等级
工作任务</td><td>A</td><td colspan="2">B</td><td colspan="2">C</td></tr>
<tr><td>制作网线</td><td>每根网线制作一次成功且误差不超过 5 厘米，制作工艺美观，每根网线制作用时不超过 1 分钟。</td><td colspan="2">平均每根网线制作多用水晶头 1 个，误差不超过 10 厘米，制作工艺美观，每根网线制作用时不超过 2 分钟。</td><td colspan="2">能够完成需使用网线的数量。</td></tr>
</table>

	等级 工作任务	A	B	C
评价标准	网络连接	正确识别拓扑图；按照拓扑结构正确链接设备；根据任务规模在规定时间内完成任务。	正确识别拓扑图；按照拓扑结构正确链接设备；根据任务规模未在规定时间内完成任务。	正确识别拓扑图；按照拓扑结构链接设备不正确。
	参数规划	正确设置每台设备IP地址；正确设置每台设备子网掩码；正确设置每台设备计算机名；正确设置每台设备工作组；网络参数按需求规划设计。	正确设置每台设备IP地址；正确设置每台设备子网掩码；正确设置每台设备计算机名；正确设置每台设备工作组；网络参数未按需求进行规划。	正确设置每台设备IP地址；正确设置每台设备子网掩码；错误设置计算机名或工作组；网络参数未按需求进行规划。
	连通性检查	每台设备都可以互相Ping通IP地址；测试本地网卡连通性均可以通过。	有1台设备不可以Ping通；测试本地网卡连通性均可以通过。	有2台以上（含2台）设备不可以Ping通或有1台以上（含1台）本地网卡连通性测试未通过。

注：未达到C标准的视为D。

问题讨论：

1. 制作双绞线的T568A、T568B正确线序分别是什么？
2. 双绞线跳线分交叉线与直连线两种，在制作时，二者的区别是什么？
3. 制作双绞线跳线时，长度是如何确定的（按照交换机与计算机的直线距离还是按照走线路由中的折线距离）？
4. 检查网络连通性的命令是什么？
5. 检查协议安装正确性的命令是什么？
6. 检查本机网卡连接正确性的命令是什么？
7. 检查与指定计算机连通性的命令是什么？

相关知识

1. 网络拓扑结构（重点：星型网络）

拓扑这个名词是从几何学中借用来的。网络拓扑是网络形状，或者是它在物理上的连通性。构成网络的拓扑结构有很多种。网络拓扑结构是指用传输媒体互联各种设备的物理布局，就是用什么方式把网络中的计算机等设备连接起来。拓扑图给出网络服务器、工作站的网络配置和相互间的连接，它的结构主要有星型结构、总线结构、环型结构、分布式结构、树型结构、网状结构、蜂窝状结构等。下面简单介绍前三种结构。

（1）星型网络拓扑结构。

星型结构是最古老的一种连接方式，大家每天都使用的电话属于这种结构。目前一般网络环境都被设计成星型拓朴结构。星型网是目前广泛而又首选的网络拓朴设计之一。

星型结构是指各工作站以星型方式连接成网。网络有中央节点，其他节点（工作站、服务器）都与中央节点直接相连，这种结构以中央节点为中心，因此又称为集中式网络。

星型拓扑结构便于集中控制，因为端用户之间的通信必须经过中心站。由于这一特点，也带来了易于维护和安全等优点。端用户设备因为故障而停机时也不会影响其他端用户间的通信。同时星型拓扑结构的网络延迟时间较小，传输误差较低。但这种结构非常不利的一点是，中心系统必须具有极高的可靠性，因为中心系统一旦损坏，整个系统便趋于瘫痪。对此中心系统通常采用双机热备份，以提高系统的可靠性。

在星型拓扑结构中，网络中的各节点通过点到点的方式连接到一个中央节点（又称中央转接站，一般是集线器或交换机）上，由该中央节点向目的节点传送信息。中央节点执行集中式通信控制策略，因此中央节点相当复杂，负担比各节点重得多。在星型网中任何两个节点要进行通信都必须经过中央节点控制。

现有的数据处理和声音通信的信息网大多采用星型网，目前流行的专用小交换机 PBX（Private Branch Exchange），即电话交换机就是星型网拓扑结构的典型实例。它在一个单位内为综合语音和数据工作站交换信息提供信道，还可以提供语音信箱和电话会议等业务，是局域网的一个重要分支。

在星型网中任何两个节点要进行通信都必须经过中央节点控制。因此，中央节点的主要功能有三项：当要求通信的站点发出通信请求后，控制器要检查中央转接站是否有空闲的通路，被叫设备是否空闲，从而决定是否能建立双方的物理连接；在两台设备通信过程中要维持这一通路；当通信完成或者不成功要求拆线时，中央转接站应能拆除上述通道。

由于中央节点要与多机连接，线路较多，为便于集中连线，目前多采用一种称为集线器或交换设备的硬件作为中央节点。

星型结构是目前局域网中最常见的连接方式。星型网络的示意图如图 2—22 所示，实物图如图 2—23 所示。

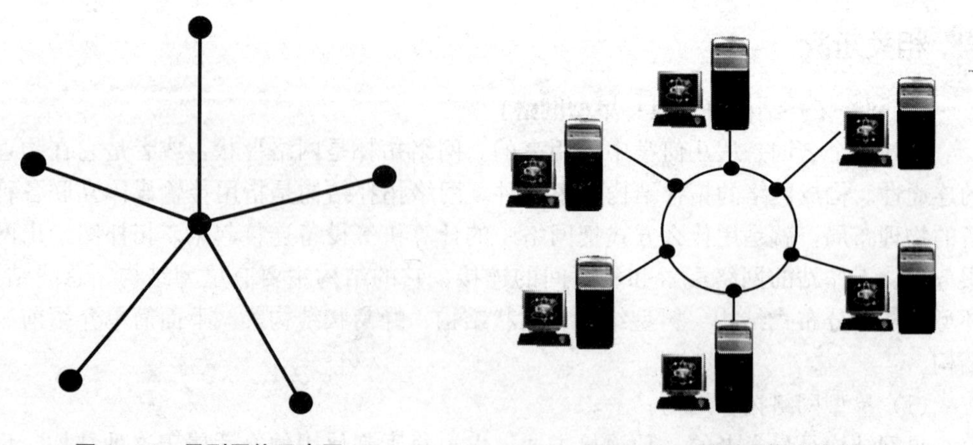

图 2—22　星型网络示意图　　图 2—23　星型网络实物图

星型结构网络优点：

- 结构简单，易于安装，且管理和维护方便。
- 单个节点故障不会影响整个网络，因此方便隔离和检测故障。

星型结构网络缺点：

- 节点间通信都要由中心节点转发，对中心节点的处理能力要求较高。
- 对中心节点的依赖较大，中心节点故障将影响整个网络的正常运行。

(2) 总线型网络拓扑结构。

总线型网络是一种比较简单的计算机网络结构，它将所有的计算机直接连接到一条称为公共总线的通信传输介质上，信息沿总线介质逐个节点广播传送。总线型网络示意图如图 2—24 所示，实物图如图 2—25 所示。

图 2—24　总线型网络示意图

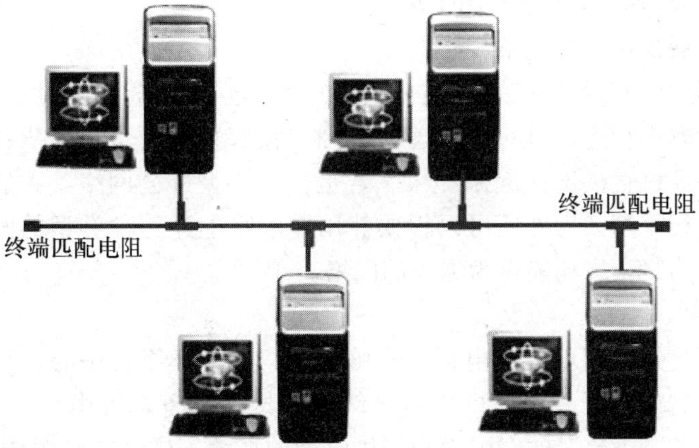

图 2—25　总线型网络实物图

总线型网络优点：

- 结构简单，易于布线和扩展。
- 价格低廉，用户站点入网灵活。

总线型网络缺点：

- 总线型网络结构不能集中控制，因此管理维护困难。
- 单个节点故障可能会影响全网的正常运行。

(3) 环型网络拓扑结构。

环型网络将计算机连成一个环。在环型网络中，每台计算机按位置不同有一个顺序编号。环型网络示意图如图 2—26 所示，实物图如图 2—27 所示。

环型网络优点：

- 传输控制机制简单，数据传输速度较快。
- 信息单方向传输，有效地避免了数据冲突。

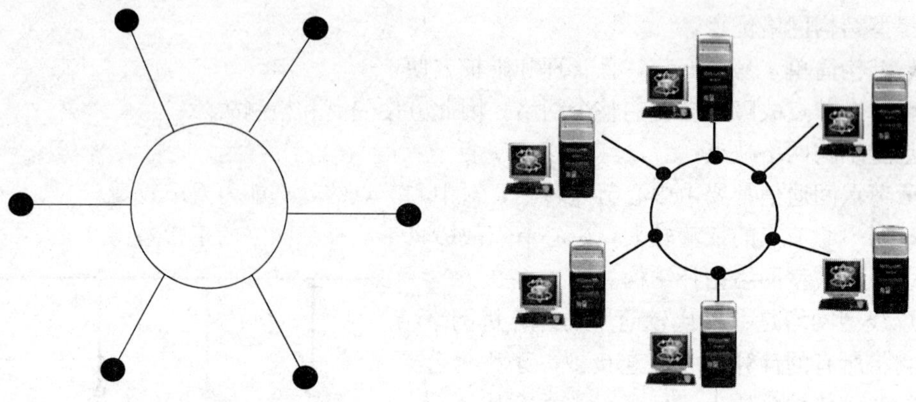

图 2—26　环型网络示意图　　　　图 2—27　环型网络实物图

环型网络缺点：

- 单个节点故障会影响到整个网络。
- 网络的扩展操作步骤复杂。

在实际应用中，究竟选择哪种拓扑结构好呢？这要根据具体情况来选择，如果是简单的两三台计算机相连，且对网络速度等因素没有特殊要求，一般我们使用总线结构将这两三台计算机直接连接起来即可。若是一个小型办公网络，我们可以采用星型结构连接设备进行组网。另外还可以根据使用要求将上述三种类型的网络组合起来应用，形成结构更为复杂、功能更为强大的网络。

2. 走线路由

综合布线系统是指将电视、电话、电脑网络、多媒体影音中心、自动报警装置等设计进行集中控制的电子系统，即由这些线缆连接的设备都可由一个设备集中控制，以前它们可是“各自为政”的。因为与提供电能的系统不同（如电源线），由于它们传输电压不高（一般在 12V 左右），故像这类线缆组成的系统被称为弱电布线系统。一般的综合布线系统主要由信息接入箱、信号线和信号端口组成，如果将综合布线系统比作神经系统，信息接入箱就是大脑，而信号线和信号端口就是神经和神经末梢。信息配线箱的作用是控制输入和输出的电子信号。信号线传输电子信号。信号端口接驳终端设备。如：电视机、电话、电脑等。一般比较初级的信息接入箱至少能控制有线电视信号（当然包括卫星电视）、电话语音信号和网络数字信号这三种电子信号（不然要它干什么用?）；而较高级的配线箱则能控制视频、音频（或 AV）信号，还可实现电子监控、自动报警等一系列功能。

与传统的布线方式比较，采用综合布线系统进行布线具有如下几点优势：

（1）规范施工，能确保质量和性能；

（2）采用统一控制和管理，在以后的日常生活中，使用、管理和维修都十分方便；

（3）系统兼容性很好，无论选择哪家的网络布线设备，都可提供支持；

（4）扩展性强，能灵活组合，所有的“信息点”都是通用的，增加新的设备或家电，可以马上接通使用。

网络综合布线立体图，如图 2—28 所示。

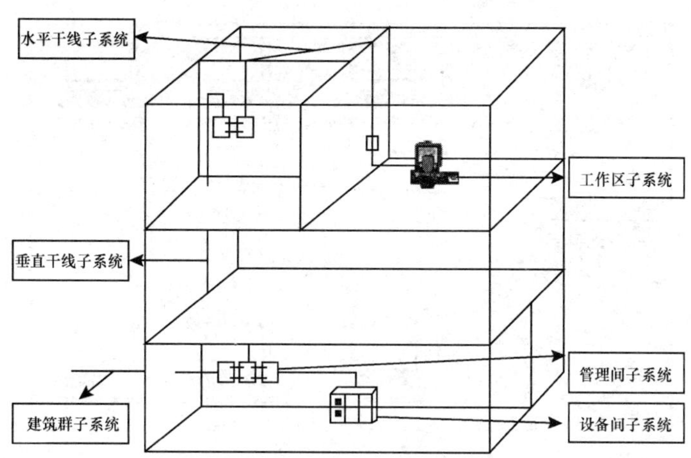

图 2—28　网络综合布线立体图

在施工的各个环节要注意以下几个方面的问题：

（1）施工前要充分考虑各功能区域所需的电器及照明设备，并以此为依据粗略计算每路电线相应匹配的线材截面积。应尽量采用优质铜芯护套及安装接线盒，以免老化和折断，造成面板安装困难。

（2）绘制各居室电路分布图，并将各种灯具、开关、插座和配电盘定出坐标及高度，以确定路线的走向和分支汇合。电线最好选用不同颜色，以便识别不同的回路。

（3）最好将电源线外穿阻燃管材后再铺设。在可燃结构的顶棚外应设置电源开关，供必要时切断电源之用。所有导线的接头都应在接线盒内。

（4）室内线路每一分路总容量不应超过 3 000 瓦，每一单相回路的负荷电流应控制在适当范围，空调等用电大户必须设置专线（空调的电源专线最好不要小于 5 个“平方”）。

（5）开关安装高度一般距地面 1 200～1 350 毫米，插座一般为 200～300 毫米，配电盘高度以 1 800～2 000 毫米为宜。

办公室布局图和走线路由图，如图 2—29、图 2—30 所示。

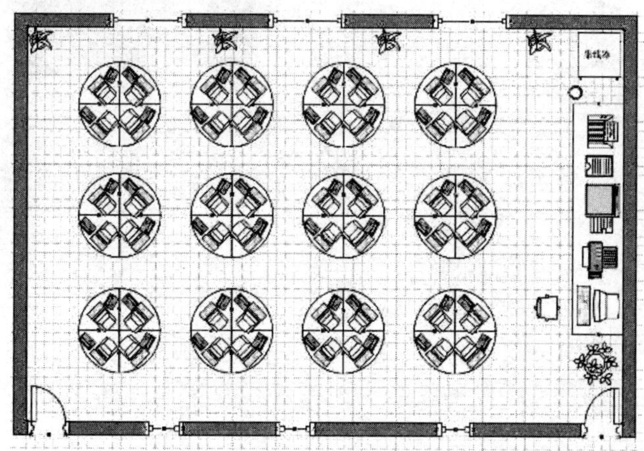

图 2—29　办公室平面布局图

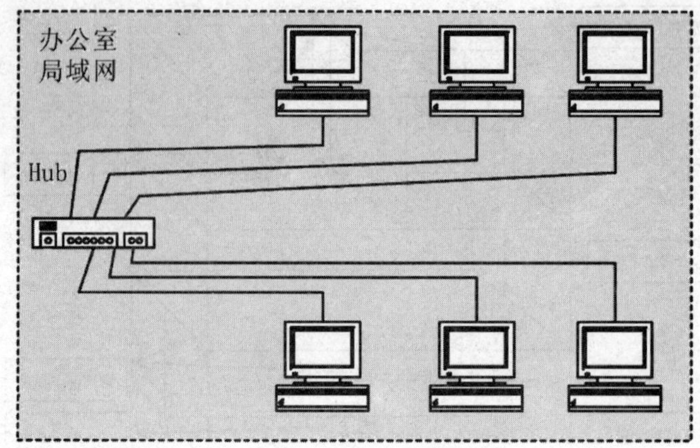

图 2—30　办公室走线路由

3. 网线类型的选择

双绞线（Twisted Pair Cable）是计算机网络布线中的主要连接介质，绝大多数计算机网络中都采用双绞线。如图 2—31 所示。

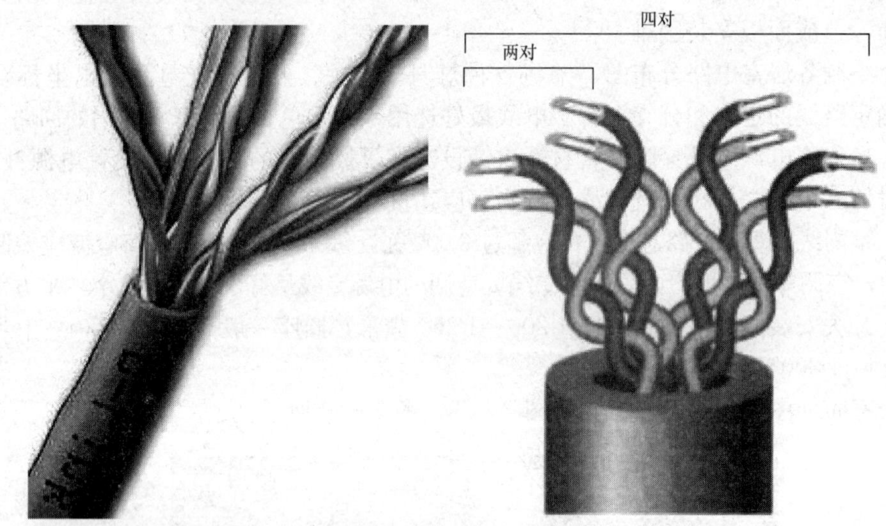

图 2—31　剥开后的双绞线

双绞线用于星型网络布线时，每条双绞线通过两端安装 RJ-45 连接器（水晶头）与网卡，Hub/Switch 相连，必须遵循 1-4-5 规则：

- 单根网线最大长度不超过 100m；
- 最多可安装 4 个中继器（Hub/Switch）；
- 网络最大使用范围不超过 500m。

双绞线有直连线、交叉线两种接线方式。双绞线直连线和交叉线连接示意图，如图 2—32 所示。直通线与交叉线的应用范围不同，通常情况下按照下面的规律进行选择：

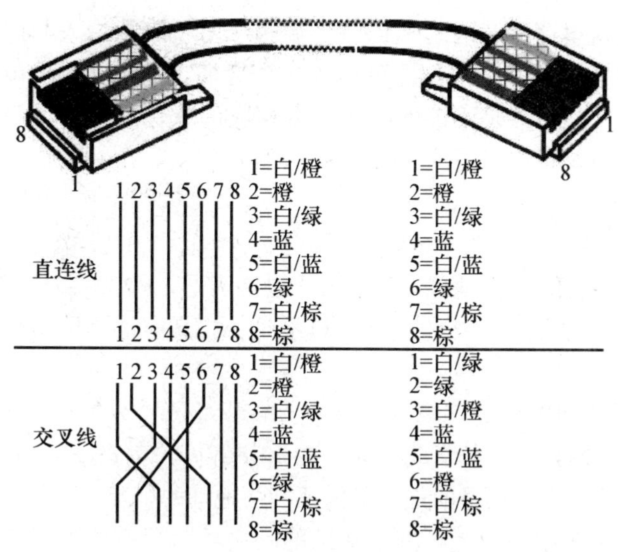

图 2—32　双绞线的两种接线方式

相邻级别设备间互联使用直通线，同级设备或越级设备之间互联采用交叉线，特殊情况除外。

双绞线与设备互联，如表 2—4 所示。

表 2—4　选择双绞线类别情况表

连接的设备	建议用线	连接的设备	建议用线
PC—PC	交叉线	HUB 普通口—SWITCH 普通口	交叉线
PC—HUB	直连线	HUB 级连口—SWITCH 普通口	直连线
PC—ROUTER	交叉线	SWITCH 普通口—SWITCH 普通口	交叉线
HUB 普通口—HUB 普通口	交叉线	SWITCH 普通口—ROUTER	直连线
HUB 级连口—HUB 级连口	交叉线	ROUTER—ROUTER	交叉线
HUB 普通口—HUB 级连口	直连线		

4. 主机

最早的计算机网络是伴随着主机（Host）和终端（Terminal）这两个概念的出现而产生的。当时的主机通常指大型机或功能较强的小型机，而终端则是指一种计算机外部设备，现在的终端概念已定位到一种由 CRT 显示器、控制器及键盘合为一体的设备，它与我们平常指的微型计算机的根本区别是没有自己的中央处理单元（CPU），当然也没有自己的内存，其主要功能是将键盘输入的请求数据发往主机（或打印机）并将主机运算的结果显示出来。而随着互联网的发展，目前对于“终端”一词又引入了新的含义。对互联网而言，终端泛指一切可以接入网络的计算设备，如个人电脑、网络电视、可上网手机、PDA 等。

注意：

主机的概念很重要，所谓主机就是组成网络的各个独立的计算机。在网络中，主机运行应用程序。这里请注意区别主机与终端两个要领终端指人与网络打交道时所必需的设备，一个键盘加一个显示器即可构成一个终端，显然，主机由于要运行应用程序，只有一个键盘和显示器是不够的，还要有相应的软件和硬件才行。因此，不能把终端看成主机，但有时把主机看成一台终端是可以的。

5. IP 地址

（1）IP 地址基础。

现在的 IP 网络使用 32 位地址，以点分十进制表示，如 192.168.0.1。

地址格式为：IP 地址＝网络地址＋主机地址 或 IP 地址＝网络地址＋子网地址＋主机地址。

网络地址是因特网协会的 ICANN（the Internet Corporation for Assigned Names and Numbers）分配的，下有负责北美地区的 InterNIC、负责欧洲地区的 RIPENIC 和负责亚太地区的 APNIC，其目的是为了保证网络地址的全球唯一性。主机地址是由各个网络的系统管理员分配。因此，网络地址的唯一性与网络内主机地址的唯一性确保了 IP 地址的全球唯一性。

有人会以为，一台计算机只能有一个 IP 地址，这种观点是错误的。我们可以指定一台计算机具有多个 IP 地址，因此在访问互联网时，不要以为一个 IP 地址就是一台计算机；另外，通过特定的技术，也可以使多台服务器共用一个 IP 地址，这些服务器在用户看起来就是一台主机。

注意：

IP 地址是 IP 网络中数据传输的依据，它标识了 IP 网络中的一个连接，一台主机可以有多个 IP 地址。IP 分组中的 IP 地址在网络传输中是保持不变的。

（2）IP 地址构成。

IP 地址由两部分组成，一部分为网络地址，另一部分为主机地址。

将 IP 地址分成了网络号和主机号两部分，设计者就必须决定每部分包含多少位。网络号的位数直接决定了可以分配的网络数（计算方法 2^网络号位数－2）；主机号的位数则决定了网络中最大的主机数（计算方法 2^主机号位数－2）。然而，由于整个互联网所包含的网络规模可能比较大，也可能比较小，设计者最后聪明地选择了一种灵活的方案：将 IP 地址空间划分成不同的类别，每一类具有不同的网络号位数和主机号位数。

注意：

查询 IP 地址：

在“开始”→“运行”，输入 cmd，在弹出的对话框里输入 ipconfig /all，然后回车出现列表，可以查询本机的 IP 地址、子网掩码、网关、物理地址（Mac 地址）、DNS 等详细情况。其中有一项：IP Address 就是 IP 地址。

（3）IP 地址分类。

根据管理的不同，IP 地址分为五类，A 类保留给政府机构，B 类分配给中等规模的公司，C 类分配给任何需要的人，D 类用于组播，E 类用于实验，各类可容纳的地址数目不同。五类 IP 地址的比较见表 2—5。

根据用途和安全性级别的不同，IP 地址还可以大致分为两类：公用地址和私有地址。公用地址在 Internet 中使用，可以在 Internet 中随意访问。私有地址只能在内部网络中使用，只有通过代理服务器才能与 Internet 通信。

表 2—5 五类 IP 地址比较表

类别	第一字节	网络地址	主机地址	地址范围	私有地址	保留地址
A	第 1 位为 0	第 1 字节	后 3 字节	1.0.0.1～ 126.255.255.254	10.0.0.0～ 10.255.255.255	127.X.X.X
B	前 2 位为 10	前 2 字节	后 2 字节	128.0.0.1～ 191255.255.254	127.16.0.0～ 127.31.255.255	169.254.X.X
C	前 3 位为 110	前 3 字节	后 1 字节	192.0.0.1～ 223.255.255.254	192.168.0.0～ 192.168.255.255	
D	前 4 位为 1110	不分网络地址和主机地址		224.0.0.1～ 239.255.255.254		
E	前 5 位为 11110	不分网络地址和主机地址		240.0.0.1～ 247.255.255.254		

（4）特殊的 IP 地址。

网络中的特殊 IP 地址见表 2—6。

表 2—6 网络中的特殊 IP 地址

IP 地址类型	特征	用途
私有地址	不能为 Internet 网络的设备分配，只能在企业内部使用。若要在 Internet 网上使用这样的地址，必须使用网络地址转换或者端口映射技术。	专门为组织机构内部使用。解决实体 IP 地址的不足，减少实体 IP 地址的分配。
环回地址	127 网段的所有地址。常用 127.0.0.1。	主要用来测试网络协议是否工作正常。
受限广播地址	一个 IP 地址的 2 进制数全为 1，也就是 255.255.255.255。	这个地址用于定义整个互联网。设备想使 IP 数据包被整个 Internet 所接收，就发送这个目的地址全为 1 的广播包。网络上的所有路由器都阻止具有这种类型的分组被转发出去。
直接广播地址	主机地址（Host ID）全为 1 的地址。	把一个 IP 数据包发送到本地网段的所有设备上，路由器会转发这种数据包到特定网络上的所有主机。
全 0 地址	IP 地址全为 0，也就是 0.0.0.0。	这个 IP 地址在 IP 数据包中只能用作源 IP 地址，这发生在当设备启动时但又不知道自己的 IP 地址的情况下。DHCP 分配 IP 地址的网络环境中，主机为了获得一个可用的 IP 地址，用这样的地址作为源地址，目的地址为 255.255.255.255 给 DHCP 服务器发送 IP 分组。

续前表

IP地址类型	特征	用途
网络地址全为0	网络地址部分全为0，只有主机地址部分有值。	某个主机向同一网段上的其他主机发送报文时可以使用这样的地址，分组也不会被路由器转发。如12.12.12.0/24这个网络中的一台主机12.12.12.2/24在与同一网络中的另一台主机12.12.12.8/24通信时，目的地址可以是0.0.0.8。
169.254地址	IP地址为169.254.x.x。	主机使用了DHCP功能自动获得一个IP地址，那么当你的DHCP服务器发生故障，或响应时间太长而超出了一个系统规定的时间，Windows系统会为你分配这样一个地址。如果你发现你的主机IP地址是一个诸如此类的地址，很不幸，十有八九是你的网络不能正常运行了。
组播地址	从224.0.0.0到239.255.255.255的地址。	224.0.0.1特指所有主机，224.0.0.2特指所有路由器。这样的地址多用于一些特定的程序以及多媒体程序。如果你的主机开启了IRDP（Internet路由发现协议，使用组播功能）功能，那么你的主机路由表中应该有这样一条路由。
代理地址	代理服务器地址。	代理网络用户去取得网络信息。主要的功能有： 1. 突破自身IP访问限制，访问国外站点。 2. 访问一些单位或团体内部资源。 3. 突破中国电信的IP封锁。 4. 提高访问速度。 5. 隐藏真实IP，免受攻击。
网关地址。	局域网出口地址。	限制局域网内的非法用户访问外网，隐蔽局域网内地址分配。

注意：

直接广播地址：

这个地址在IP数据包中只能作为目的地址。另外，直接广播地址使一个网段中可分配给设备的地址数减少了1个。

（5）子网掩码。

子网掩码（subnet mask）是每个使用互联网的人必须要掌握的基础知识，只有掌握它，才能够真正理解TCP/IP协议的设置。

子网掩码——屏蔽一个IP地址的网络部分的“全1”比特模式。

子网掩码的设定必须遵循一定的规则。与IP地址相同，子网掩码由1和0组成，且1和0分别连续。子网掩码的长度也是32位，左边是网络位，用二进制数字“1”表示，1的数目等于网络位的长度；右边是主机位，用二进制数字“0”表示，0的数目等于主机位的长度。这样做的目的是让掩码与IP地址做AND运算时用0遮住原主机数，而不改变原网络段数字，而且很容易通过0的位数确定子网的主机数（2的主机位数次方−2，因为主机号全为1时表示该网络广播地址，全为0时表示该网络的网络号，这是两个特殊地址）。只有通过子网掩码，才能表明一台主机所在的子网与其他子网的关系，使网络正常工作。

根据子网掩码格式可以发现，子网掩码有：0.0.0.0；255.0.0.0；255.255.0.0；255.255.255.0；255.255.255.255 五种，其中 A 类地址的默认子网掩码为 255.0.0.0；B类地址的默认子网掩码为 255.255.0.0；C类地址的默认子网掩码为：255.255.255.0。

使用子网是为了减少 IP 的浪费。因为随着互联网的发展，越来越多的网络产生，有的网络多则几百台，有的只有区区几台，这样就浪费了很多 IP 地址，所以要划分子网。

①子网掩码的作用。子网掩码是一个 32 位地址，是与 IP 地址结合使用的一种技术。它的主要作用有两个：一是用于屏蔽 IP 地址的一部分以区别网络标识和主机标识，并说明该 IP 地址是在局域网上，还是在远程网上；二是用于将一个大的 IP 网络划分为若干小的子网络。

②子网掩码的表示方法。子网掩码的表示方法有两种：一是通过与 IP 地址格式相同的点分十进制表示，如：255.0.0.0 或 255.255.255.128；二是在 IP 地址后加上“/”符号以及 1～32 的数字，其中 1～32 的数字表示子网掩码中网络标识位的长度，如：192.168.1.1/24 的子网掩码也可以表示为 255.255.255.0。

③确定子网掩码的步骤。用于子网掩码的位数决定于可能的子网数目和每个子网的主机数目。在定义子网掩码前，必须弄清楚本来使用的子网数和主机数目。

定义子网掩码的步骤为：

● 确定哪些组地址归我们使用。比如我们申请到的网络号为“210.73.124.89”，该网络地址为 C 类 IP 地址，网络标识为“210.73.124”，主机标识为“89”。

● 根据我们现在所需的子网数以及将来可能扩充到的子网数，用宿主机的一些位来定义子网掩码。比如我们现在需要 12 个子网，将来可能需要 16 个。用第四个字节的前四位确定子网掩码。前四位都置为“1”（即把第四字节的最后四位作为主机位，其实在这里有个简单的规律，非网络位的前几位置 1 原网络就被分为 2 的几次方个网络，这样原来网络就被分成了 2 的 4 次方即 16 个子网），即第四个字节为“11110000”，这个数我们暂且称作新的二进制子网掩码。

● 把对应初始网络的各个位都置为“1”，即前三个字节都置为“1”，第四个字节后四位置为“0”，则子网掩码的间断二进制形式为：“11111111.11111111.11111111.11110000”。

● 把这个数转化为间断十进制形式为：“255.255.255.240”，这个数为该网络的子网掩码。

④子网划分的计算方法。在计算子网掩码之前必须先搞清楚要划分的子网数目，以及每个子网内的所需主机数目。快速确定子网信息的方法见表 2—7。

表 2—7　　快速确定子网信息的方法

目的	方法
确定掩码	利用子网数来计算：(1) 将子网数目转化为二进制来表示。(2) 取得该二进制的位数，为 N。(3) 取得该 IP 地址的类子网掩码，将其主机地址部分的前 N 位置为“1”，即得出该 IP 地址划分子网的子网掩码。

续前表

目的	方法
确定掩码	利用主机数来计算：（1）将主机数目转化为二进制来表示。（2）如果主机数小于或等于 254（注意去掉保留的两个 IP 地址），则取得该主机的二进制位数，为 N，这里肯定 N<8。如果大于 254，则 N>8，这就是说主机地址将占据不止 8 位。（3）使用 255.255.255.255 来将该类 IP 地址的主机地址位数全部置为 1，然后从后向前将 N 位全部置为 0，即为子网掩码值。
确定子网个数	2 的 x 次方－2（x 代表掩码位，即 2 进制为 1 的部分，现在的网络中，已经不需要－2，已经可以全部使用，不过需要加上相应的配置命令，例如 CISCO 路由器需要加上 ip subnet zero 命令就可以全部使用了）。
确定主机台数	2 的 y 次方－2（y 代表主机位，即 2 进制为 0 的部分）。
确定有效子网号	有效子网号＝256－10 进制的子网掩码（结果叫做 block size 或 base number）。
确定子网广播地址	广播地址＝下个子网号－1。
确定有效主机	忽略子网内全为 0 和全为 1 的地址剩下的就是有效主机地址。最后有效 1 个主机地址＝下个子网号－2（即广播地址－1）。

注意：

确定子网掩码：根据每个网络的主机数量进行子网地址的规划和计算子网掩码时，整个子网需要的IP 地址数量是主机数量＋1＋1＋1，其中第一个 1 是指这个网络连接时所需的网关地址，接着的两个 1 分别是指网络地址和广播地址。

⑤局域网络 IP 的规划建议。在企业内部网络中，只能使用专用（私有）IP 地址段。在选择专用（私有）IP 地址时，应当注意以下几点：

● 为每个网段都分配一个 C 类 IP 地址段，建议使用 192.168.2.0 至 192.168.254.0 段 IP 地址。由于某些网络设备（如宽带路由器或无线路由器）或应用程序（如 ICS）拥有自动分配 IP 地址功能，而且默认的 IP 地址池往往位于 192.168.0.0 至 192.168.1.0 段，因此，在采用该 IP 地址段时，往往容易导致 IP 地址冲突或其他故障。所以，除非必要，应当尽量避免使用上述两个 C 类地址段。

● 可采用 C 类地址的子网掩码，如果有必要，可以采用变长子网掩码。通常情况下，不要采用过大的子网掩码，每个网段的计算机数量都不要超过 250 台计算机。同一网段的计算机数量越多，广播包的数量越大，有效带宽就损失得越多，网络传输效率也越低。

● 即使选用 10.0.0.1 至 10.255.255.254 或 172.16.0.1 至 172.31.255.254 段 IP 地址，也建议采用 255.255.255.0 作为子网掩码，以获取更多的 IP 网段，并使每个子网中所容纳的计算机数量都较少。当然，如果必要，可以采用变长子网掩码，适当增加可容纳的计算机数量。

● 为网络设备的管理 VLAN 分配一个独立的 IP 地址段，以避免发生与网络设备管理 IP 的地址冲突，从而影响远程管理的实现。基于同样的原因，也要将所有的服务器划分至一个独立的网段。

需要注意的是，不要以为同一网络的计算机分配不同的 IP 地址，就可以提高网络传输效率。事实上，同一网络内的计算机仍然处于同一广播域，广播包的数量不会由于 IP 地址的不同而减少，所以，仅仅是为计算机指定不同网段，并不能实现划分广播域的目的。若欲减少广播域，最根本的解决办法就是划分 VLAN，然后为每个 VLAN 分别指定不同的 IP 网段。

6. ARP 与 RARP 协议

ARP 是 IP 地址解析为 MAC 地址，RARP 是 MAC 地址解析为 IP 地址。

(1) ARP 协议。

ARP 协议是“Address Resolution Protocol”（地址解析协议）的缩写，它工作在数据链路层，在本层和硬件接口联系，同时对上层提供服务。在局域网中，网络中实际传输的是“帧”，帧里面是有目标主机的 MAC 地址的。在以太网中，一个主机和另一个主机进行直接通信，必须要知道目标主机的 MAC 地址。但这个目标 MAC 地址是如何获得的呢？它就是通过地址解析协议获得的。所谓“地址解析”就是主机在发送帧前将目标 IP 地址转换成目标 MAC 地址的过程。ARP 协议的基本功能就是通过目标设备的 IP 地址，查询目标设备的 MAC 地址，以保证通信的顺利进行。

ARP 协议主要负责将局域网中的 32 位 IP 地址转换为对应的 48 位物理地址，即网卡的 MAC 地址，比如 IP 地址为 192.168.0.1，网卡 MAC 地址为 00-03-0F-FD-1D-2B，整个转换过程是一台主机先向目标主机发送包含有 IP 地址和 MAC 地址的数据包，通过 MAC 地址两个主机就可以实现数据传输了。

(2) ARP 工作原理。

- 首先，每台主机都会在自己的 ARP 缓冲区（ARP Cache）中建立一个 ARP 列表，以表示 IP 地址和 MAC 地址的对应关系。
- 当源主机需要将一个数据包发送到目的主机时，会首先检查自己 ARP 列表中是否存在该 IP 地址对应的 MAC 地址，如果有，就直接将数据包发送到这个 MAC 地址；如果没有，就向本地网段发起一个 ARP 请求的广播包，查询此目的主机对应的 MAC 地址。此 ARP 请求数据包里包括源主机的 IP 地址、硬件地址以及目的主机的 IP 地址。
- 网络中所有的主机收到这个 ARP 请求后，会检查数据包中的目的 IP 是否和自己的 IP 地址一致。如果不相同就忽略此数据包；如果相同，该主机首先将发送端的 MAC 地址和 IP 地址添加到自己的 ARP 列表中，如果 ARP 列表中已经存在该 IP 的信息，则将其覆盖，然后给源主机发送一个 ARP 响应数据包，告诉对方自己是它要查找的 MAC 地址。
- 源主机收到这个 ARP 响应数据包后，将得到的目的主机的 IP 地址和 MAC 地址添加到自己的 ARP 列表中，并利用此信息开始数据的传输。如果源主机一直没有收到 ARP 响应数据包，表示 ARP 查询失败。

(3) RARP 工作原理。

- 发送主机发送一个本地的 RARP 广播，在此广播包中，声明自己的 MAC 地址并且请求任何收到此请求的 RARP 服务器分配一个 IP 地址；
- 本地网段上的 RARP 服务器收到此请求后，检查其 RARP 列表，查找该 MAC

地址对应的 IP 地址；

- 如果存在，RARP 服务器就给源主机发送一个响应数据包并将此 IP 地址提供给对方主机使用；
- 如果不存在，RARP 服务器对此不做任何的响应；
- 源主机收到从 RARP 服务器的响应信息，就利用得到的 IP 地址进行通信；如果一直没有收到 RARP 服务器的响应信息，表示初始化失败。

工作技巧

1. 智能端口的识别

随着人性化思想的普及，现代交换机中普遍出现了智能端口，但你的交换机是否是智能端口，只需要一个简单的方法就可识别。那就是使用直连线把两台交换机的普通端口进行连接，若两台交换机之间能够进行正常通信，就是智能端口。否则，就没有智能端口，换交叉线重新连接即可。

最后提示一点：两台交换机只需要一台有智能端口就可使用直连线进行级联。

2. 快速确定网络中计算机的使用者

在我们通过网上邻居使用局域网中的共享资源时，在我们想要快速找到对方的计算机时，经常会遇到无法知道对方计算机名或不知道哪一台计算机是对方使用的情况。为避免这一现象的出现，我们在设置网络上计算机命名时请一定要按照前面介绍的方法，使用有意义的计算机名。

3. 合理规划 IP 地址

在我们进行网络管理时，为防止在网上邻居中出现太多的计算机名，可以通过为不同小组的使用者分配不同网段的 IP 地址来解决。因为现在的网上邻居共享是依赖 IP 地址解析来实现的，不同网段的计算机之间是无法互联互通的，自然能够有效减少网上邻居中计算机名的出现。同时，为便于管理，建议计算机 IP 地址中主机号部分要与计算机的编号尽可能保持一致。这样，不管计算机主机如何调整，我们都能够轻松地通过其 IP 地址快速识别。

任务三　在 Windows XP 上安装服务

任务分析

现在网络已经连通了，大家已经能够通过网上邻居进行文件及文件夹的共享了。但在使用中，大家发现网络上想要发布消息还是不太方便，希望能够利用网络享受 WWW 及 FTP 服务，这就需要安装和配置 Internet 信息服务。

任务准备

1. 选择安装服务的计算机

要想在多台计算机组建的网络实现方便、快速的信息资源浏览与文件传输，就需要在网络中选择一台计算机为网络内的客户端提供信息资源和存储空间，这就是一台独立运行 IIS 和 FTP 服务，即 Internet 信息服务的计算机。

2. 查看系统是否安装 Internet 信息服务

（1）右击“我的电脑”弹出快捷菜单，如图 2—33 所示。

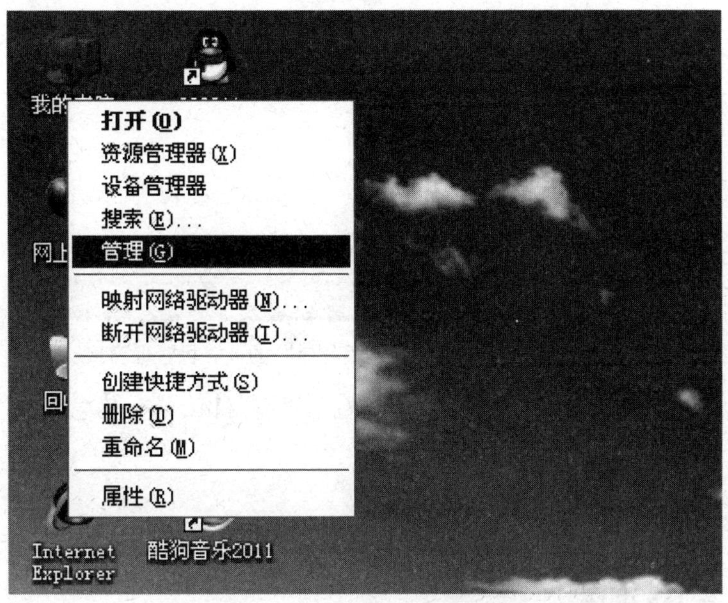

图 2—33　“我的电脑”快捷菜单

（2）单击“管理”，出现“计算机管理”窗口，如图 2—34 所示。

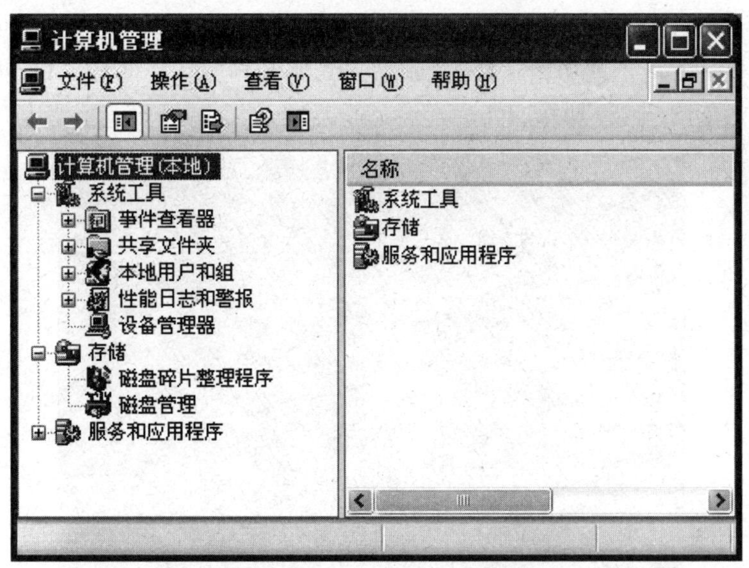

图 2—34　计算机管理窗口

（3）双击“服务和应用程序”，将“服务和应用程序”展开，如图 2—35 所示。

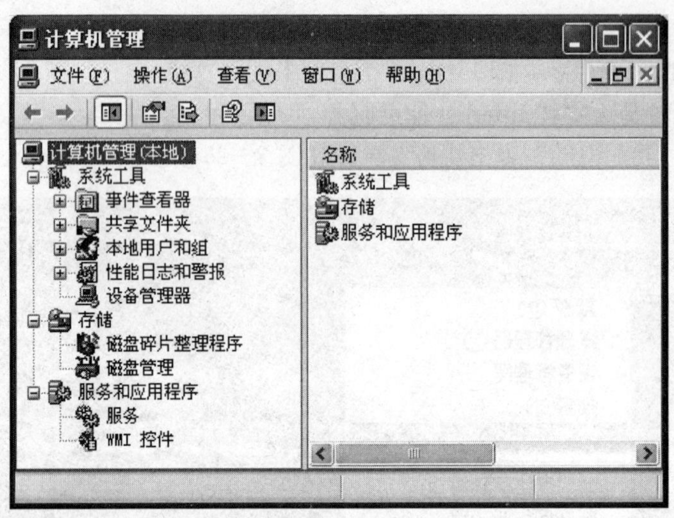

图 2—35 展开“服务和应用程序”的计算机管理窗口

（4）在展开的“服务和应用程序”中查看是否有“Internet 信息服务”项，如果没有，需要安装 IIS 和 FTP 服务。

任务实施

一、安装 IIS 组件

（1）插入 Windows XP 安装光盘，光盘运行后，出现“欢迎使用 Microsoft Windows XP”安装界面，如图 2—36 所示。（或者单击“开始”，选择“控制面板”，打开“控制面板”窗口，如图 2—37 所示，单击“添加/删除程序”，打开“添加/删除程序”窗口，如图 2—38 所示。单击“添加/删除 Windows 组件”，打开“Windows 组件向导”对话框，如图 2—39 所示。）

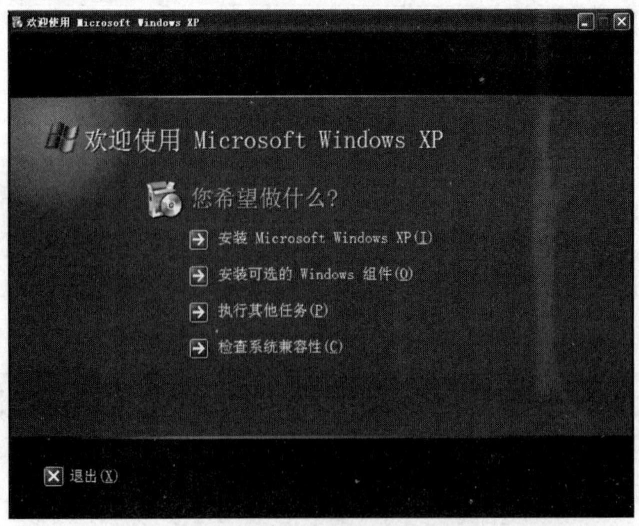

图 2—36 Windows XP 安装界面

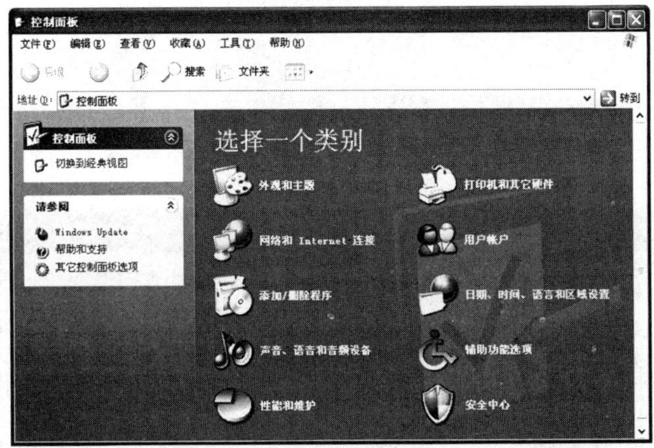

图 2—37　“控制面板”窗口

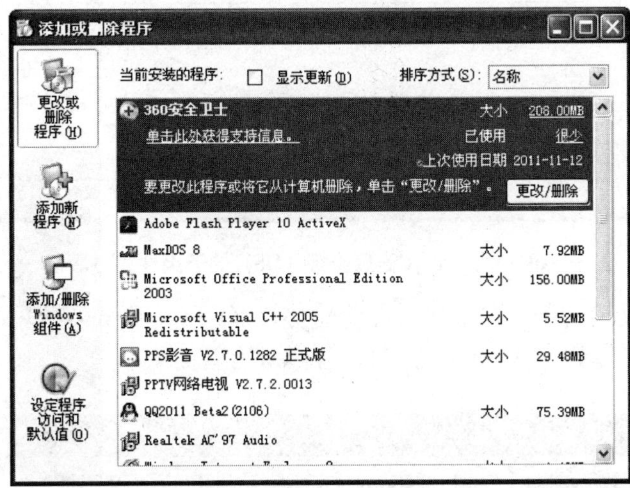

图 2—38　“添加/删除程序”窗口

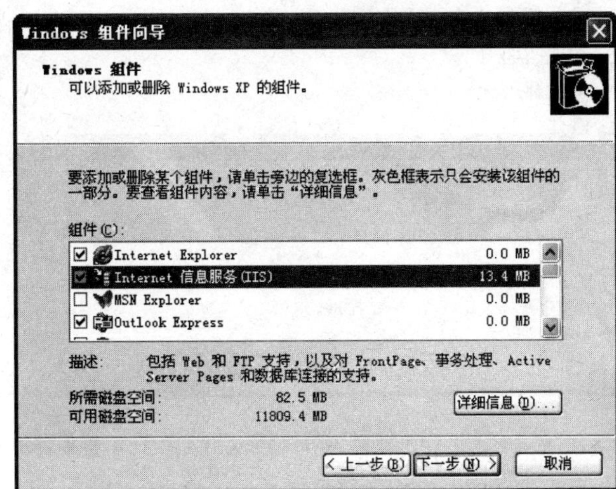

图 2—39　“Windows 组件向导”对话框

（2）单击“安装可选的 Windows 组件”，出现“Windows 组件向导”对话框，如图 2—39 所示。

（3）勾选“Internet 信息服务（IIS）”，然后单击“详细信息”按钮，出现“Internet 信息服务（IIS）的子组件”对话框，如图 2—40 所示。

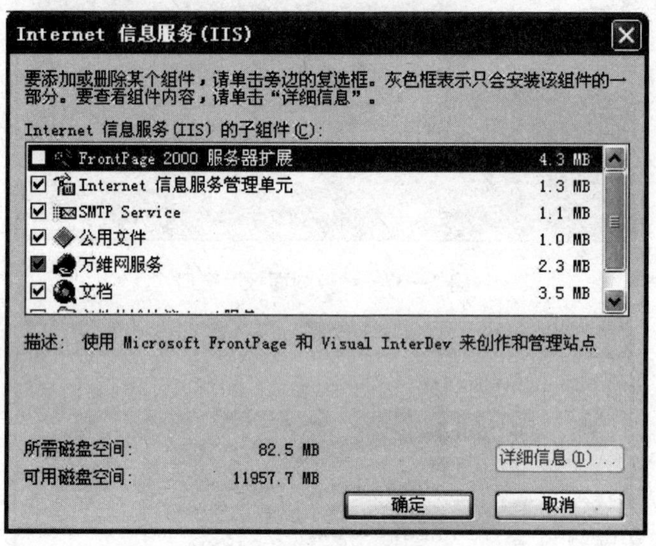

图 2—40　“Internet 信息服务（IIS）的子组件”对话框一

（4）向下拖动滚动条，勾选“文件传输协议（FTP）服务”，如图 2—41 所示。单击“确定”按钮，返回“Windows 组件向导”对话框。

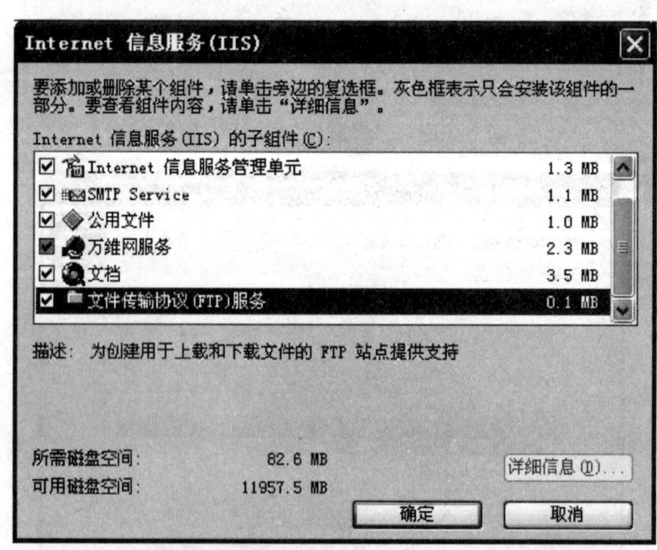

图 2—41　“Internet 信息服务（IIS）的子组件”对话框二

（5）单击“下一步”按钮开始安装，如图 2—42 所示。

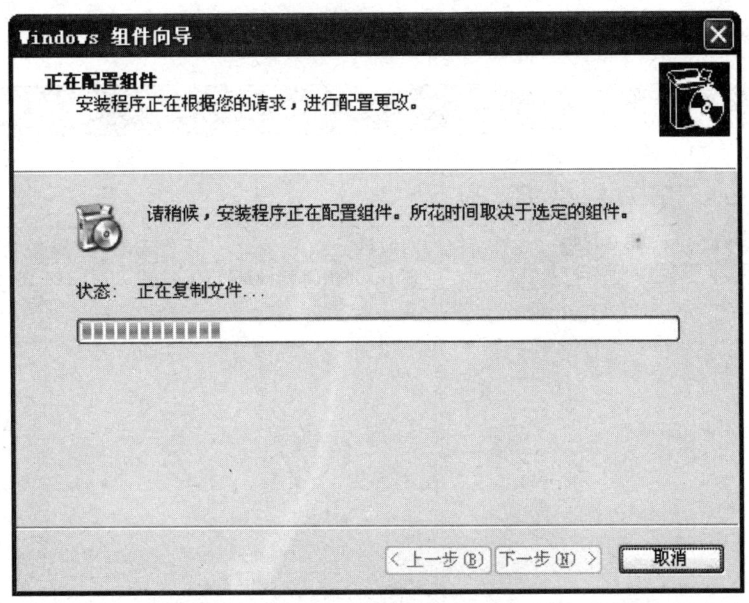

图 2—42 安装组件对话框

(6) 单击“完成”按钮，如图 2—43 所示。完成 IIS 组件安装后系统会在系统盘自动新建网站目录，默认目录为：C:\Inetpub\wwwroot。

图 2—43 完成安装组件对话框

二、搭建 WWW 服务器（利用虚拟目录创建 Web 站点）

(1) 单击“开始”按钮，选择“控制面板”，打开“控制面板”窗口，双击“管理工具”，打开“管理工具”窗口，双击“Internet 信息服务”，打开“Internet 信息服务”窗口，如图 2—44 所示。

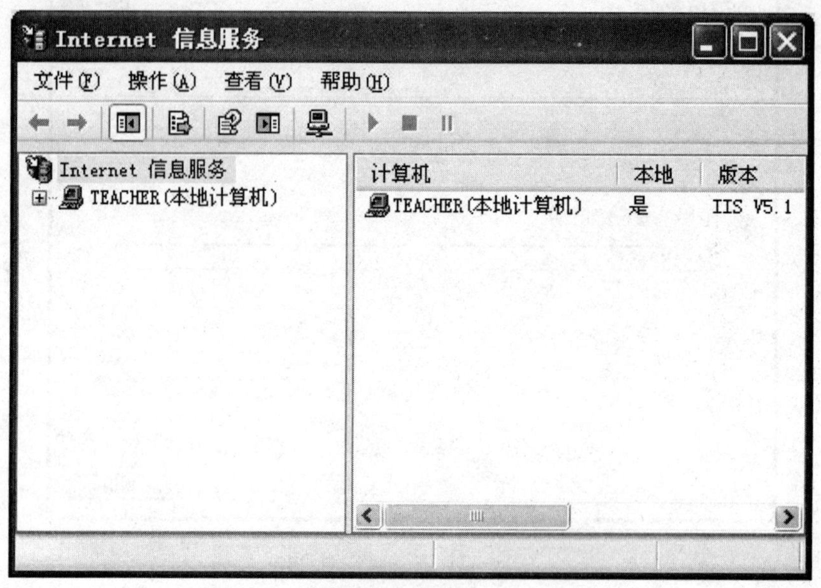

图 2—44 “Internet 信息服务”窗口一

(2) 在“Internet 信息服务”左侧窗格中，依次单击“TEACHER (本地计算机)”和“网站”前的展开 (+) 按钮，打开网站文件夹，如图 2—45 所示。

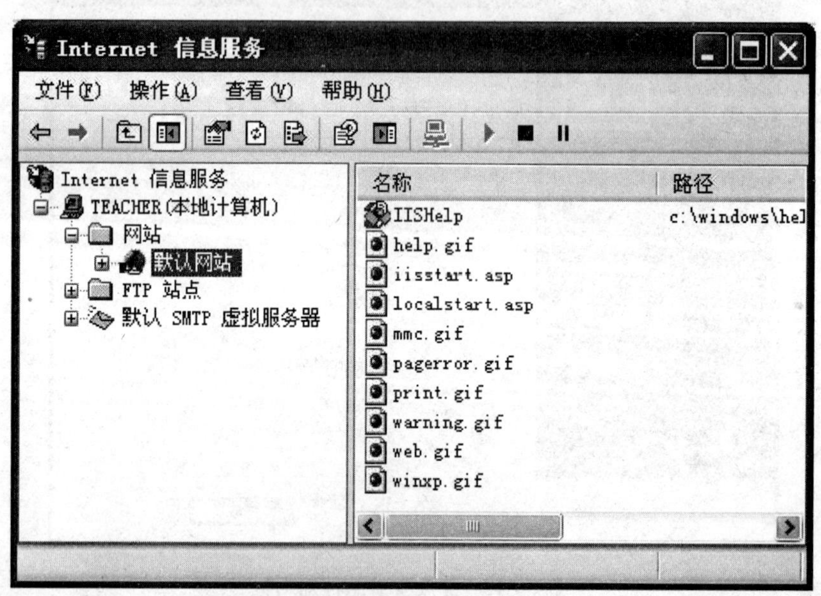

图 2—45 “Internet 信息服务”窗口二

(3) 右击默认网站，在弹出的快捷菜单中指向“新建”，然后单击“虚拟目录”，打开“虚拟目录创建向导”对话框。如图 2—46 所示。

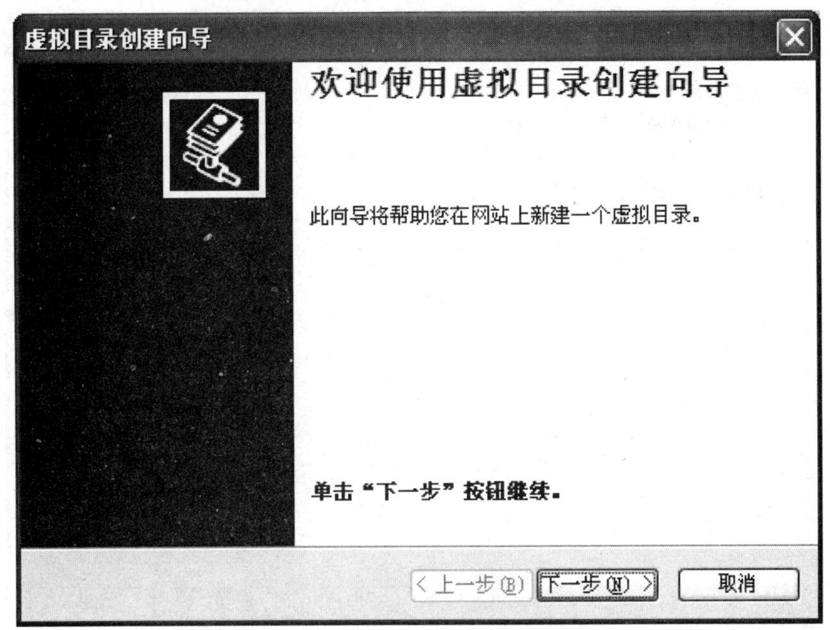

图 2—46　“虚拟目录创建向导”对话框

(4) 单击“下一步”按钮，进入“虚拟目录别名”对话框，如图 2—47 所示。在“别名”编辑框中输入对该网站的描述，以帮助理解记忆（如：MyWeb）。

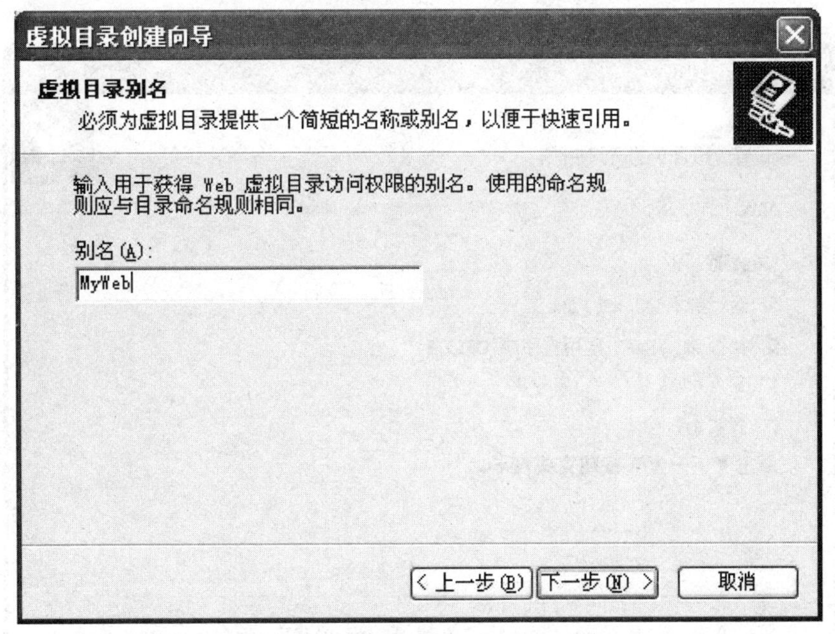

图 2—47　“虚拟目录别名”对话框

(5) 单击“下一步”按钮，出现“网站内容目录”对话框，如图 2—48 所示。在“目录”编辑框中输入建站前准备的网页所在目录，如 D:\MyWeb，或者单击“浏览”按钮，选择目录位置。

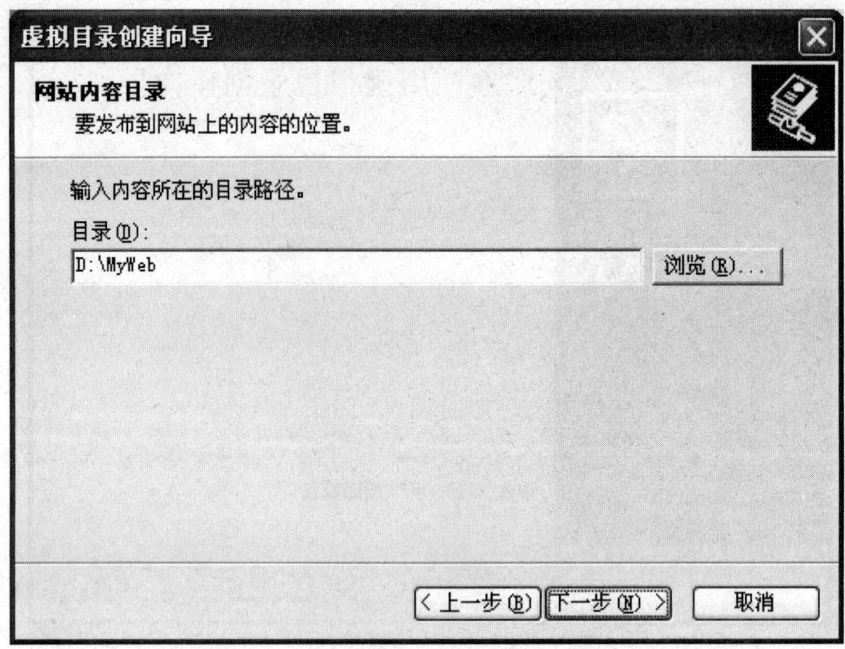

图 2—48 “网站内容目录”对话框

(6) 单击“下一步”按钮，出现“设置虚拟目录的访问权限”对话框，如图 2—49 所示。推荐使用默认设置。

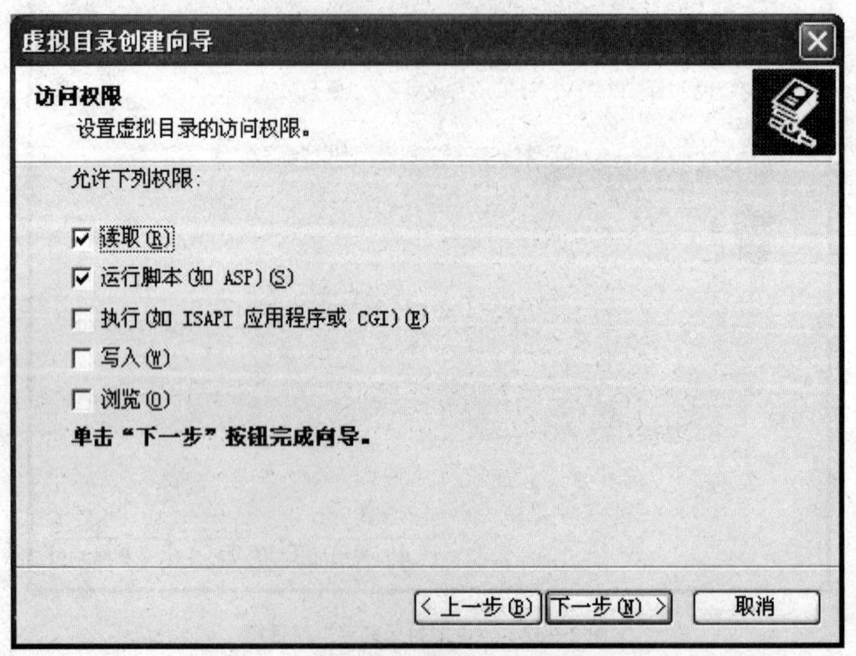

图 2—49 “设置虚拟目录的访问权限”对话框

(7) 单击“下一步”按钮，出现“完成虚拟目录创建”对话框，如图 2—50 所示。

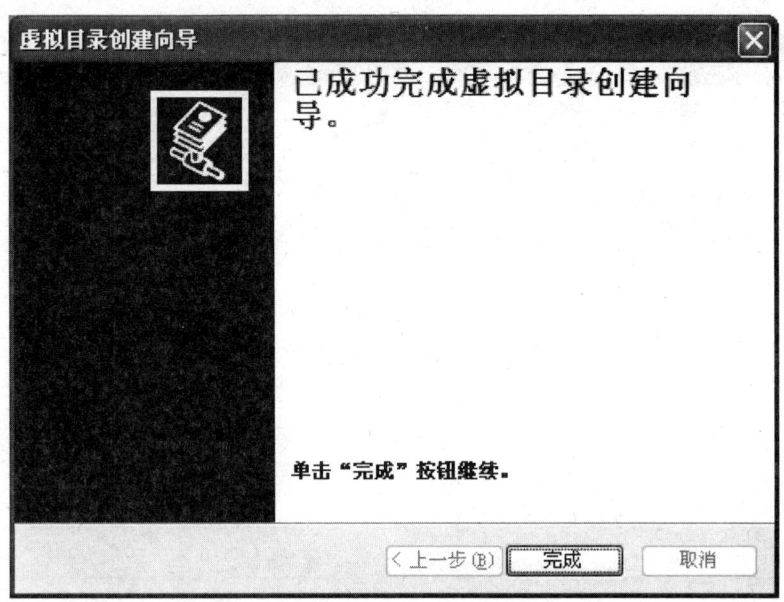

图 2—50　“完成虚拟目录创建”对话框

（8）单击“完成”按钮，完成虚拟目录的创建。这时在默认网站下新增加了一个 MyWeb 站点节点，如图 2—51 所示。

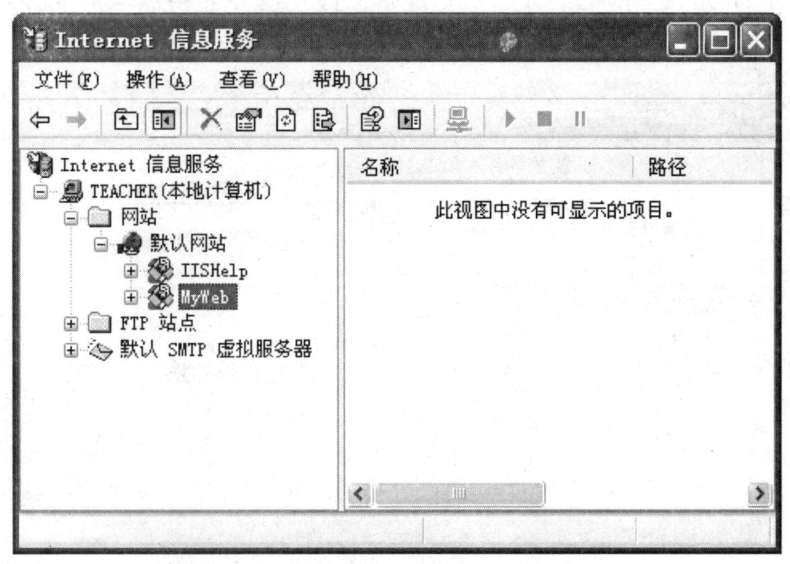

图 2—51　创建虚拟目录“MyWeb”的站点

三、搭建 FTP 服务器（利用虚拟目录创建 FTP 站点）

（1）单击“开始”按钮，选择“控制面板”，打开“控制面板”窗口，双击“管理工具”，打开“管理工具”窗口，双击“Internet 信息服务”，打开“Internet 信息服务”窗口，如图 2—52 所示。

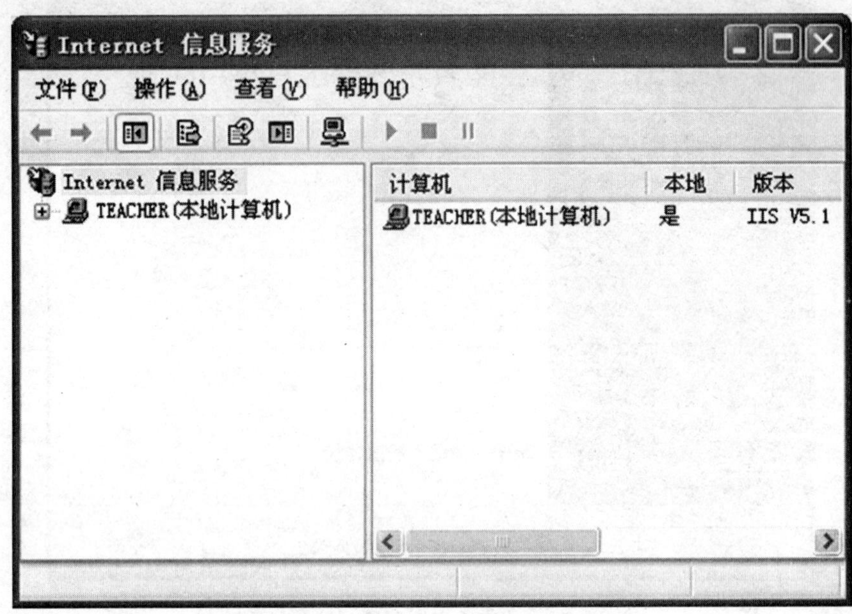

图 2—52 “Internet 信息服务”窗口三

(2) 在“Internet 信息服务”左侧窗格中，依次单击“TEACHER（本地计算机)”和“FTP 站点”前的展开（+）按钮，打开“FTP 站点”文件夹，如图 2—53 所示。

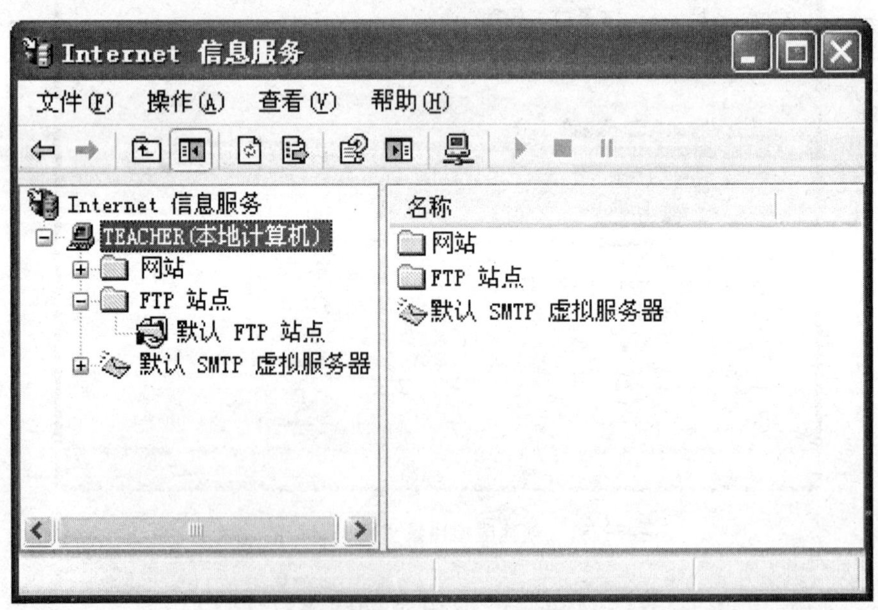

图 2—53 “Internet 信息服务”窗口四

(3) 右击“默认 FTP 站点”，在弹出的快捷菜单中指向“新建”，然后单击“虚拟目录”，打开“虚拟目录创建向导”对话框，如图 2—54 所示。

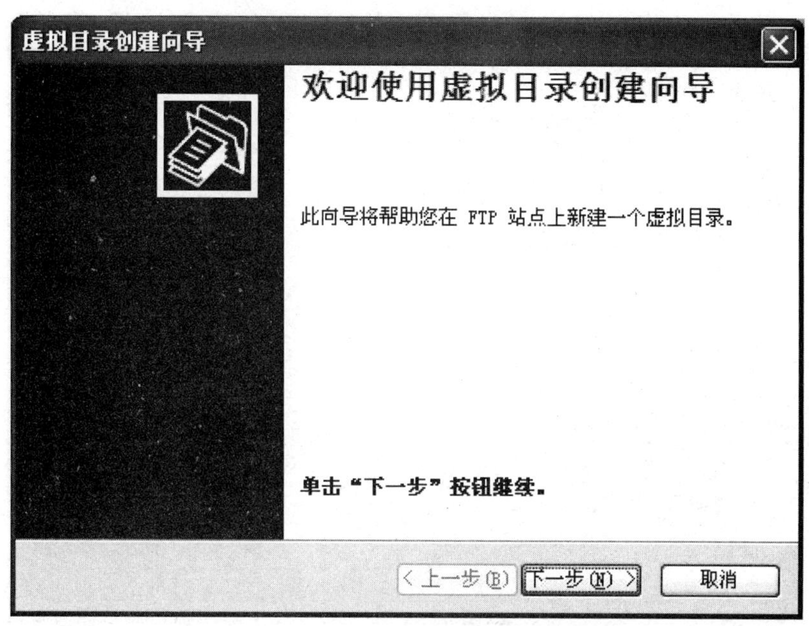

图 2—54　FTP 站点创建向导对话框

（4）单击“下一步”按钮，进入“虚拟目录别名”对话框，在“别名”编辑框中输入对该 FTP 站点的描述，以帮助理解记忆（如：MyFTP）。如图 2—55 所示。

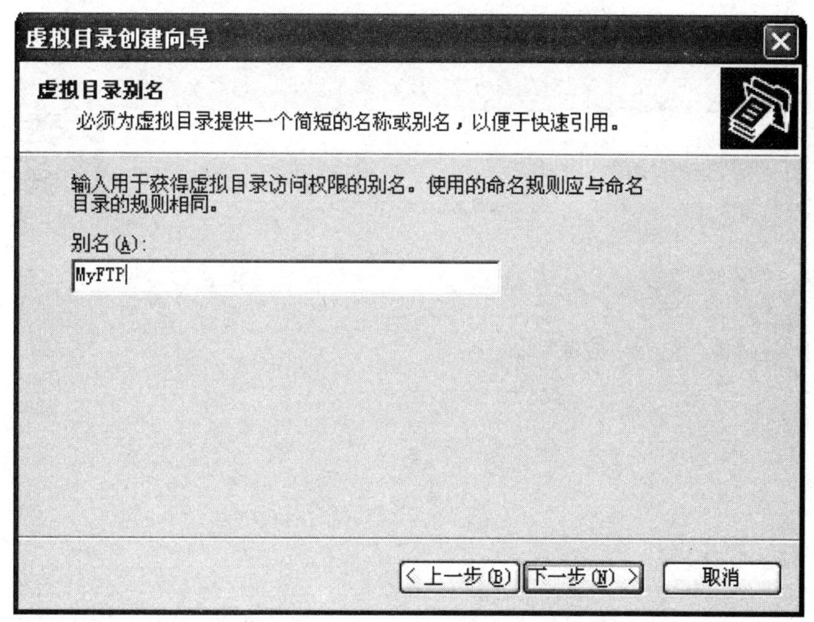

图 2—55　FTP 站点描述对话框

（5）单击“下一步”按钮，出现“FTP 站点内容目录”对话框，在“路径”编辑框中输入建站前准备的 FTP 站点文件夹，如 D:\MyFTP，或者单击“浏览”按钮，选择目录位置。如图 2—56 所示。

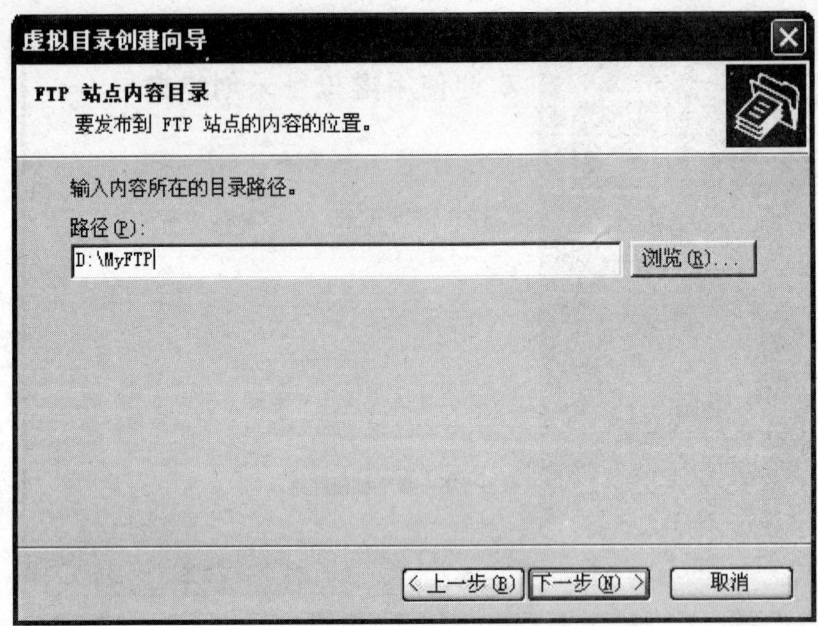

图 2—56 “FTP 站点内容目录”对话框

(6) 单击“下一步”按钮，出现“设置虚拟目录的访问权限”对话框，如图 2—57 所示。推荐使用默认设置。其中：选中“读取”复选框，表示允许用户下载文件；选中“写入”复选框，表示用户可以上传文件。

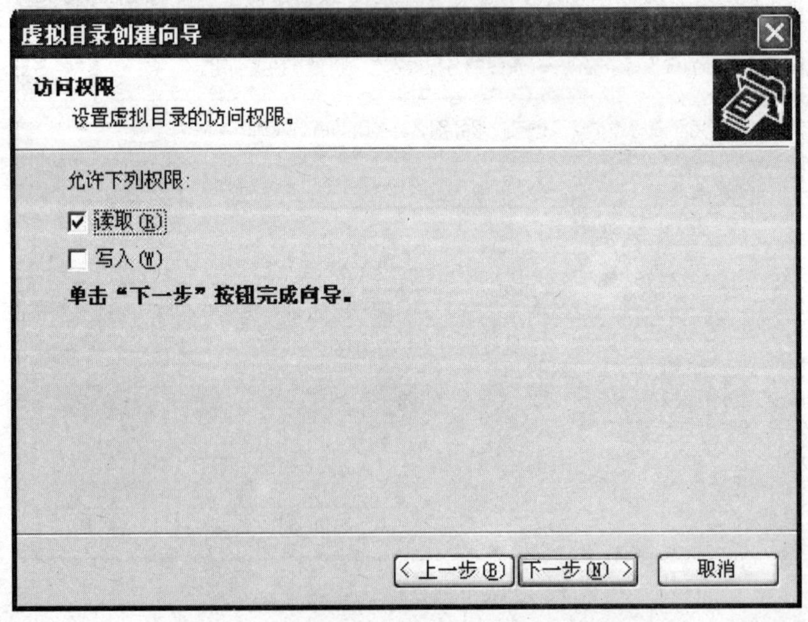

图 2—57 “设置虚拟目录的访问权限”对话框

(7) 单击“下一步”按钮，出现“完成虚拟目录创建”对话框，如图 2—58 所示。

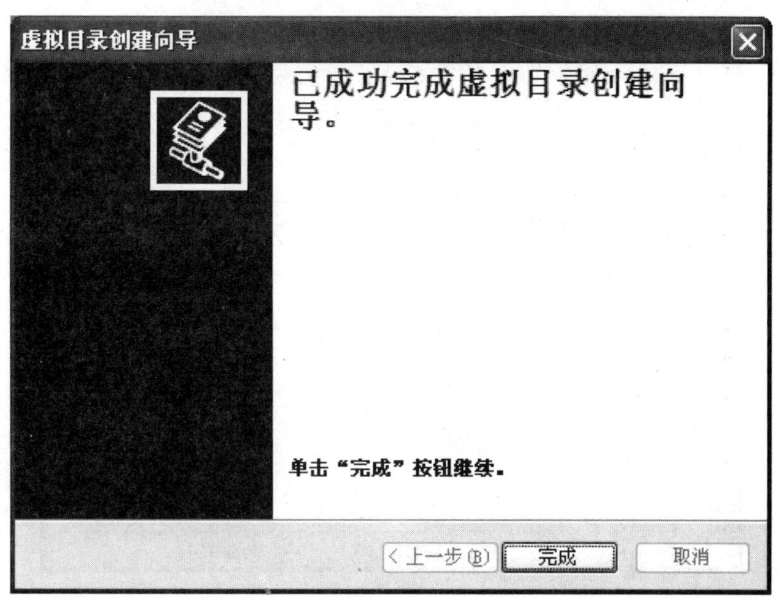

图 2—58　“完成虚拟目录创建”对话框

（8）单击“完成”按钮，完成虚拟目录的创建。这时在默认 FTP 站点下新增加了一个 MyFTP 站点节点，如图 2—59 所示。

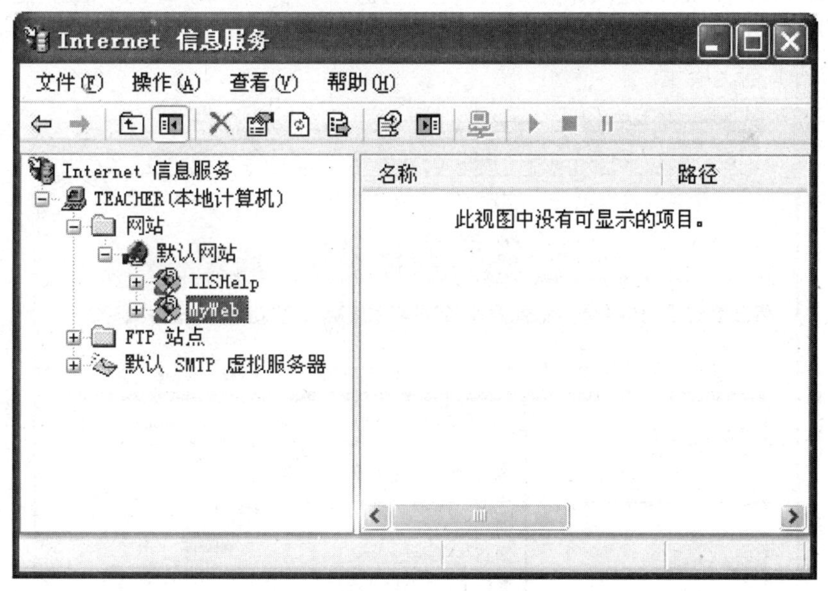

图 2—59　创建虚拟目录“MyFTP”站点

四、使用 WWW 及 FTP 服务

1. 使用 WWW 服务

（1）使用 WWW 服务，首先要在我们设置的 Web 站点文件夹中准备供客户端浏览的网站资源。如图 2—60 所示。

图 2—60 Web 站点文件网站资源窗口

（2）Web 站点创建好后，启动 IE 浏览器，在地址栏中输入以下三种方式中的一种："http://servername/"（servername 为计算机名称），"域名"（配置 DNS 服务），"http://IP 地址"；然后按回车键，稍后即可打开相应的 Web 站点。根据上述配置的 Web 站点，在某一台客户端计算机上输入："http://TEACHER/MyWeb" 打开 Web 站点，如图 2—61 所示。

图 2—61 测试 Web 站点设置成功窗口

2. 使用 FTP 服务

（1）使用 FTP 服务，首先要在我们设置的 FTP 站点文件夹中准备供客户端下载的文件资源，如图 2—62 所示。

图 2—62　供下载的文件资源窗口

(2) FTP 站点创建并准备好提供的文件资源后，用户可以通过 IE 浏览器来访问一个 FTP 站点，但访问 FTP 站点与访问 Web 站点的地址输入有不同之处，例如：在访问一个 Web 站点时，需要在地址栏中输入 http://IP 地址（或计算机名），或输入 http://www.MyWeb.com（需配置 DNS 服务），使用的是 TCP/IP 协议中的 HTTP 协议；而访问一个 FTP 站点时，则需要输入 ftp:// IP 地址（或计算机名），或 ftp://ftp.MyFTP.com（需配置 DNS 服务），使用的是 TCP/IP 协议中的 FTP 协议。根据上述配置的 FTP 站点，在某一计算机客户端输入 ftp: // TEACHER/MyFTP 打开 FTP 站点，如图 2—63 所示。

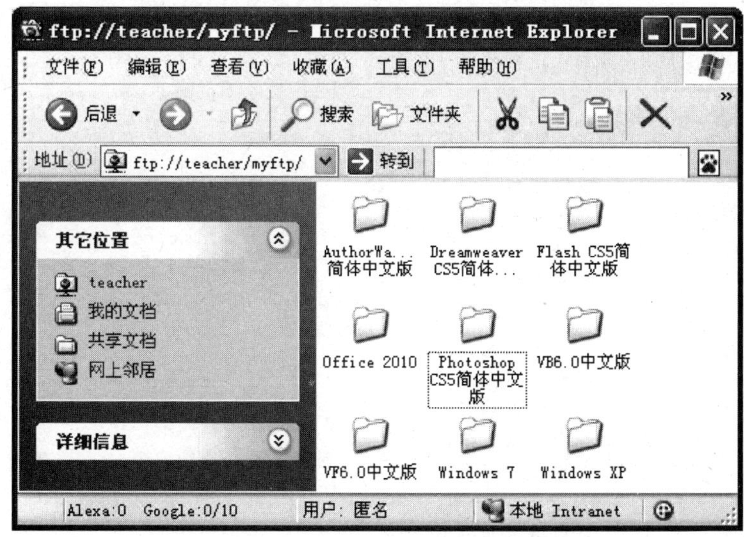

图 2—63　测试 FTP 站点设置成功窗口

工作页与评价

<table>
<tr><td>第二单元</td><td colspan="7">多机互联</td></tr>
<tr><td>工作名称</td><td colspan="7">任务三：在 Windows XP 上安装服务</td></tr>
<tr><td>工作时间</td><td colspan="7">年　月　日 | 地点 | 工作组号</td></tr>
<tr><td>工作材料</td><td colspan="7"></td></tr>
<tr><td>小组成员</td><td colspan="7">组长：　　组员：</td></tr>
<tr><td>工作目标</td><td colspan="7"></td></tr>
<tr><td rowspan="8">工作过程</td><td rowspan="2">工作任务</td><td rowspan="2" colspan="2">工作记录</td><td colspan="4">评价</td></tr>
<tr><td>A</td><td>B</td><td>C</td><td>D</td></tr>
<tr><td rowspan="2">检查并安装 IIS 组件</td><td colspan="2">计算机是否安装 IIS 组件：(1) WWW 服务是否安装：
(2) FTP 服务是否安装：</td><td></td><td></td><td></td><td></td></tr>
<tr><td colspan="2">安装准备：　成功安装时间：
安装出现的问题：</td><td></td><td></td><td></td><td></td></tr>
<tr><td rowspan="2">搭建与测试 WWW 服务器</td><td colspan="2">规划站点路径：　IP 地址：
端口号：　搭建时间：　出现的问题：</td><td></td><td></td><td></td><td></td></tr>
<tr><td colspan="2">准备：　测试时间：　测试出现的问题：</td><td></td><td></td><td></td><td></td></tr>
<tr><td rowspan="2">搭建与测试 FTP 服务器</td><td colspan="2">规划站点路径：　IP 地址：
端口号：　搭建时间：　出现的问题：</td><td></td><td></td><td></td><td></td></tr>
<tr><td colspan="2">准备：　测试时间：　测试出现的问题：</td><td></td><td></td><td></td><td></td></tr>
<tr><td>反馈意见</td><td colspan="7"></td></tr>
<tr><td>教师签字</td><td colspan="7"></td></tr>
<tr><td rowspan="4">评价标准</td><td>等级
工作任务</td><td>A</td><td>B</td><td colspan="4">C</td></tr>
<tr><td>检测并安装 IIS 组件</td><td>正确检测 IIS 组件是否已安装；正确找到安装源；正确安装 IIS 组件与 FTP 服务。</td><td>正确检测 IIS 组件是否已安装；正确找到安装源；安装 IIS 组件与 FTP 服务不正确。</td><td colspan="4">正确检测 IIS 组件是否已安装；安装源没有正确找到。</td></tr>
<tr><td>搭建与测试 WWW 服务器</td><td>正确创建虚拟目录；正确设置目录权限；正确设置站点路径；正确设置站点 IP 地址；正确设置站点端口；搭建站点可以通过 IE 浏览。</td><td>正确创建虚拟目录；正确设置目录权限；正确设置站点路径；站点 IP 地址或端口设置错误。</td><td colspan="4">正确创建虚拟目录；正确设置站点路径；目录权限设置不正确；站点 IP 地址或端口设置错误。</td></tr>
<tr><td>搭建与测试 FTP 服务器</td><td>正确创建 FTP 站点；正确设置站点权限；正确设置站点路径；正确设置站点 IP 地址；正确设置站点端口；搭建站点可以通过 IE 浏览。</td><td>正确创建 FTP 站点；正确设置站点权限；正确设置站点路径；站点 IP 地址或端口设置错误。</td><td colspan="4">正确创建 FTP 站点；正确设置站点权限；设置站点路径不正确；站点 IP 地址或端口设置错误。</td></tr>
</table>

注：未达到 C 标准的视为 D。

问题讨论：

1. 如何检查计算机系统中是否安装 IIS 组件？
2. 如何安装 IIS 组件？
3. 怎样搭建 WWW 和 FTP 站点？
4. 如何测试搭建的 WWW 和 FTP 站点？

相关知识

1. IIS 服务

IIS（Internet Information Sever，互联网信息服务）是由微软公司开发的，Windows 平台下一个很重要的网络信息服务软件，被广泛地应用于 WWW 服务器的建设和 FTP 服务器的组建。

IIS 是一种 Web（网页）服务组件，其中包括 Web 服务器、FTP 服务器、NNTP 服务器和 SMTP 服务器，分别用于网页浏览、文件传输、新闻服务和邮件发送等方面。在 Internet 上或在公司内部局域网中，网络管理员可以利用 Web 服务器使共享文档和信息资源的发布变得非常简单，客户或公司内部员工可以通过浏览器来访问并获取这些共享文档和信息资源。

IIS 是与 Windows 服务器版操作系统一起发放的，这个策略使它成为 Windows 平台服务器的首选 Web 服务器。它与整个 Windows 系统紧密地整合在一起，可以利用 Windows 系统内置的安全机制来保护自己。

网站技术自诞生以来一直到今天，始终是 Internet 中最热门的技术之一。现在，利用 Windows 中的 IIS 组件，可以很轻松地搭建出属于自己的网站。

2. WWW（Web）服务器

WWW 服务器是在网络中为实现信息发布、资料查询、数据处理等诸多应用搭建基本平台的服务器；是存放内容的软硬件总称，其内容可用浏览器访问。WWW 服务器可用在各种平台上。

HTTP：全名为 Hypertext Transfer Protocol，即超文本传输协议，是允许服务器和浏览器进行通信的语言，负责传输和显示 WWW 页面的互联网协议。HTTP 运行在 TCP/IP 模型的应用层。HTTP 采用客户机/服务器模式，即用户（客户机）的 WWW 浏览器打开一个 HTTP 会话并向远程服务器发出 WWW 页面请求。作为回答，服务器产生一个 HTTP 应答信息，并把它送回到客户机（请求者）的 WWW 浏览器。应答包括客户机服务器上显示过的页面。如果客户机确定收到的信息是正确的，就断开 TCP/IP 连接，HTTP 会话就结束了。

Web 服务器如何工作：在 Web 页面处理中大致可分为三个步骤，第一步，Web 浏览器向一个特定的服务器发出 Web 页面请求；第二步，Web 服务器接收到 Web 页面请求后，寻找所请求的 Web 页面，并将所请求的 Web 页面传送给 Web 浏览器；第三步，Web 服务器接收到所请求的 Web 页面，并将它显示出来。

3. FTP 服务器

FTP（File Transfer Protocol，文件传输协议）是 Internet 上出现最早的服务

器之一。文件传输协议是用于在 TCP/IP 网络中的计算机之间传输文件的协议。IIS 的 FTP 服务器充当文件传输的服务端，允许客户从服务器上下载文件，或把文件上传到服务器。另外 FTP 服务器的最大优点就是可以在不同的操作系统间使用。

工作技巧

1. 显示、隐藏 Windows XP 的安全选项

(1) 打开我的电脑→工具→文件夹选项→查看→把“使用简单文件共享（推荐)”这个复选项前面的勾去掉。

(2) 右击你要保护的磁盘或文件夹，选择“属性”，选择“安全”选项，在这里可以添加或删除用户或给特定的用户设置权限，从而实现显示、隐藏 Windows XP 的安全选项。

2. 拒绝管理员的访问

(1) 打开我的电脑→工具→文件夹选项→查看→把“使用简单文件共享（推荐)”这个复选项前面的勾去掉。

(2) 右击你要保护的磁盘或文件夹，选择“属性”，选择“安全”选项，在这里将“组或用户名称”列表框中要拒绝访问的用户删除，从而实现拒绝相应网络用户的访问。

3. 获取文件夹的所有权（管理员账号特权）

(1) 打开我的电脑→工具→文件夹选项→查看→选中“使用简单文件共享（推荐)”复选项。

(2) 右击你要保护的磁盘或文件夹，选择“属性”，选择“安全”选项，在将获取文件夹所有权的网络用户添加到“组或用户名称”列表框中并设置相应的访问权限即可。

单元小结

本单元我们主要学习了计算机名和工作组名的更改，计算机网络协议的安装，IP 地址、子网掩码等网络参数的设置，IIS 信息服务的安装与配置，从而组建成多机构成的局域网，进而实现资源共享、信息发布与文件传输。

思考与练习

某企业想组建一个局域网，实现 3 个部门集中网络办公，采购部门需要 20 台计算机和一台打印机，生产部门需要 45 台计算机和一台打印机，销售部门需要 30 台计算机和一台打印机，每部门单独组成一个工作组的局域网，同时在网络信息中心需要有一台独立的计算机负责信息发布和文件传输。请你为该单位规划设计局域网，解决以下问题：

1. 选购计算机、网络设备与耗材并给出采购预算。
2. 画出网络规划设计、施工走线路由草图。

3. 规划网络 IP 地址、工作组与计算机名。
4. 安装网络协议。
5. 安装和配置网络打印机。
6. 安装和配置 IIS。

第三单元 局域网接入 Internet

单元学习目标

1. 熟悉常见的局域网组建知识；
2. 了解调制解调器接入 Internet 的相关知识；
3. 掌握 ADSL 宽带接入 Internet 的相关知识；
4. 掌握宽带路由器接入 Internet 的相关知识；
5. 掌握代理服务器接入 Internet 的相关知识；
6. 能够通过调制解调器接入 Internet；
7. 能够通过 ADSL 宽带接入 Internet；
8. 能够通过宽带路由器接入 Internet；
9. 能够通过代理服务器接入 Internet；
10. 初步形成耐心细致、科学严谨的工作作风；
11. 初步锻炼语言表达和与人沟通的社会交流能力。

工作情境

某单位新组建了局域网，希望局域网内的所有计算机均能实现上网冲浪和收发电子邮件。请你为该单位规划设计局域网接入 Internet 的具体方案，并将你规划设计的几种方案供该单位选择，该单位选择后进行具体实施。

工作分析

要想规划设计局域网接入 Internet，就必须熟悉常见的几种局域网组建形式，然后进行实地勘察，根据网络用户的需求和网络规模规划设计具体的实施方案，首先，我们必须明确常见的局域网组建形式。

任务一　常见局域网的组建

任务分析

要将具体的局域网接入 Internet，首先要知道常见的局域网类型，然后，根据局域网的类型、网络规模和用户需求选择适合接入 Internet 的方式，接下来，我们先学习常见局域网的组建与规划。

任务准备

1. 局域网的组成

局域网由局域网硬件系统和局域网软件系统两部分组成。局域网硬件系统主要有服务器、工作站、网络连接设备、网络传输介质等；局域网软件系统主要有网络操作系统、工作站软件、网络应用软件、网络管理软件、网络诊断软件等。

2. 局域网的结构

局域网的结构决定了局域网的管理方式。目前，按照网络操作系统的功能，局域网的结构可分为对等（Peer to Peer）网结构、专用服务器（Server-based）结构、客户机/服务器（Client/Server）结构。

（1）对等网结构。

在对等网络中不需要专用的服务器，网络上的所有工作站地位平等，都有自主权，每个工作站既是服务器也是工作站，相互之间可以进行通信和资源共享。对等式网络原理如图 3—1 所示，当站点 A 要想调用站点 B 的某一个文件时，只要站点 B 开放该文件，站点 A 就可以直接读取该文件并写入自己的磁盘中。

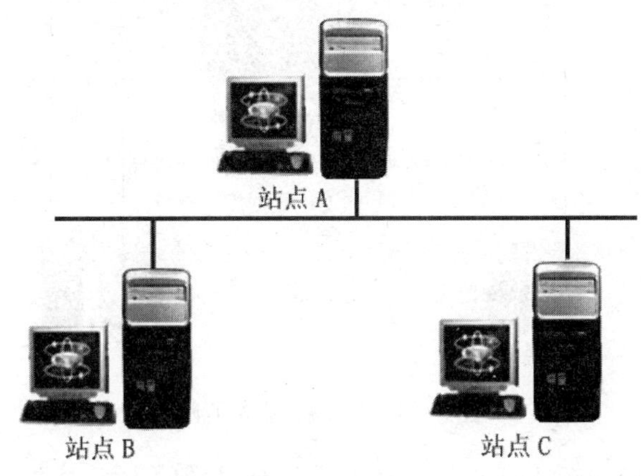

图 3—1　对等网络

（2）专用服务器结构。

这种结构需要专用的服务器，即网络上的工作站要传输文件时，都需要通过服务器的控制。在这种模式中，应用程序和数据都存放在一台指定的计算机中，这台计算机称为文件服务器，一般均由专业服务器或性能较高的微机担任。模式如图 3—2 所示。在这种模式中，文件服务器与工作站之间分工明确，使工作站从网络管理中解脱出来，信息处理能力明显增强；数据保密性好，可根据不同需求给用户不同的权限，资源共享性好；文件安全管理较好，可靠性高。

（3）客户机/服务器结构。

客户机/服务器结构是由专用服务器结构发展而来的，简称 C/S 系统，客户机/服务器系统是将需要处理的应用分配给客户机和服务器处理，客户机/服务器的区分完全

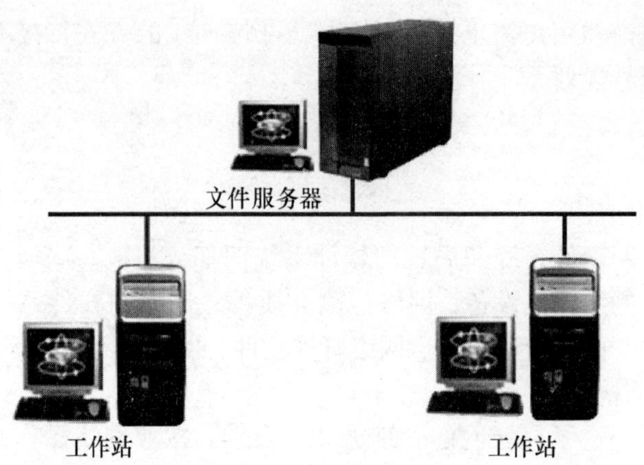

图 3—2 专用服务器网络

按照其在网络中所担任的角色而定，一般情况下，客户机提出服务请求，服务器提供服务，C/S 模式的应用程序运作原理如图 3—3 所示。在此原理图中，网络操作系统为 Windows 2003 Server 通过 SQL 的客户程序向数据库发出查询请求，SQL 服务器执行这一查询并将结果返回客户。

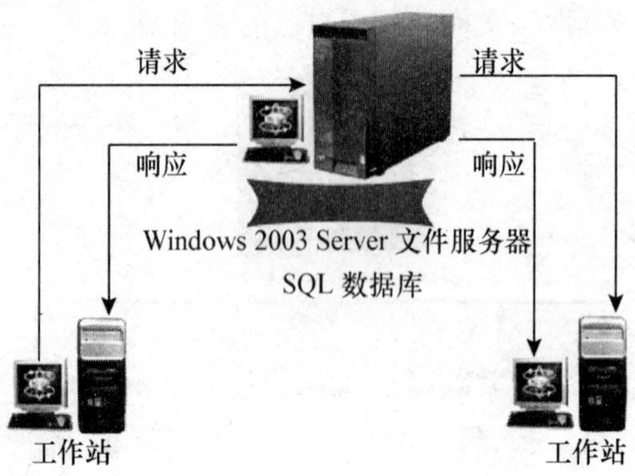

图 3—3 客户机/服务器网络

C/S 模式网络操作系统具有如下特点：每个局域网上至少具备一台服务器，专为网络提供共享资源和服务，因此对服务器要求较高；客户机可以访问网络服务器上的全部共享资源，但本机资源只供本机用户使用；具有良好的网络性能并适合于较大规模网络。

任务实施

一、组建家庭局域网

随着计算机技术的发展及普及，越来越多的家庭开始拥有两台或更多台的计算机。家庭多台计算机的出现为组建家庭局域网提供了物质基础，家庭局域网的组建更好地利用了网络资源并提供了新的娱乐方式，提高了计算机的使用效率，给家庭享受网络互联提供了乐趣，许多家庭迫切需要将家中的计算机连接起来并实现共享接入 Internet。

1. 组建家庭局域网硬件设备

家庭局域网的规模一般都很小，客户端的数量一般在 2～4 台之间，分布的空间很近，不需要搭建专用服务器，网络的管理很简单。根据表 3—1 给出的设备清单组建家庭局域网。

表 3—1

序号	设备名称	数量	备注
1	计算机	2	
2	网卡	1	单机双网卡
3	家庭打印机	1	
4	双绞线	若干	
5	水晶头	若干	

2. 组建家庭局域网拓扑结构

家庭局域网拓扑结构如图 3—4 所示。

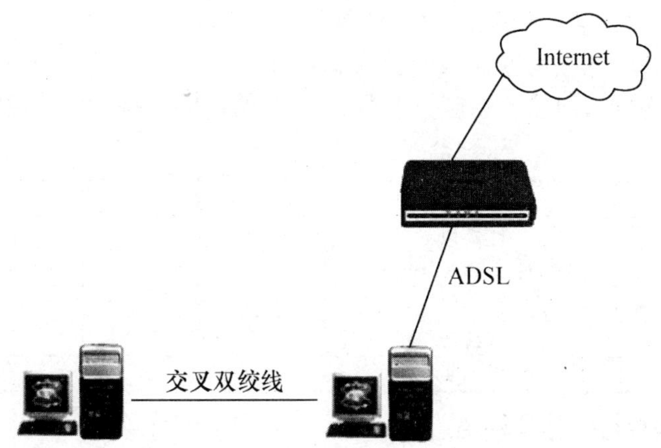

图 3—4 家庭网通过 ADSL 共享接入 Internet

3. 组建家庭局域网 IP 地址规划

组建家庭局域网 IP 地址规划见表 3—2。

表 3—2

序号	设备名称	计算机名	工作组	IP 地址	子网掩码	网关
1	计算机 1	Jsj1	Family	卡 1：自动获取（ADSL 相接）		自动获取空缺不设置
2	计算机 2	Jsj2	Family	卡 2：192.168.0.1	255.255.255.0	192.168.0.1

4. 组建家庭局域网操作步骤

（1）在计算机 1 上安装另一新网卡及网卡驱动，实现单击双网卡为后续共享接入 Internet 做准备；

（2）制作交叉双绞线网线并连接网络；

（3）安装网络协议；

(4) 标识计算机（设置计算机名和工作组名）；

(5) 设置网卡网络参数：IP 地址、子网掩码、网关等；

(6) 设置共享文件资源；

(7) 安装本地和网络打印机；

(8) 调试家庭局域网。

二、组建宿舍局域网

宿舍局域网是校园网的重要组成部分，随着计算机、网络和电子商务等技术的发展，越来越多的大学生们认识到操作计算机和掌握计算机网络知识的重要性，他们为了学习和娱乐购置了计算机，而校园网在建设过程中宿舍内的端口数量很难满足入住大学生们的需要，组建宿舍局域网成为目前解决宿舍端口数量和使用人员之间供求矛盾的最佳方式。

1. 组建宿舍局域网硬件设备

宿舍局域网作为校园网的一部分，其组网方案取决于校园网的网络应用环境。一种方式是采用动态地址转换方式访问 WAN 出口，学生不需要对计算机进行任何设置，直接将组建的宿舍局域网接入校园网接入端口即可；另一种方式是将组建的宿舍局域网通过路由器接入校园网接入端口。根据表 3—3 给出的设备清单组建宿舍局域网。

表 3—3

序号	设备名称	数量	备注
1	计算机	4	
2	路由器（带 4 口交换）	1	
3	打印机	1	
4	双绞线	若干	
5	水晶头	若干	

2. 组建宿舍局域网拓扑结构

宿舍局域网拓扑结构如图 3—5 所示。

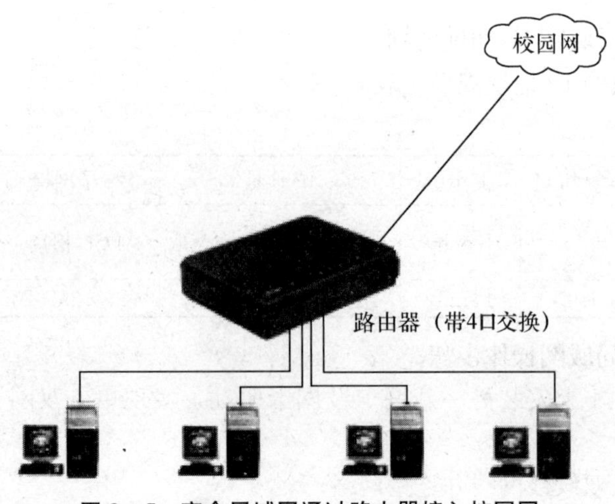

图 3—5 宿舍局域网通过路由器接入校园网

3. 组建宿舍局域网 IP 地址规划

组建宿舍局域网 IP 地址规划见表 3—4。

表 3—4

序号	设备名称	计算机名	工作组	IP 地址	子网掩码	网关
1	路由器	D_ LINK		WAN： LAN：192.168.0.1	255.255.255.0	
2	计算机 1	Jsj1	Sushe	192.168.0.2	255.255.255.0	192.168.0.1
3	计算机 2	Jsj2	Sushe	192.168.0.3	255.255.255.0	192.168.0.1
4	计算机 3	Jsj3	Sushe	192.168.0.4	255.255.255.0	192.168.0.1
5	计算机 4	Jsj4	Sushe	192.168.0.5	255.255.255.0	192.168.0.1

4. 组建宿舍局域网操作步骤

（1）制作直连双绞线网线并连接网络；

（2）设置路由器网络参数（WAN 口和 LAN 口 IP 地址、子网掩码等）；

（3）安装网络协议；

（4）标识计算机（设置计算机名和工作组名）；

（5）设置网卡网络参数：IP 地址、子网掩码、网关等（若路由器启用了 DHCP 服务，各计算机可设置为自动获取）；

（6）设置共享文件资源；

（7）安装本地和网络打印机；

（8）安装 IIS 服务；

（9）搭建 WWW 和 FTP 服务；

（10）调试宿舍局域网。

三、组建网吧局域网

网吧的英文名字是 Internet Bar（网络咖啡屋）。世界上第一家网吧诞生于 1994 年的英国伦敦，此后发展迅猛，如今全球大小城镇都可以看到它的身影，已在很大程度上成为当地信息化发展水平的重要标志之一。网吧提供网络游戏、收发电子邮件、语音聊天、视频通信、多媒体娱乐等网络应用。

1. 组建网吧局域网硬件设备

网吧局域网的硬件设备主要包括计算机客户机、服务器、交换机、宽带路由器等。网络游戏是网吧吸引用户的一个重要功能，随着游戏玩家对游戏的视觉效果、速度、真实感要求越来越高，网吧要尽量保证交换机和路由器的性能。根据表 3—5 给出的设备清单组建网吧局域网。

表 3—5

序号	设备名称	数量	备注
1	宽带路由器	1	
2	交换机	5	
3	网络服务器	1～2	
4	计算机	91	其中管理计费计算机 1 台

续前表

序号	设备名称	数量	备注
5	打印机	1	
6	光纤及端子	若干	
7	双绞线	若干	
8	水晶头	若干	

2. 组建网吧局域网拓扑结构

网吧局域网拓扑结构如图 3—6 所示。

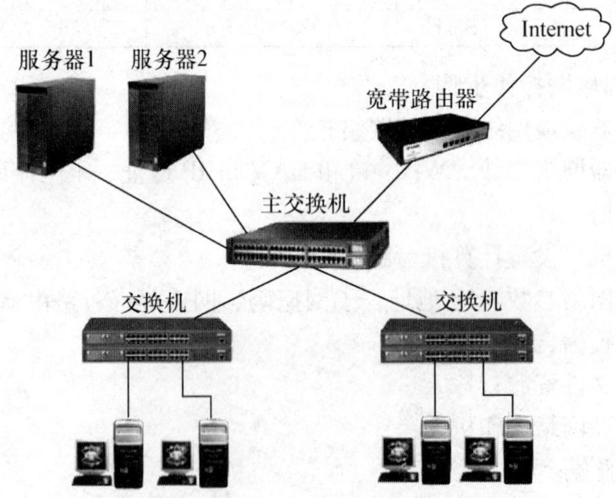

图 3—6 专线宽带路由器网吧网

3. 组建网吧局域网 IP 地址规划

组建网吧局域网 IP 地址规划见表 3—6。

表 3—6

序号	设备名称	计算机名	工作组	IP 地址	子网掩码	网关
1	宽带路由器	D-LINK		WAN： LAN：192.168.1.101	255.255.255.0	
2	交换机 1	SWITCH1		192.168.1.102	255.255.255.0	
3	交换机 2/4	SWITCH2/4		192.168.1.103/105	255.255.255.0	
4	服务器 1/2	SERVER	WANGLUO	192.168.1.106/107	255.255.255.0	
5	管理计费计算机	wangguan	WANGLUO	192.168.1.108	255.255.255.0	
6	计算机 1/45	USER1-USER45	WANGLUO	192.168.1.1/45	255.255.255.0	192.168.1.101
7	计算机 46/90	USER46-USER90	WANGLUO	192.168.1.46/90	255.255.255.0	192.168.1.101

4. 组建网吧局域网操作步骤

（1）办理组建网吧相关手续，向电信部门申请网络线路；

（2）制作双绞线或光纤网线并连接网络；

（3）配置交换机、路由器网络参数；

（4）安装相关网络协议；

（5）标识计算机（设置计算机名和工作组名）；

（6）设置网卡网络参数：IP 地址、子网掩码、网关等（若路由器启用了 DHCP 服务，各计算机可设置为自动获取）；

（7）设置共享文件资源；

（8）安装本地和网络打印机；

（9）搭建 DNS 服务、DHCP 服务、视频点播服务等；

（10）搭建常用网络游戏服务平台；

（11）安装网吧管理计费软件；

（12）调试网吧局域网。

四、组建办公局域网

随着网络信息化进程的加快，越来越多的单位通过路由器或代理服务器组建了办公网络，主要是共享硬件资源、数据库应用、多媒体演示及共享接入 Internet 等。

1. 组建办公局域网硬件设备

办公局域网建设是企、事业单位快速发展的重要推动力，建立一套安全可靠、先进稳定的办公局域网，可以保证企、事业单位内部各种应用系统的正常运行，实现办公现代化、信息资源化、传输网络化和决策科学化。根据表 3—7 给出的设备清单组建办公局域网。

表 3—7

序号	设备名称	数量	备注
1	宽带路由器	1	
2	交换机	3	
3	网络服务器	2～4	
4	计算机	135	
5	打印机	3	
6	光纤及端子	若干	
7	双绞线	若干	
8	水晶头	若干	

2. 组建办公局域网拓扑结构

办公局域网拓扑结构如图 3—7 所示。

3. 组建办公局域网 IP 地址规划

组建办公局域网 IP 地址规划见表 3—8。

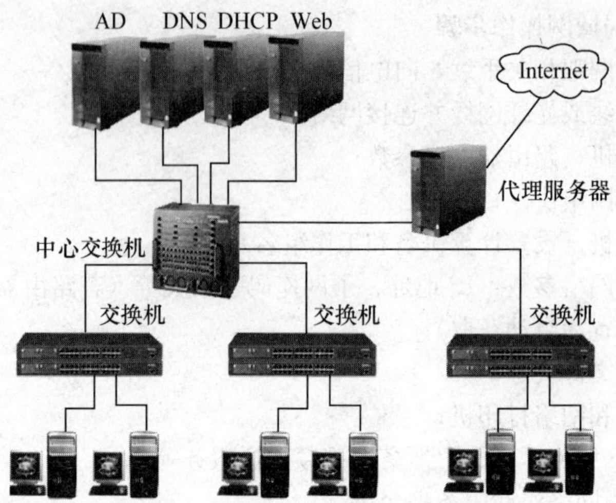

图 3—7 专线代理服务器办公网

表 3—8

序号	设备名称	计算机名	工作组	IP 地址	子网掩码	网关
1	宽带 路由器	D-LINK		WAN： LAN：192.168.1.51	255.255.255.0	
2	交换机 1/3	SWITCH1		192.168.1.52/54	255.255.255.0	
3	服务器 1/4	SERVER		192.168.1.55/58	255.255.255.0	
4	计算机 1/45	USER1/45	CAIGOU	192.168.1.1/45	255.255.255.0	192.168.1.51
5	计算机 46/90	USER101/145	SHENGCHAN	192.168.1.101/145	255.255.255.0	192.168.1.51
6	计算机 46/90	USER201/245	XIAOSHOU	192.168.1.201/245	255.255.255.0	192.168.1.51

4. 组建办公局域网操作步骤

（1）制作双绞线或光纤网线并连接网络；

（2）配置交换机、路由器网络参数；

（3）安装网络协议；

（4）标识计算机（设置计算机名和工作组名）；

（5）设置网卡网络参数：IP 地址、子网掩码、网关等（若路由器启用了 DHCP 服务，各计算机可设置为自动获取）；

（6）设置共享文件资源；

（7）安装本地和网络打印机；

（8）安装网络操作系统；

（9）搭建 DNS 服务、DHCP 服务、Web 服务、E-mail 服务等；

（10）调试办公局域网。

五、组建无线局域网

与有线局域网相比，无线局域网最主要的优势在于不需要布线，不受布线条件的限制，适合移动办公用户的需要。无线局域网是一种通过无线介质发送和接收数据的网络访问形式。无线局域网具有安装便捷、使用灵活、易于扩展、拆装方便、管理简便等优势，可以应用于各种移动办公场所（如会场、宾馆、展厅、图书馆和家庭等）网络的接入。

1. 组建无线局域网硬件设备

无线局域网是 20 世纪 90 年代计算机技术与无线通信技术相结合的产物，它使用无线信道接入网络，为数据通信移动化、个人化、多媒体应用提供了便利条件。根据表 3—9 给出的设备清单组建无线局域网。

表 3—9

序号	设备名称	数量	备注
1	无线路由器（带 4 口交换）	1	
2	计算机	3	其中两台有无线网卡
3	笔记本	1	
4	水晶头和双绞线	若干	

2. 组建无线局域网拓扑结构

无线局域网拓扑结构如图 3—8 所示。

图 3—8　无线局域网组建

3. 组建无线局域网 IP 地址规划

组建无线局域网 IP 地址规划见表 3—10。

表 3—10

序号	设备名称	计算机名	工作组	IP 地址	子网掩码	网关
1	宽带路由器	D-LINK		WAN： LAN：192.168.1.1	255.255.255.0	
2	计算机 1/3	JSJ1/3	WORKGROUP	192.168.1.2/4	255.255.255.0	192.168.1.1
3	笔记本	JSJ4	WORKGROUP	192.168.1.5	255.255.255.0	192.168.1.1

4. 组建无线局域网操作步骤

（1）计算机安装无线网卡及驱动；

（2）制作双绞线网线并连接网络（RJ-45 接口网卡计算机通过路由器有线接入网络）；

（3）配置路由器网络参数；

（4）安装网络协议；

（5）标识计算机（设置计算机名和工作组名）；

（6）设置网卡网络参数：IP 地址、子网掩码、网关等（若路由器启用了 DHCP 服务，各计算机可设置为自动获取）；

（7）设置共享文件资源；

（8）调试无线局域网。

工作页与评价

<table>
<tr><td>第三单元</td><td colspan="9">局域网接入 Internet</td></tr>
<tr><td>工作名称</td><td colspan="9">任务一：常见局域网的组建</td></tr>
<tr><td>工作时间</td><td colspan="2">年　月　日</td><td>地点</td><td colspan="2"></td><td>工作组号</td><td colspan="3"></td></tr>
<tr><td>工作材料</td><td colspan="9"></td></tr>
<tr><td>小组成员</td><td colspan="3">组长：</td><td colspan="6">组员：</td></tr>
<tr><td>工作目标</td><td colspan="9"></td></tr>
<tr><td rowspan="8">工作过程</td><td rowspan="2">工作任务</td><td colspan="4" rowspan="2">工作记录</td><td colspan="4">评价</td></tr>
<tr><td>A</td><td>B</td><td>C</td><td>D</td></tr>
<tr><td>网络规划</td><td>计算机配置与数量</td><td>交换机/路由器型号与数量</td><td>双绞线与水晶头数量</td><td>光纤及端子数量</td><td></td><td></td><td></td><td></td></tr>
<tr><td>组建家庭网</td><td></td><td></td><td></td><td></td><td></td><td></td><td></td><td></td></tr>
<tr><td>组建宿舍网</td><td></td><td></td><td></td><td></td><td></td><td></td><td></td><td></td></tr>
<tr><td>组建网吧网</td><td></td><td></td><td></td><td></td><td></td><td></td><td></td><td></td></tr>
<tr><td>组建办公网</td><td></td><td></td><td></td><td></td><td></td><td></td><td></td><td></td></tr>
<tr><td>组建无线网</td><td></td><td></td><td></td><td></td><td></td><td></td><td></td><td></td></tr>
<tr><td>反馈意见</td><td colspan="9"></td></tr>
<tr><td>教师签字</td><td colspan="9"></td></tr>
</table>

续前表

	等级 工作任务	A	B	C
评价标准	组建家庭网	正确安装双网卡和驱动；制作网线符合标准；按网络结构正确地连接网络；正确设置两块网卡参数；成功共享文件；成功共享打印机。	正确安装双网卡和驱动；制作网线符合标准；按网络结构正确地连接网络；正确设置两块网卡参数；共享文件不成功；共享打印机不成功。	正确安装双网卡和驱动；制作网线符合标准；按网络结构正确地连接网络；设置两块网卡参数不正确；共享文件不成功；共享打印机不成功。
	组建宿舍网	制作网线符合标准；按网络结构正确地连接网络；正确设置路由器内网参数；成功共享文件；成功共享打印机；成功架设Web和FTP服务。	制作网线符合标准；按网络结构正确地连接网络；正确设置路由器内网参数；成功共享文件；成功共享打印机；架设Web和FTP服务不成功。	制作网线符合标准；按网络结构正确地连接网络；正确设置路由器内网参数；共享文件不成功或共享打印机不成功或架设Web和FTP服务不成功。
	组建网吧网	制作网线符合标准；按网络结构正确地连接网络；正确设置路由器和交换机内网参数；按要求规划设计计算机网络参数；成功架设Web和FTP服务。	制作网线符合标准；按网络结构正确地连接网络；正确设置路由器和交换机内网参数；未按要求规划设计计算机网络参数或架设Web和FTP服务失败。	制作网线符合标准；按网络结构连接网络或设置路由器和交换机内网参数错误。
	组建办公网	制作网线符合标准；按网络结构正确地连接网络；正确设置路由器和交换机内网参数；按要求规划设计计算机网络参数；成功共享文件；成功共享打印机；成功架设Web和FTP服务。	制作网线符合标准；按网络结构正确地连接网络；正确设置路由器和交换机内网参数；未按要求规划设计计算机网络参数或共享文件、打印机共享；架设Web和FTP服务失败。	制作网线符合标准；按网络结构连接网络或设置路由器和交换机内网参数错误。
	组建无线网	正确连接无线设备与外网设备；正确安装识别无线网卡；正确加入无线网络；正确配置计算机网络参数；成功共享文件；成功共享打印机。	正确连接无线设备与外网设备；正确安装识别无线网卡；加入无线网络错误或配置计算机网络参数错误。	正确连接无线设备与外网设备；安装识别无线网卡错误。

注：未达到C标准的视为D，网线制作标准参照第一单元任务一的评价标准。

问题讨论：

1. 如何组建家庭网？
2. 如何组建宿舍网？

3. 如何组建网吧网?
3. 如何组建办公网?
4. 如何组建无线网络?

相关知识

1. 局域网的分类

局域网根据不同的分类标准通常有以下几种分类方法:

(1) 按拓扑结构分。

局域网可分为总线型、星型、环型等。因此可以将局域网分为总线型局域网、星型局域网、环型局域网等类型。

(2) 按传输介质分。

局域网可分为同轴电缆、双绞线、光纤等。因此可以将局域网分为同轴电缆局域网、双绞线局域网、光纤局域网。若采用无线电波或微波,则称为无线局域网。

(3) 按网络操作系统分。

局域网按所使用的网络操作系统可分为 Microsoft 公司的 Windows NT/2000/2003 网、Novell 公司的 NetWare 网、IBM 公司的 LAN Manager 网、3COM 公司的 3+OPEN 网等。

(4) 按传输速率分。

局域网可分为 10Mb/s 局域网、100Mb/s 局域网、1 000Mb/s 局域网等。

(5) 按交换方式分。

局域网可分为共享式局域网、交换式局域网等。

2. 计算机网络的功能

随着科学技术的发展,资源共享和信息交流变得越来越重要了。一般来说,计算机网络主要有以下功能:

(1) 数据通信。

数据通信即实现计算机与终端、计算机与计算机间的数据传输,是计算机网络的最基本的功能,也是实现其他功能的基础。如电子邮件、传真、信息浏览和远程数据交换等。

(2) 资源共享。

实现计算机网络的主要目的是共享资源。一般情况下,网络中可共享的资源有硬件资源、软件资源和数据资源,其中共享数据资源最为重要。

(3) 集中管理。

计算机网络技术的发展和应用,已使得现代办公、经营管理等发生了很大的变化。目前,已经有了许多 MIS 系统、OA 系统等,通过这些系统可以实现日常工作的集中管理,提高工作效率,增加经济效益。

(4) 分布式处理。

网络技术的发展,使得分布式计算成为可能。利用计算机网络将大型信息处理问题分散到网络中的多台计算机上协同完成。

3. Internet 的产生和发展

1969 年美国国防部高级研究计划管理局（Advanced Research Projects Agency，ARPA）开始建立一个命名为 ARPANET 的网络，将美国的几个军事部门及研究机构用计算机主机连接了起来。最初 ARPANET 只连接了 4 台主机，后来由于学术研究机构及政府机构的加入，该系统连接了 50 所大学和研究机构。1982 年 ARPANET 网又实现了与其他多个网络的互联，从而形成了以 ARPANET 为主干的 Internet。这是 Internet 发展的第一阶段，称为“研究网”，ARPANET 即为早期的骨干网。

Internet 的真正发展是从 1986 年 NSFNET 的建立开始的。最初，美国国家科学基金会（National Science Foundation，NSF）曾试图用 ARPAENT 作为 NSFNET 的通信干线，但这个决策没有取得成功。20 世纪 80 年代是网络技术取得巨大进展的年代，不仅大量涌现出诸如以太网电缆和工作站组成的局域网，而且奠定了建立大规模广域网的技术基础。正是在这时提出了发展 NSFNET 的计划。1988 年底，NSF 把在全国建立的五大超级计算机中心用通信干线连接起来，组成基于 IP 协议的计算机通信网络 NSFNET，并以此作为 Internet 的基础，实现同其他网络的联结。采用 Internet 的名称是在 MILnet 实现和 NSFNET 连接后开始的。此后，其他联邦部门的计算机网相继并入 Internet，如能源科学网、航天技术网、商业网等。从这以后，NSF 巨型计算机中心一直肩负着扩展 Internet 的使命。NSFNET 最终将 Internet 向全社会开放，它至今仍是 Internet 最重要的主干。这是 Internet 发展的第二阶段。

Internet 在 20 世纪 80 年代的扩张不但带来数量的改变，同时也带来了质的某些改变。由于多种学术团体、企业研究机构、个人用户的进入，Internet 的使用者已不再限于计算机专业人员。加入 Internet 除了可以共享 NSFNET 的巨型计算机之外，用户还能够进行相互间的通信，并逐渐把 Internet 作为一种交流与通信的有效工具。

1989 年，CERN 开发成功了 WWW，为 Internet 实现广域超媒体信息检索奠定了基础。20 世纪 90 年代初期，Internet 事实上已成为一个“网中网”，各个子网分别负责自己的架设和运作。

1991 年，美国的一些公司向客户提供 Internet 联网服务，宣布用户可以将它们的 Internet 子网用于任何商业用途，由此，工商企业进入了 Internet。工商企业机构一进入 Internet 这一陌生的世界，就发现了它在通信、资料检索、客户服务等方面的巨大潜力，因此世界各地的无数企业及个人纷纷涌入 Internet，带来 Internet 发展史上的新飞跃。

今天，我国互联网事业正在持续快速地发展，并在普及应用上进入崭新的多元化应用阶段。互联网的影响正逐步渗透到人们生产、生活、工作、学习的各个角落。

4. Internet 接入技术

要将局域网连接到 Internet 上，就必须使用“Internet 网络信息中心（InterNIC）”分配的 IP 地址。“Internet 网络信息中心”分配的 IP 地址，称为公用地址。企事业单位或家庭可向“Internet 服务提供商（ISP）”申请获得公用地址。由于 IP 地址是有限的资源，为网络中数以亿计的主机都分配公用的 IP 地址是不可能的。因此，InterNIC 为公司专用网络提供了保留网络 ID 专用的方案。这些专用网络 ID 包括：

- 子网掩码为 255.0.0.0 的 10.0.0.0；
- 子网掩码为 255.240.0.0 的 172.16.0.0；
- 子网掩码为 255.255.0.0 的 192.168.1.0。

这些范围内的所有地址都称为专用地址，也称私有地址。这些地址不能直接与 Internet 通信。如果某个内部网络使用的是专用地址，又要与 Internet 进行通信，则该专用地址必须转换成公用地址。因此，唯一的办法是为局域网中的用户实现共享 Internet 接入。

将局域网接入 Internet 其实就是将局域网中的一台计算机接入 Internet，然后其他用户共享上网，在对等网中，可以选择任何一台计算机接入 Internet；在 C/S 局域网中，通常接入 Internet 的计算机是网络服务器，该服务器安装"共享 Internet 连接"允许其他用户共享上网，也可以使用代理服务器软件将自己配置成代理服务器，其他用户通过代理服务器上网。还可以通过路由器（或带有路由功能的交换机）接入 Internet。

工作技巧

1. 合理选择局域网拓扑结构

应根据网络环境选择适用的局域网方式。家庭和宿舍的网络都是小型网络，主机主要由个人台式电脑和笔记本电脑组成，移动性较强，需求简单，此类网络建议使用普通无线路由组建，架设简单、灵活性高；网吧网和办公网因其主机数量大，且需要提供特定的网络应用服务，同时对带宽的要求高，这时就需要根据用户需要合理选择拓扑结构，并选择企业级交换机和路由器架设网络。另外，10 个用户以上的网络中不建议有 Hub 的出现。

2. 合理规划计算机名、工作组、IP 地址

在任何局域网中都不应有 IP 地址和计算机名重名的现象出现。标识清楚、IP 地址规划合理的局域网便于管理。如：我们将不同的办公室分配固定的 IP 地址和特定含义的计算机名，一旦网络出现问题，可以方便判断故障位置。

3. 应注意无线设备安装位置

无线设备信号的传输会受到周围障碍物的影响，信号被遮挡的次数越多，它的衰减就越大。安装时应尽量远离遮挡物摆放在高处。在网络中部署多台无线设备时应注意，设备信号区域如果重叠，需要使用不同的信道防止干扰。设置不同的 DHCP 作用域，预防 DHCP 作用域出现重叠。

4. 局域网运行中管理是关键

网络运行中三分靠建设、七分靠管理维护。在一个拥有三四十台计算机的局域网中，一定要注意网络安全策略，例如，关闭服务器中不必要的端口和服务以防止被网络攻击，对路由器出口做流量限制等。在网络初期构建时统一设备和线缆标签是必不可少的，只有简洁、清晰、明确的标签和记录，才能帮助管理人员快速准确地排查故障、维护系统。

任务二　局域网与 Internet 的连接

任务分析

明确了局域网的组建，就可以根据局域网的用户需求和网络规模设计适合接入 Internet 的方式，接下来，我们就来学习如何将局域网接入 Internet。

任务准备

1. 局域网实地勘察

要将局域网接入 Internet，首先，要知道局域网的规模和拓扑结构，比如节点数量、存不存在网络瓶颈等，因此就需要我们实地勘察，了解整个局域网，做到心中有数，这样才能选择适合的方式将局域网接入 Internet。

2. 用户需求调查

知道了局域网规模，我们还要知道局域网用户的实际网络需要、带宽速率，选择适合的带宽速率将局域网接入 Internet。

任务实施

一、通过调制解调器接入 Internet

拨号接入就是利用调制解调器（Modem）将计算机通过电话线与 Internet 连接。目前是家庭上网的常用方式。拨号上网涉及的硬件设备有调制解调器（数字信号与模拟信号的相互转换）、RS-232 数据线、两端带有水晶头的电话线、变压器以及驱动光盘等。

调制解调器俗称为“猫”，是家庭上网必备的硬件设备之一。按照安装方式的不同分为内置和外置两种，内置调制解调器和其他扩展卡类似，也安装在计算机主板的扩展槽中。外置调制解调器独立于机箱外，通过数据线与计算机相连。本节主要介绍外置调制解调器。认识了拨号接入 Internet 所需要的硬件设备后，接下来要进行硬件连接。

1. 硬件连接

(1) 将 RS-232 数据线 25 针插头一端连接在调制解调器背后的 25 针插座中，并拧紧两端的螺丝，另一端 9 针接头连接在计算机机箱后面空闲的 9 针 COM 串口中，并拧紧两端的螺丝。

(2) 将入户的电话线插入调制解调器背面的 Line 接口中。

(3) 将调制解调器配套的电话线一端插入电话机接口，另一端插入调制解调器背面的 Phone 接口中。

(4) 将变压器的直流输出插头插入调制解调器的电源 Power 接口中，另一端插入电源插座的插孔中。

到此硬件连接完成。如图 3—9 所示。

图 3—9 Modem 连接

2. 建立拨号连接

接入 Internet 硬件连接完成并添加调制解调器后，需要建立一个拨号连接才能进行拨号上网。在建立拨号连接之前，用户应当有一个上网账号。可以向当地电信公司申请一个专用账号，也可以使用 ISP 对外提供的公用账号。

建立拨号连接的操作方法如下：

(1) 右击“网上邻居”，从弹出的快捷菜单中单击“属性”命令选项，打开“网络连接”窗口，如图 3—10 所示。

图 3—10 “网络连接”窗口

(2) 单击“新建连接向导”，打开“新建连接向导”对话框，如图 3—11 所示。

(3) 单击“下一步”按钮，打开“欢迎使用新建连接向导”对话框，如图 3—12 所示。

(4) 选择“连接到 Internet”单选按钮，单击“下一步”按钮，打开“Internet 连接”对话框，如图 3—13 所示。

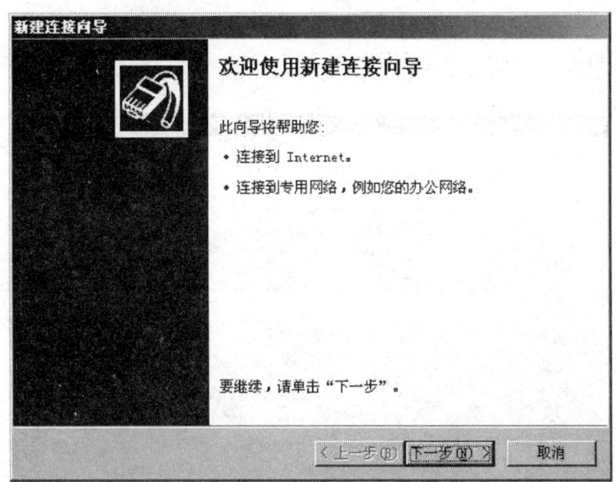

图 3—11　“新建连接向导”对话框

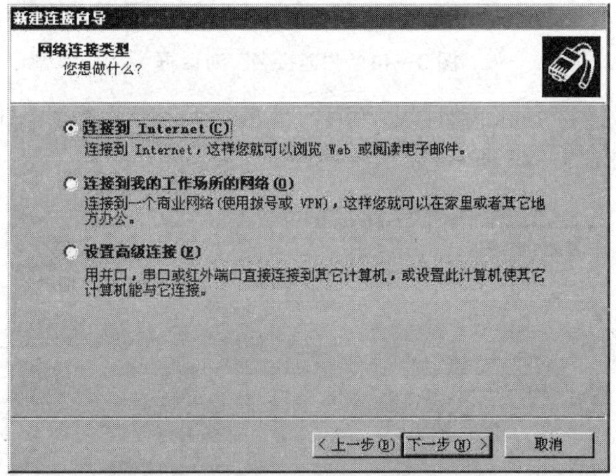

图 3—12　“网络连接类型”对话框

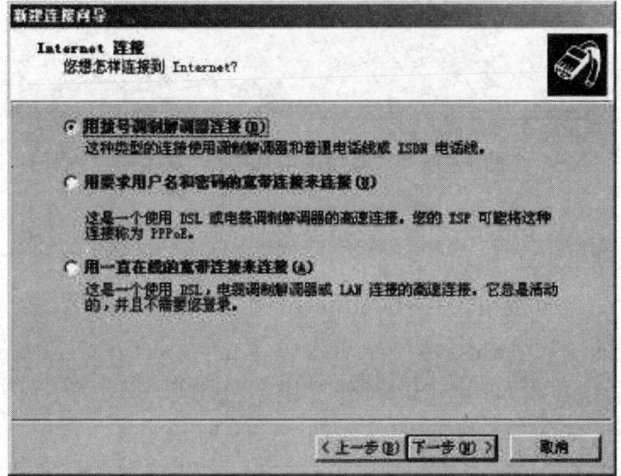

图 3—13　“Internet 连接”对话框

（5）选择“用拨号调制解调器连接”单选按钮，单击“下一步”按钮，打开“连接名”对话框，如图 3—14 所示。

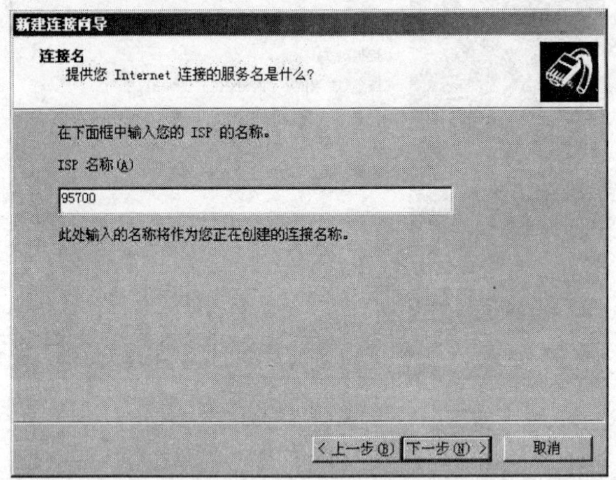

图 3—14　“连接名”对话框

（6）输入拨号连接名称（如：95700），单击“下一步”按钮，打开“要拨的电话号码”对话框，如图 3—15 所示。

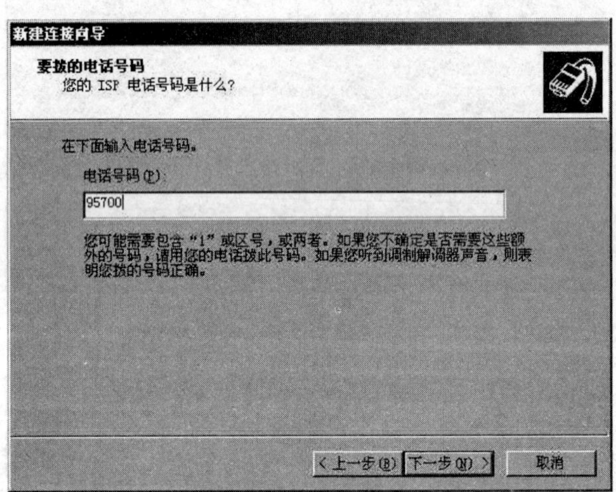

图 3—15　“要拨的电话号码”对话框

（7）输入拨号连接的电话号码（如：95700），单击“下一步”按钮，打开“可用连接”对话框，如图 3—16 所示。

（8）单击“下一步”按钮，打开“Internet 账户信息”对话框，如图 3—17 所示。

（9）输入正确的用户名和密码，并输入确认密码（在申请拨号业务时，电信公司会给用户名和密码，也可以使用 ISP 对外提供的公用账号），单击“下一步”按钮，打开“正在完成新建连接向导”对话框，如图 3—18 所示。

新建连接向导

可用连接
您可使此新连接为任何用户所用或仅为您自己所用。

创建为只是您使用的连接会保存在您的用户帐户中。您登录后才能使用。

创建此连接，为：
任何人使用(A)
只是我使用(M)

〈上一步(B)　下一步(N)〉　取消

图 3—16　“可用连接”对话框

新建连接向导

Internet 帐户信息
您将需要帐户名和密码来登录到您的 Internet 帐户。

输入一个 ISP 帐户名和密码，然后写下保存在安全的地方。(如果您忘记了现存的帐户名或密码，请和您的 ISP 联系。)

用户名(U)：95700
密码(P)：*****
确认密码(C)：*****

任何用户从这台计算机
把它作为默认的 Inte
启用此连接的 Intern

大写锁定打开
保持大写锁定打开可能会使您错误输入密码。
在输入密码前，您应该按“Caps Lock”键来将其关闭。

〈上一步(B)　下一步(N)〉　取消

图 3—17　“Internet 账户信息”对话框

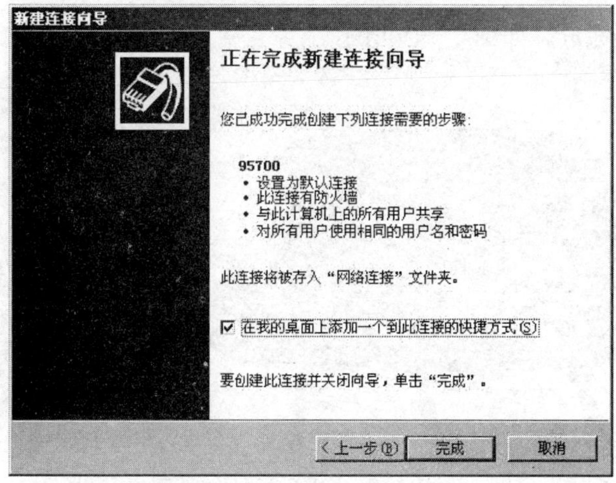

图 3—18　“正在完成新建连接向导”对话框

(10) 选择“在我的桌面上添加一个到此连接的快捷方式”，单击“完成”按钮，创建一个拨号连接，该连接显示在“网络连接”窗口中，并在桌面上创建一个快捷方式。拨号连接之后，就可以启动 IE 上网了。

二、通过 ADSL 宽带接入 Internet

ADSL，英文全称是 Asymmetrical Digital Subscriber Line，中文名称是“非对称数字用户线路”。电话线两端分别放置 ADSL Modem 时，在这段电话线上便产生了三个信息通道：一是速率为 1.5Mbps～9Mbps 的高速下行通道，用于用户下载信息；二是速率为 16kbps～1Mbps 的中速双工通道，用于用户上传输出信息；三是普通的电话服务通道，用于普通电话服务。最关键的是这三个通道可以同时工作，传输距离达 3kM～5kM。

ADSL 与其他调制解调技术的主要区别在于其上下行速率是非对称的，即上下行速率不等。ADSL 技术的高下行速率和相对而言较慢的上行速率非常适于浏览 Internet。它无须修改任何现有协议和网络结构（只需要在电信公司的线路出口和用户的电话线路入口各加一台 ADSL 调制解调器），就可以在电信公司与最终用户间架起一条高速通道。

1. 硬件连接

(1) 将双绞线一端插入计算机网卡接口中，另一端插入 ADSL 的 ETHERNET 接口中。

(2) 将入户的电话线插入 ADSL 分离器的 LINE 接口中。

(3) 将 ADSL 配套的电话线一端插入电话机接口，另一端插入 ADSL 分离器的 Phone 接口中。

(4) 将 ADSL 配套的电话线一端插入 ADSL 分离器的 ADSL 接口，另一端插入 ADSL 的 WAN 接口中。

(5) 将变压器的直流输出插头插入 ADSL 的电源 Power 接口中，另一端插入电源插座的插孔中。

到此硬件连接完成。如图 3—19 所示。

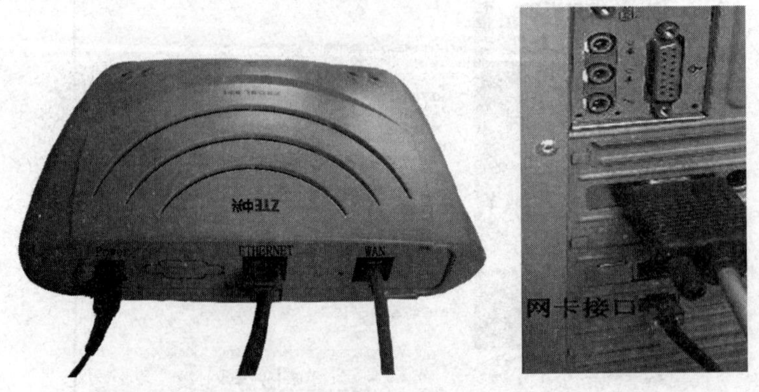

图 3—19 ADSL Modem 连接

2. 建立虚拟拨号连接

与普通拨号连接类似，使用 ADSL 以太网虚拟拨号方式接入 Internet 之前，需要建立一个虚拟拨号连接，操作方法如下：

（1）右击“网上邻居”，从弹出的快捷菜单中单击“属性”命令选项，打开“网络连接”窗口，如图 3—20 所示。

图 3—20 “网络连接”窗口

（2）单击“新建连接向导”，打开“新建连接向导”对话框，如图 3—21 所示。

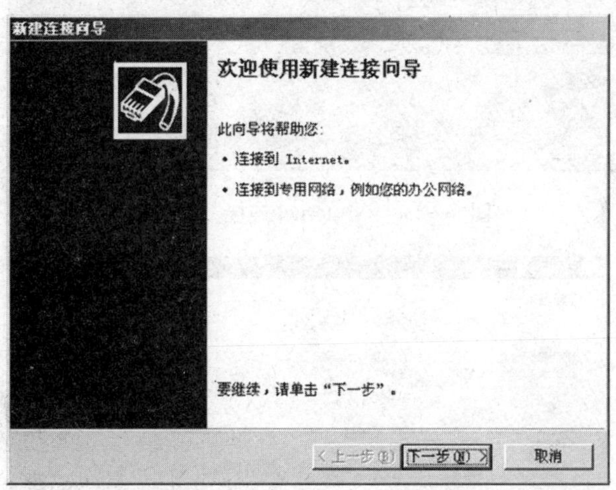

图 3—21 “新建连接向导”对话框

（3）单击“下一步”按钮，打开“网络连接类型”对话框，如图 3—22 所示。

（4）选择“连接到 Internet”单选按钮，单击“下一步”按钮，打开“Internet 连接”对话框，如图 3—23 所示。

（5）选择“用要求用户名和密码的宽带连接来连接”单选按钮，单击“下一步”按钮，打开“连接名”对话框，如图 3—24 所示。

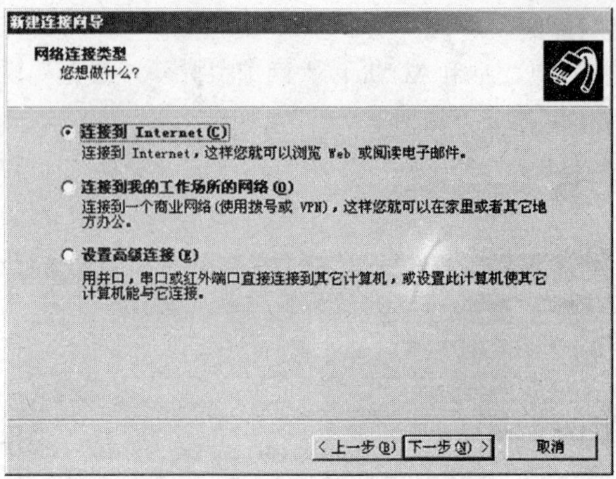

图 3—22 “网络连接类型”对话框

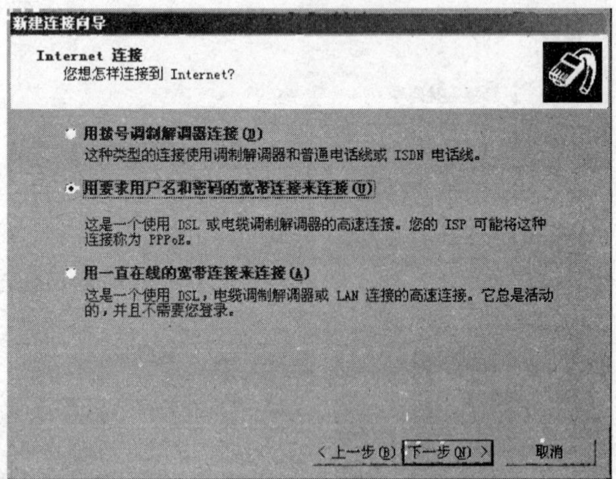

图 3—23 “Internet 连接”对话框

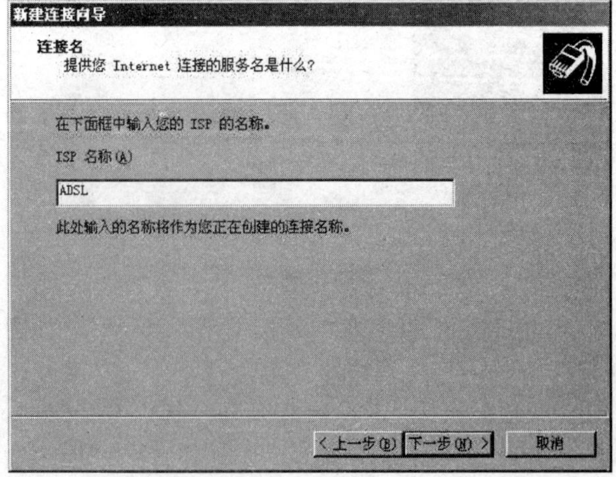

图 3—24 “连接名”对话框

（6）输入 ADSL 拨号连接名称（如：ADSL），单击“下一步”按钮，打开“可用连接”对话框，如图 3—25 所示。

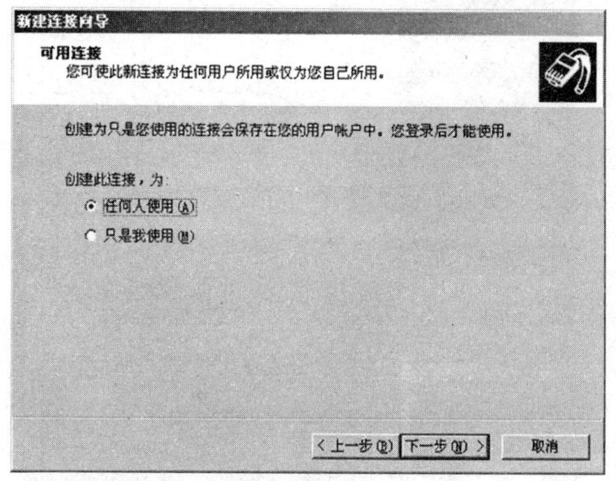

图 3—25　“可用连接”对话框

（7）单击“下一步”按钮，打开“Internet 账户信息”对话框，如图 3—26 所示。

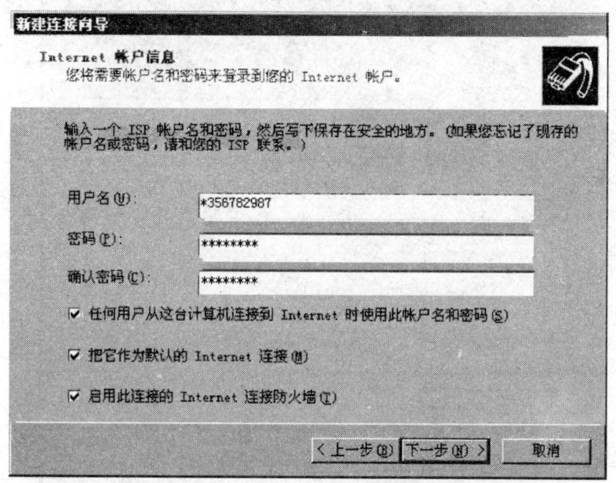

图 3—26　“Internet 账户信息”对话框

（8）输入正确的用户名和密码，并输入确认密码（在申请 ADSL 业务时，电信公司会给用户名和密码），单击“下一步”按钮，打开“正在完成新建连接向导”对话框，如图 3—27 所示。

（9）选择“在我的桌面上添加一个到此连接的快捷方式”，单击“下一步”按钮，打开“连接 ADSL”对话框，如图 3—28 所示。

（10）单击“连接”按钮，开始与 Internet 连接，如图 3—29 所示。连接成功即可上网，并在系统托盘中出现双 PC 小图标。

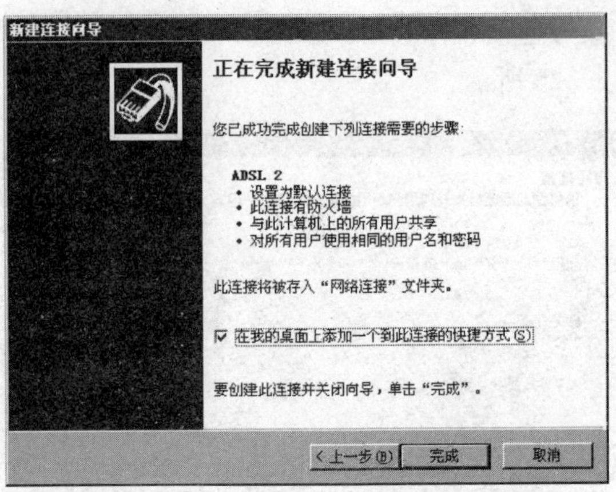

图 3—27 “正在完成新建连接向导”对话框

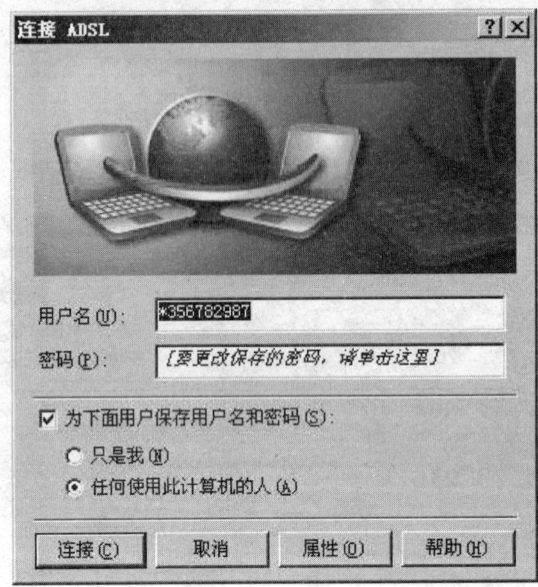

图 3—28 “连接 ADSL”对话框

图 3—29 正在连接 Internet 对话框

(11) 启动 IE，地址栏输入 www. baidu. com 打开百度主页，如图 3—30 所示。

三、通过宽带路由器接入 Internet

对于大型网络，可以采用路由器实现接入 Internet。在使用路由器接入 Internet 时，对于缺少合法 IP 地址的，可以使用 (NAT) 地址转换技术实现内部网络对外部网

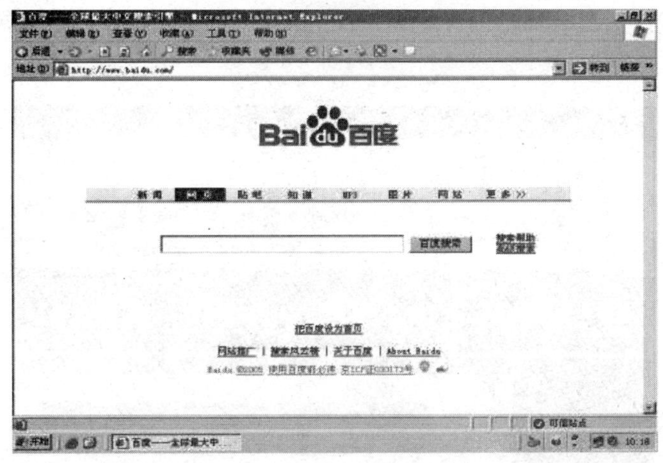

图 3—30　百度主页

络的访问。路由器在收到内部网络中的计算机访问外部网络的 IP 数据包时，将这些专用的 IP 地址转换成公用的 IP 地址，作为 IP 数据包的源地址访问外部网络，当取回的数据包经过路由器时，把该数据包的目标地址转换为相应的局域网内的专用 IP 地址，并把该数据包传送到相应主机，从而达到访问 Internet 的目的。这些功能其实是 NAT（网络地址转换）的一部分。使用路由器局域网的整体性能优于使用代理服务器，目前，大多数局域网通常采用路由器和代理服务器来共同实现 Internet 的接入。我们可以利用 SOHO 路由器（Web 型）和网管型路由器连接 Internet。SOHO 路由器能带动 100 台左右的中小型网络，性能优越的网管型路由器能带动大中型网络。在此主要介绍 SOHO 路由器实现多台计算机接入 Internet 的方法，其具体操作步骤如下：

（1）利用双绞线网线将计算机连入 SOHO 路由器的某一 LAN 接口。

（2）设置计算机网络参数：IP 地址 192.168.1.2，子网掩码 255.255.255.0（通常 SOHO 路由器默认 IP 地址 192.168.1.1）。

（3）启动 IE 浏览器，在地址栏输入“192.168.1.1”，打开 SOHO 路由器配置验证对话框，如图 3—31 所示。

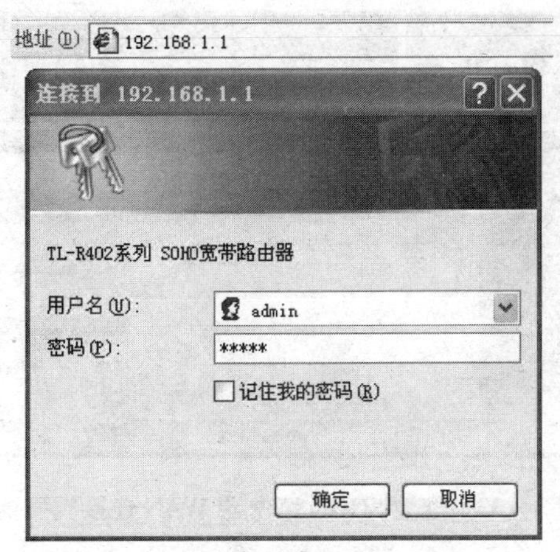

图 3—31　SOHO 路由器配置验证对话框

（4）输入默认用户名和密码（均为“admin”），打开 SOHO 路由器 Web 页面配置窗口，如图 3—32 所示。

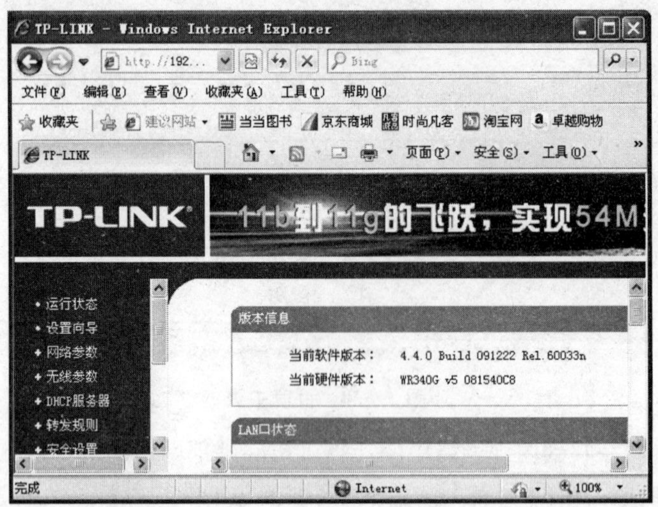

图 3—32 SOHO 路由器 Web 页面配置窗口

（5）单击“网络参数”，展开网络参数配置列表，单击“WAN 口设置”，在右侧窗格展开“WAN 口连接类型”下拉列表，如图 3—33 所示。其中的三个选项：动态 IP，适用于上层启用了 DHCP 服务的网络；静态 IP，适用于申请了固定 IP 地址的网络；PPPoE，适用于通过 ADSL（或社区宽带）接入的网络。在此选择“静态 IP”选项，然后在相应位置输入给定的各项参数（例如，申请专线接入的各项参数：IP 地址 10.66.250.12，子网掩码 255.255.255.254，网管 10.66.250.1，DNS 服务器 202.97.224.68），如图 3—34 所示。

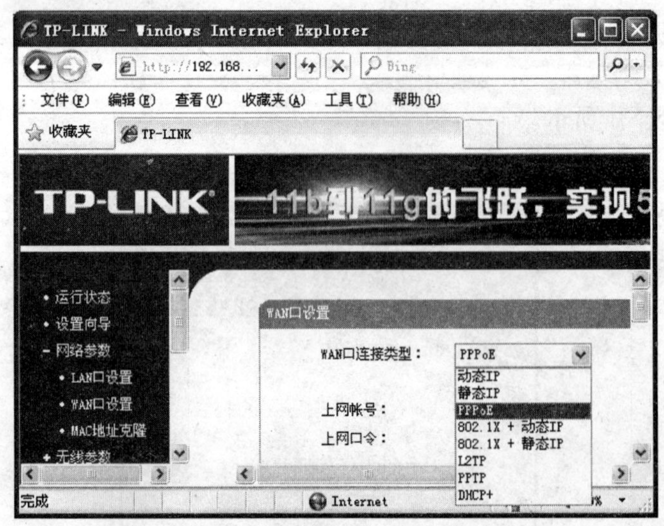

图 3—33 配置 SOHO 路由器 WAN 连接类型窗口

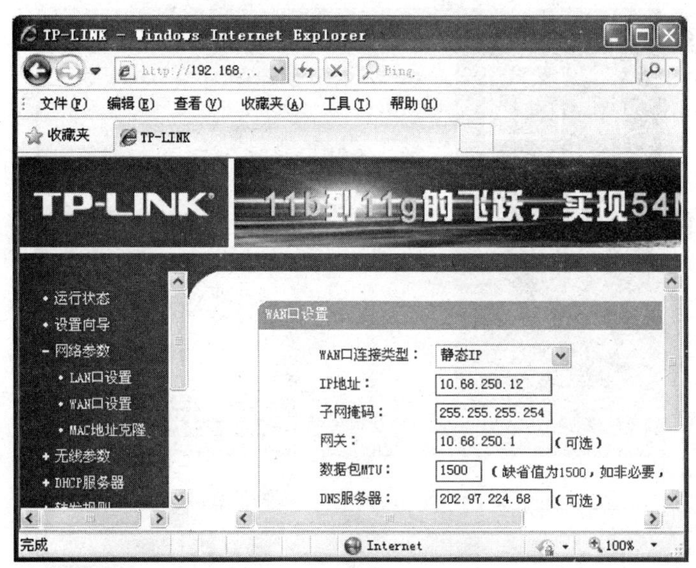

图 3—34 配置 SOHO 路由器网络参数窗口

(6) 单击“保存”按钮，保存 SOHO 路由器的各项设置。

(7) 将网络中的其余计算机设置成与 SOHO 路由器属于同一网段并添加网关 192.168.1.1，即可接入 Internet（若 SOHO 路由器启用 DHCP 服务功能，其余计算机网络参数可设置为自动获取）。

四、通过代理服务器接入 Internet

代理服务器包括 Proxy 代理服务器类型和 NAT 网络地址转换类型两大类，其中 Proxy 类型代理服务器需要安装客户端程序，或对每种网络应用软件进行设置；而 NAT 网络地址转换类型为网关型代理服务器，只需将服务器的 IP 地址设置为客户机的网关，即可实现对 Internet 的访问。目前，比较常用的代理服务器软件有 SyGat、WinGate 和 CCProxy 等。

SyGate 属于网关类型代理服务器，安装和设置十分简单。默认情况下，几乎不用做任何设置即可使用。接下来我们主要学习 SyGate 代理服务器软件的安装和使用。

官方下载网址：http://www.sygate.com。在安装 SyGate 之前，服务器必须连接好硬件并建立 Internet 连接。

1. 安装 SyGate

(1) 双击安装程序图标，当解压完成后，欢迎窗口出现，如图 3—35 所示。

(2) 单击“下一步”，出现“许可证协议”对话框，如图 3—36 所示。

(3) 仔细阅读后单击“是”，出现“选择目的地位置”对话框，如图 3—37 所示。如果你要更改 SyGate 的安装路径，单击“浏览”按钮，在“选择文件夹”对话框中输入要更改的安装路径，然后单击“OK”。如果你所要找的文件夹不存在，则新建立一个文件夹。

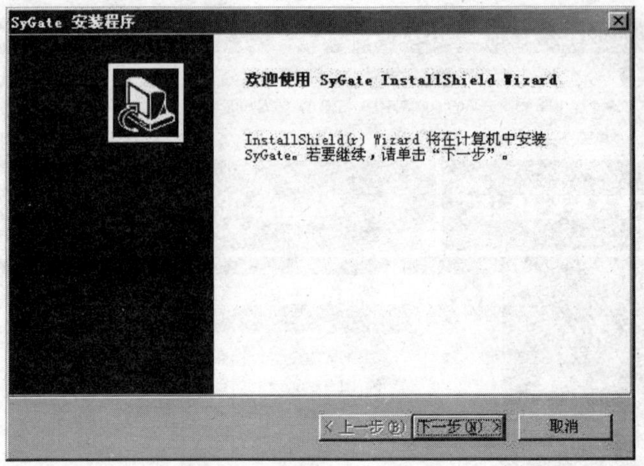

图 3—35 安装 SyGate 欢迎窗口

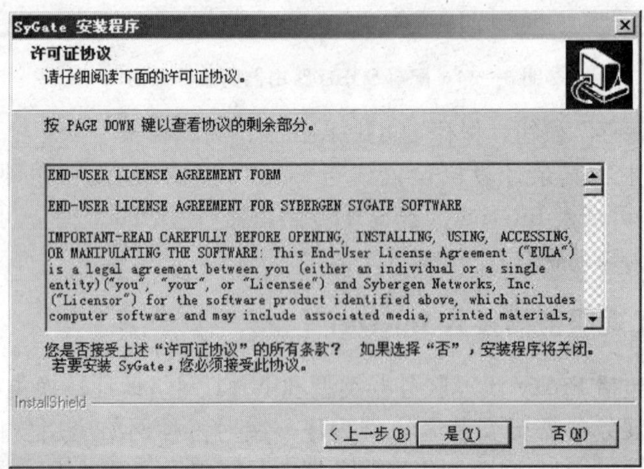

图 3—36 “许可证协议”对话框

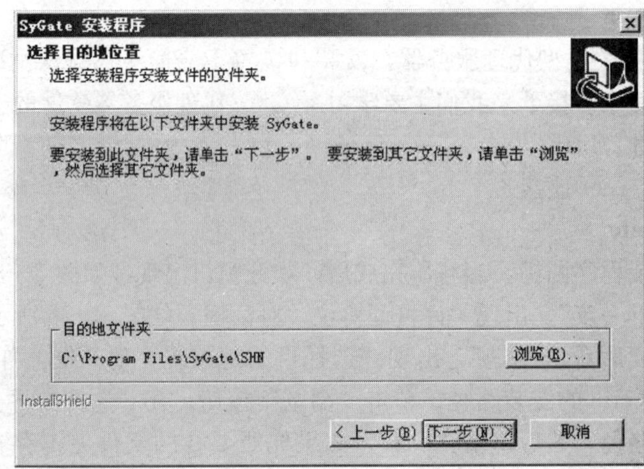

图 3—37 “选择目的地位置”对话框

（4）若不更改安装路径，单击“下一步”，出现“选择程序文件夹”对话框，如果有需要的话，你可以改变程序组名称。如图 3—38 所示。

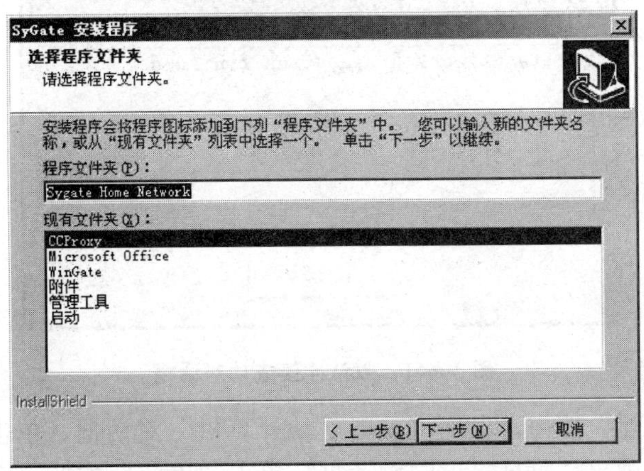

图 3—38　“选择程序文件夹”对话框

（5）若不更改程序组名，单击“下一步”，安装程序开始安装，然后出现“安装设置”对话框，请选择“服务器模式”安装或“客户端模式”安装，如图 3—39 所示。

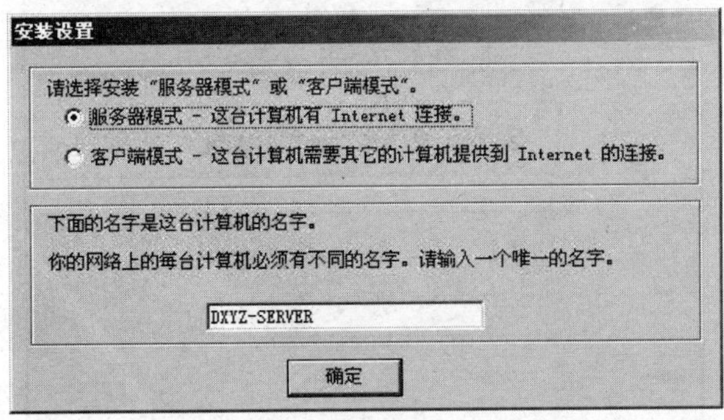

图 3—39　“安装设置”对话框

（6）如果选择“服务器模式”安装，单击“确定”按钮。安装程序开始执行 SyGate 诊断程序（SyGate Diagnostics），该程序将检测默认连接，如图 3—40 所示。

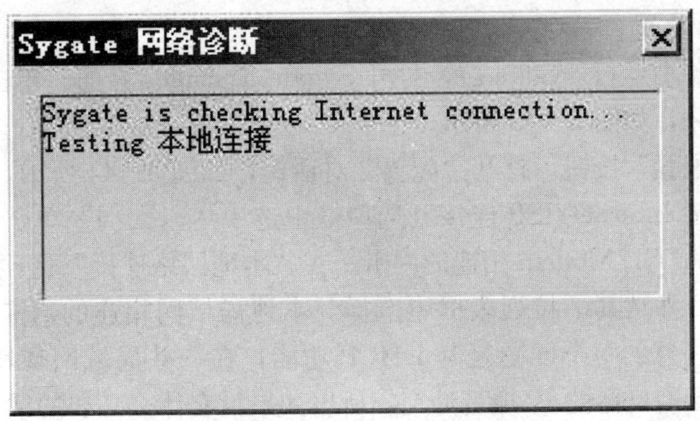

图 3—40　程序将检测默认连接

(7) 连接成功后，将出现默认连接成功对话框，如图 3—41 所示。

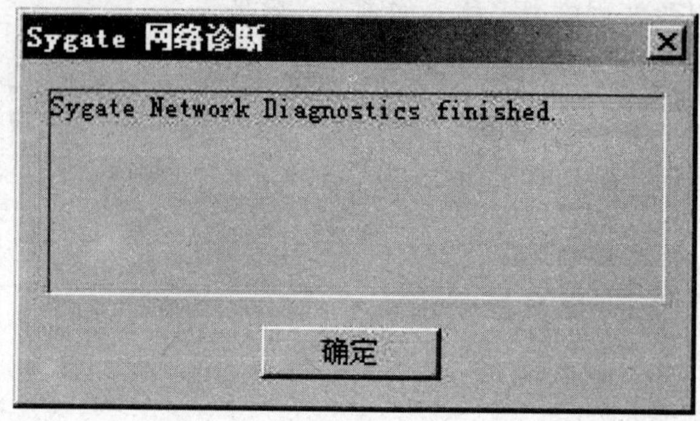

图 3—41 默认连接成功对话框

(8) 单击“确定”按钮，出现“重新启动计算机”对话框。单击“是”按钮，重新启动计算机后，弹出“每日提示”对话框，单击“确定”按钮，完成安装，并显示 SyGate Manager 界面，如图 3—42 所示。

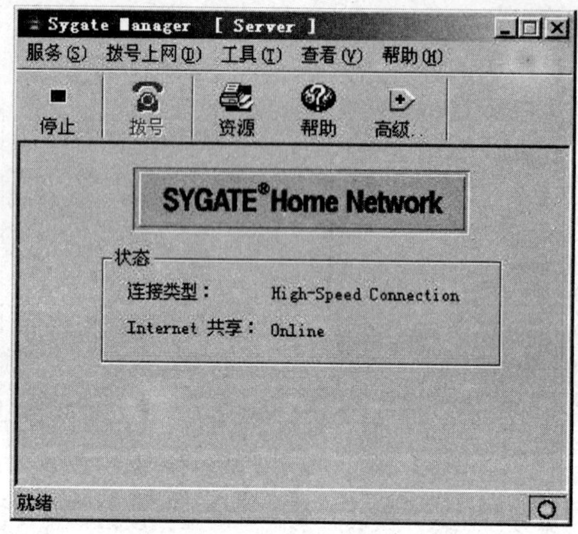

图 3—42 SyGate Manager 界面

2. 服务器端设置

(1) 在服务器端运行 Sygate 后，打开 Sygate Manager 界面。单击“高级”按钮，打开高级设置部分，如图 3—43 所示。

(2) 单击“配置”按钮，打开“配置”对话框，如图 3—44 所示。

(3) 在“直接 Internet/ISP 连接”选项框中选中“以太网”单选按钮，并从下拉列表框中选择与 ADSL Modem 相连的网卡。在“本地网络连接”选项框中选中“手工选择”单选按钮，并从其下拉列表框中选择与本地局域网相连的网卡，如图 3—45 所示。Sygate 值得注意的一个问题是其 DHCP 功能，在一些局域网环境如校园宿舍网，它可能会引起局域网机器的 IP 地址冲突，所以如果没有什么必要的话，最好关闭 Sygate 自带的 DHCP 服务。

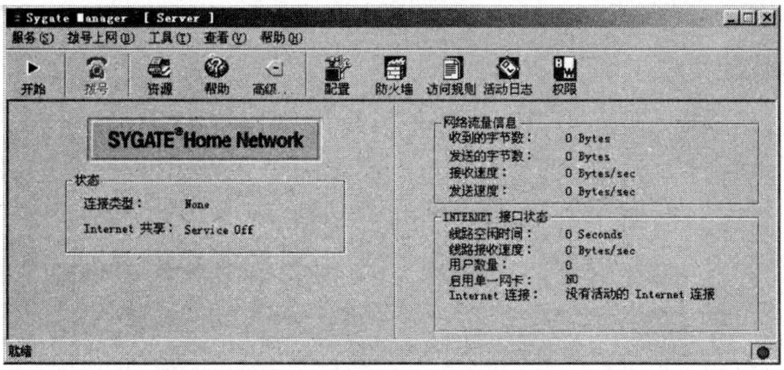

图 3—43　高级设置窗口

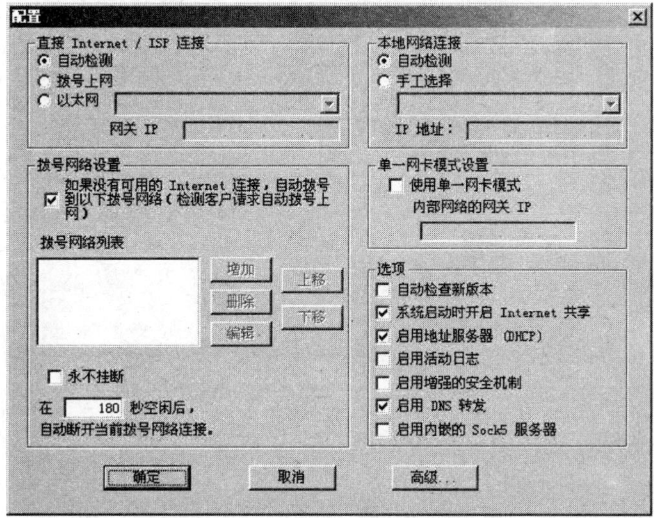

图 3—44　“配置”对话框

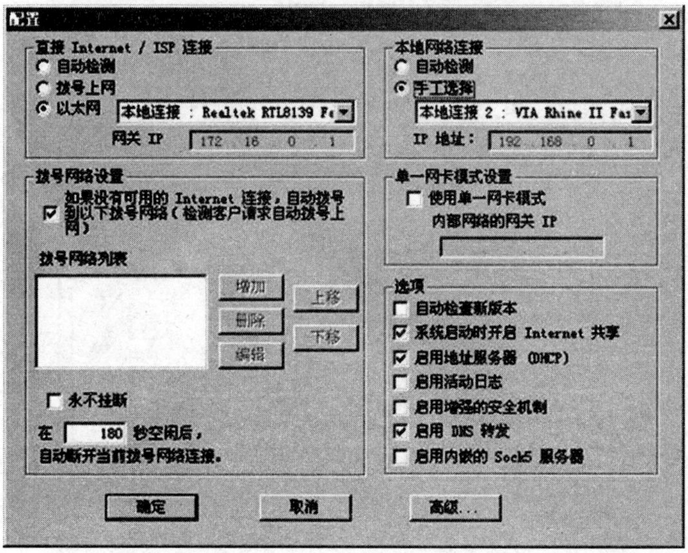

图 3—45　设置“配置”窗口

（4）单击“确定”按钮，返回 Sygate Manager 界面，完成服务器端的设置。

3. 客户端设置

在服务器上安装和设置 SyGate 之后，服务器在局域网中扮演网关的角色。无须在客户机上安装任何软件，只要进行 TCP/IP 设置即可正常共享上网。

一般情况，在客户端指定网关 IP 地址即可共享上网，以 WIN XP 为例介绍如下。

（1）右击“网上邻居”图标，在弹出的快捷菜单中单击“属性”命令选项，打开“网络连接”窗口，如图 3—46 所示。

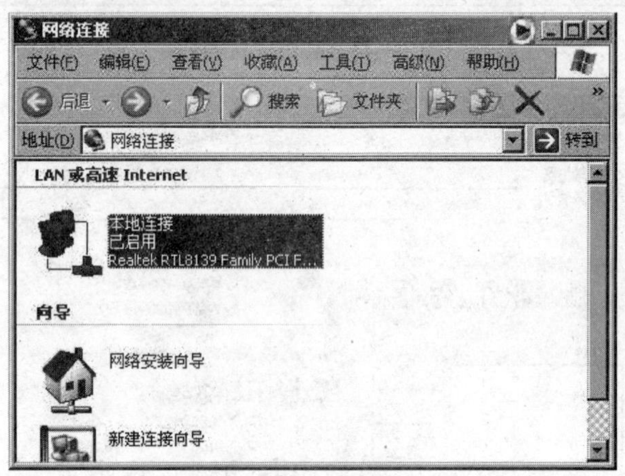

图 3—46 “网络连接”窗口

（2）右击“本地连接”图标，在弹出的快捷菜单中单击“属性”命令选项，打开“本地连接属性”对话框，如图 3—47 所示。

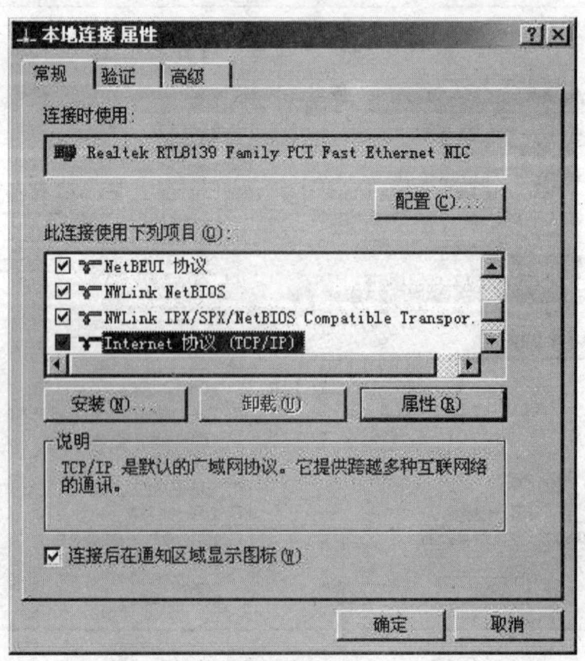

图 3—47 “本地连接属性”对话框

（3）在“此连接使用下列项目”列表框中选中“Internet 协议（TCP/IP）”，单击“属性”按钮，打开“Internet 协议（TCP/IP）属性”对话框，如图 3—48 所示。

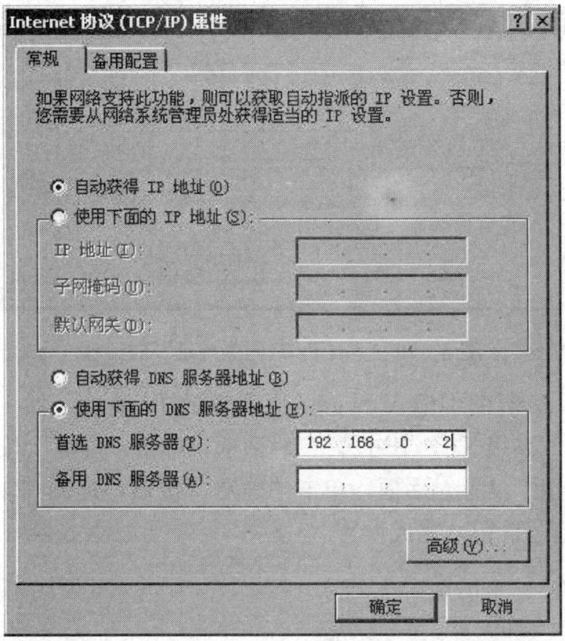

图 3—48　“Internet 协议（TCP/IP）属性”对话框

（4）单击“高级”按钮，打开“高级 TCP/IP 设置”对话框，如图 3—49 所示。

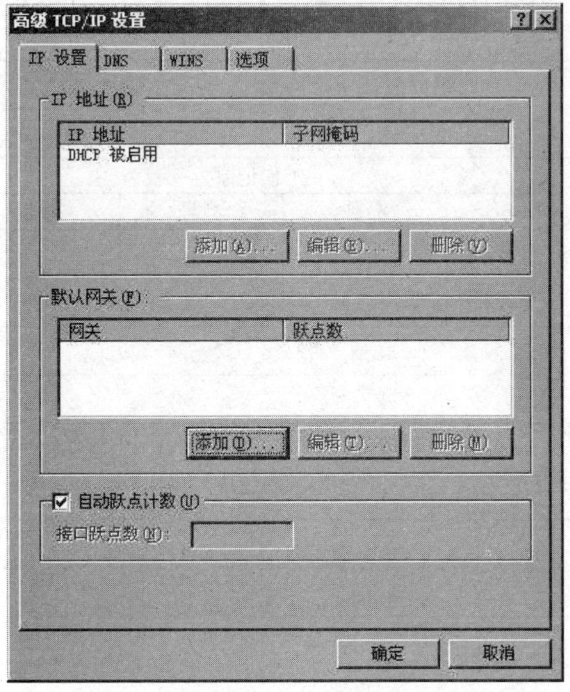

图 3—49　“高级 TCP/IP 设置”对话框

（5）在“默认网关”框中单击“添加”按钮，打开“TCP/IP 网关地址”对话框，如图 3—50 所示。

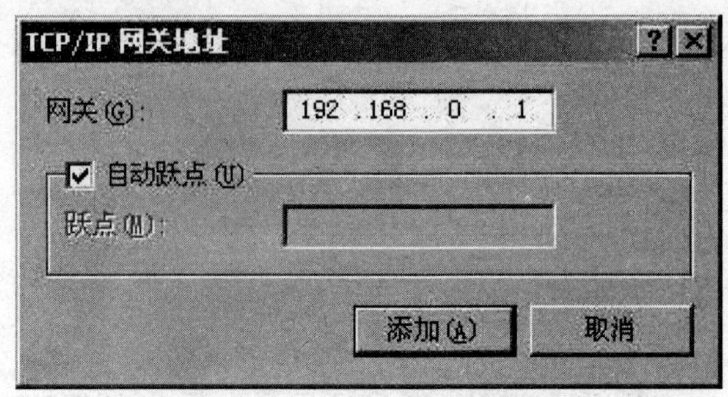

图 3—50 “TCP/IP 网关地址”对话框

（6）在“网关”编辑框中输入 Sygate 服务器的 IP 地址（如 192.168.1.1），单击“添加”按钮，返回“高级 TCP/IP 设置”对话框，单击“确定”按钮，返回“Internet 协议（TCP/IP）属性”设置对话框，单击“确定”按钮，返回“本地连接属性”设置对话框。单击“确定”按钮，完成设置。

工作页与评价

<table>
<tr><td>第三单元</td><td colspan="9">局域网接入 Internet</td></tr>
<tr><td>工作名称</td><td colspan="9">任务二：局域网与 Internet 的连接</td></tr>
<tr><td>工作时间</td><td colspan="3">年　月　日</td><td>地点</td><td></td><td>工作组号</td><td colspan="3"></td></tr>
<tr><td>工作材料</td><td colspan="9"></td></tr>
<tr><td>小组成员</td><td colspan="9">组长：　　　　组员：</td></tr>
<tr><td>工作目标</td><td colspan="9"></td></tr>
<tr><td rowspan="8">工作过程</td><td rowspan="2">工作任务</td><td colspan="4">工作记录</td><td colspan="4">评价</td></tr>
<tr><td></td><td>品牌</td><td>型号</td><td>数量</td><td>A</td><td>B</td><td>C</td><td>D</td></tr>
<tr><td rowspan="2">网络规模</td><td>计算机</td><td></td><td></td><td></td><td rowspan="2"></td><td rowspan="2"></td><td rowspan="2"></td><td rowspan="2"></td></tr>
<tr><td>交换机</td><td></td><td></td><td></td></tr>
<tr><td>用户需求</td><td colspan="4"></td><td></td><td></td><td></td><td></td></tr>
<tr><td>接入方式</td><td colspan="4"></td><td></td><td></td><td></td><td></td></tr>
<tr><td>网络测试</td><td colspan="4"></td><td></td><td></td><td></td><td></td></tr>
<tr><td>服务支持</td><td colspan="4"></td><td></td><td></td><td></td><td></td></tr>
<tr><td>反馈意见</td><td colspan="9"></td></tr>
<tr><td>教师签字</td><td colspan="9"></td></tr>
</table>

	等级 工作任务	A	B	C
评价标准	通过调制解调器接入 Internet	正确连接调制解调器和电脑主机；正确配置调制解调器；正确建立拨号连接；正确拨号并通过网页测试接入 Internet。	正确连接调制解调器和电脑主机；正确配置调制解调器；正确建立拨号连接；拨号并通过网页测试接入 Internet 不正确。	正确连接调制解调器和电脑主机；正确配置调制解调器；建立拨号连接不正确；拨号并通过网页测试接入 Internet 不正确。
	通过 ADSL 宽带接入 Internet	正确连接 ADSL 调制解调器和电脑主机；正确配置 ADSL 调制解调器；正确建立 ADSL 拨号连接；正确拨号且通过网页测试接入 Internet。	正确连接 ADSL 调制解调器和电脑主机；正确配置 ADSL 调制解调器；正确建立 ADSL 拨号连接；拨号且通过网页测试接入 Internet 不正确。	正确连接 ADSL 调制解调器和电脑主机；正确配置 ADSL 调制解调器；建立 ADSL 拨号连接不正确。
	通过宽带路由器接入 Internet	正确连接宽带路由器和电脑主机；正确配置宽带路由器；正确配置电脑主机；通过网页测试接入 Internet。	正确连接宽带路由器和电脑主机；正确配置宽带路由器；正确配置电脑主机；通过网页测试接入 Internet 不正确。	正确连接宽带路由器和电脑主机；配置宽带路由器不正确或配置电脑主机不正确。
	通过代理服务器接入 Internet	正确配置代理服务器软件；正确配置客户端；通过网页测试接入 Internet。	正确配置代理服务器软件；正确配置客户端；通过网页测试接入 Internet 不正常。	正确配置代理服务器软件；配置客户端不正确；通过网页测试接入 Internet 不正常。

注：未达到 C 标准的视为 D。

问题讨论：

1. 如何通过调制解调器接入 Internet?
2. 如何通过 ADSL 宽带接入 Internet?
3. 如何通过宽带路由器接入 Internet?
4. 如何通过代理服务器接入 Internet?

相关知识

1. 网络服务器

网络服务器（Server）是运行网络操作系统，为网上用户提供通信控制、管理和共享资源。网络服务器是网络的核心设备。根据局域网的规模及服务器所担负的功能不同，对服务器的要求也不同。例如，如果网络规模较小，用户基本上可将任何一台计算机作为服务器使用。但是，在一般情况下，人们对服务器都会提出一些特殊的要求，例如，要求它较一般的计算机数据处理更快、更安全，内存与硬盘容量更大等。通常我们可以采用较高性能的微机或专用服务器等。

（1）网络服务器的功能。

1）运行网络操作系统。

这是服务器的最主要的功能。通过网络操作系统控制和协调网络各工作站的运行，处理和响应各工作站同时发来的各种网络操作请求。

2）存储和管理网络中的共享资源。

网络系统中共享的数据库、文件、应用程序等软件资源；大容量硬盘、打印机、绘图仪及其他贵重设备等硬件资源均存放或挂靠在网络服务器中，由网络操作系统对这些资源进行分配管理，使各工作站得以共享这些资源。

3）网络管理员在网络服务器上对各工作站的活动进行监视控制及调整。

4）在客户机/服务器体系结构中，网络系统服务器不仅充当文件夹服务器，还应具有为各网络系统工作站的应用程序服务的功能。

（2）网络服务器的分类。

网络服务器按用途分为网络服务器、文件服务器、数据库服务器、打印服务器等，按操作系统可划分为 UNIX 服务器、NT 服务器、LINUX 服务器等；按网络规模可分为工作组服务器、部门级服务器、企业级服务器等。

2. 网络客户机

客户机（又称工作站）是连入网络的、具有独立运行功能并且接受网络服务器控制和管理的共享网络资源的计算机。客户机通过网卡和通信介质连接到网络上，每台客户机仍保持微型计算机的原有功能。客户机上运行的软件包括客户机启动程序和客户机实用程序，通过网络对网络服务器进行访问，从服务器中取得程序和数据后，在客户机上执行，对数据进行加工处理后，又将处理结果存回到网络服务器中。

3. 以太网类型

目前，通常人们所说的局域网就是指以太网，诞生于 1973 年，最早起源于美国的夏威夷大学，当时以太网带宽只有 3Mb/s。它主要采用 CSMA/CD（载波监听多路访问/冲突检测）控制协议工作方式，网络中的所有用户共享传输介质，信息通过广播方式发送到所有端口。以太网通常按照带宽标准分为标准以太网、百兆以太网、千兆以太网等。

（1）标准以太网。

1983 年，IEEE（国际电气和电子工程师协会）正式批准第一个以太网工业标准（IEEE802.3），明确标准带宽为 10Mb/s。它以直径为 1cm 的细同轴电缆（Coaxial Cable）为通信介质，电缆阻抗为 50 欧姆，最大传输距离为 200m，通常称为 10Base2 网络。其含义为：10 表示网络传输速率为 10Mb/s，Base 表示基带（数字信号）传输，2 表示通信介质采用细同轴电缆，最大传输距离为 200m。

（2）百兆以太网。

随着以太网技术的不断发展，1955 年，IEEE 正式通过 IEEE802.3u 工业标准，即 100BaseT 快速以太网（Fast Ethernet）标准，由此百兆以太网诞生。目前局域网中主要采用百兆以太网技术，传输介质主要采用 5 类 UTP，仍然保留 CSMA/CD 的传输控制方式，完全兼容 10BaseT 以太网。

（3）千兆以太网。

1998 年，IEEE 正式通过 IEEE802.3z 工业标准，定义了超高速以太网的规格。超高速以太网必须拥有 1 000Mb/s 的数据传输速率，传输介质主要采用光纤。此外，IEEE802.3z 标准附带了一个 1 000BaseT 的条款，可利用 5 类以上的 UTP 构建千兆以太网的规格。目前，千兆以太网主要应用在局域网的主干部分。

4. 代理服务器的概念

代理服务器是指那些自己不能执行某种操作的计算机，通过一台服务器来执行该操作，该服务器即为代理服务器。代理服务器能实现网络内部专用地址到公用地址的转换，它是伴随着 Internet 而出现的网络服务技术，它可以实现网络的安全过滤、流量控制（减少 Internet 使用费）、用户管理等功能，因此代理服务器对家庭网络、小型企业网络的用户十分有用。

5. 代理服务器的功能

代理服务器能代理网络用户获取网络信息，形象地说它是网络信息的“中转站”。使用 IE 浏览器浏览信息时，如果使用代理服务器，浏览器就不直接到 Web 服务器去取回网页，而是向代理服务器发出请求，由代理服务器取回浏览器所需要的信息。代理服务器还提供了安全功能和缓存功能，通过服务、IP 地址和端口的限制代理服务器可提高网络的安全性，实现防火墙的功能。使用代理服务器，可以帮助系统管理员便捷、有效地实现 Internet 访问管理。代理服务器软件需要安装在一台同时跨越外部网络和内部网络的计算机上。使用代理服务器可以使局域网中的用户通过使用同一条线路连接到 Internet 上。

工作技巧

1. ADSL 使用技巧

（1）ADSL 不能使用电话的分机线。

（2）分线器一定要接在电话线引入线总线的位置上，Line 口接电话线进线，Phone 口接所有的分机电话线，ADSL 或 Modem 口接上网处的电话线。

（3）当有人打电话时出现断网现象，说明分线器连接错误或坏了。

2. 宽带路由器使用技巧

（1）路由器初始 IP 地址建议更改，提高安全性。

（2）路由器管理员账户不使用默认密码。

（3）通过 WAN 口路由方式上网时要注意外网线必须接在路由器 WAN 口上。

（4）在路由器中可以将 IP 地址和 MAC 地址绑定。

（5）路由器都有 RESET 键，当设备配置错误时或者管理员密码遗忘时，可以用 RESET 键恢复出厂设置。

3. 代理服务器使用技巧

（1）内网卡和外网卡的 IP 地址不能在同一网段。

（2）注意配置代理服务器时，不要启用过强的安全机制和使用防火墙功能。同时注意关闭本地系统的防火墙软件。

单元小结

本单元主要学习了常见局域网的组建及局域网接入 Internet 的方法，重点介绍了调制解调器、ADSL、宽带路由器、Internet 连接共享、代理服务器接入 Internet 的安装及配置方法，通过本单元的学习，能够独立设计和组建局域网并将局域网接入 Internet。

思考与练习

某单位想组建一个局域网，实现 4 个部门集中网络办公，办公室需要 3 台计算机和一台打印机，核算部门需要 20 台计算机和一台打印机，规划部门需要 30 台计算机和一台打印机，设计部门需要 45 台计算机和一台打印机，每部门单独组成一个独立的工作子网，同时在网络信息中心需要有两台服务器负责信息发布和文件传输。请你为该单位规划设计局域网，解决以下问题：

1. 选购计算机、网络设备与耗材并给出采购预算。
2. 规划设计网络，画出网络拓扑结构及施工走线路由草图。
3. 安装网络协议。
4. 规划网络 IP 地址、工作组与计算机名。
5. 安装和配置网络打印机。
6. 安装和配置 IIS。
7. 安装和配置 DNS 和 DHCP 服务。
8. 将整个局域网接入 Internet。

第四单元 局域网管理与维护

知识目标

1. 熟悉网络综合布线系统相关知识；
2. 熟悉 NTFS 权限与用户账户相关知识；
3. 熟悉系统防火墙相关知识；
4. 熟悉 DNS 和 DHCP 服务相关知识；
5. 熟悉远程管理与协助相关知识；
6. 能查找综合网络布线系统的故障；
7. 能进行网络故障分析与排除；
8. 能利用系统维护工具查看网络运行信息；
9. 能排查系统防火墙、DNS 和 DHCP 服务器故障；
10. 能排查无线网络故障；
11. 初步形成耐心细致、科学严谨的工作作风；
12. 初步锻炼语言表达和与人沟通的社会交流能力。

工作情境

某单位组建了有线和无线网络混合型局域网，局域网内的所有计算机均实现了资源共享、文件传输、上网冲浪和收发电子邮件，但有时会出现一定的网络故障，假如你是该单位的网络管理员，你该如何管理和维护该局域网。

工作分析

要想管理和维护好局域网，首先要熟悉局域网的管理和维护，我们要具备局域网管理和维护方面的知识。

任务一　局域网的管理

任务分析

要想管理好局域网，首先要知道局域网的综合布线，明确综合布线系统的管理，其次，要熟悉网络用户及 NTFS 文件系统的权限、系统防火墙管理、DNS 服务器管理、DHCP 服务器管理、远程管理与远程协助。

任务准备

（1）局域网网络拓扑结构及详细的网络布线走线路由。

（2）相关系统盘及系统工具软件。

任务实施

一、网络布线管理

局域网通常分布在一座大楼或几座大楼之间，其网络连线和设备要跨越不同的房间，不同的楼层、甚至跨越不同的大楼。局域网若随意地布线可能会造成布线空间拥挤或天花板超重，或者楼道内飞线走壁，或者墙壁和门框孔眼四起，既影响美观又影响网络性能，严重的还可能引起火灾等意外事故。所以，需要采用规范化的技术，在建筑物中预先埋设具有灵活和扩展能力的线缆，满足用户的网络连线需要。

综合布线系统很好地解决了上述局域网布线问题，不仅能够满足计算机网络和现代化通信技术的要求，而且已成为一种国际性的标准。综合布线是网络的基础设施，是网络的神经系统。它承担着语音、数据、图像等系统信号的传输通道。现代网络建设的思想是：模块化、开放性、灵活性、可扩展，缆线的用途、信号的路径可随需而变。随着布线系统的使用、网络的发展，用户要根据需要对缆线移动、添加、改动，这时就需要在设备间（主机房）及配线间（楼层分机房）的配线架进行跳线，而众多的缆线若没有一个合理的管理体系将很难办。所以，一个局域网络要能很好地运行，则必须有一个能高效管理的机制，使得网络在配置、增减、改动、维护等日常网管中有据可查。

网络配线管理是针对配线间、工作区的配线架、线缆、跳线、信息插座等设施，按照一定的约定规则进行标识并记录而形成文档，为用户进行网络系统的维护、管理提供方便。布线管理的过程贯穿着网络的设计、施工、竣工交付等，每一步都很重要。有效管理的要求是：数据准确，记录良好。这个要求很重要，随着线缆的增多、工程的进行，若工作不细致而有疏漏，那将会带来很大的麻烦。

有效管理的主要手段就是标识，我们要标识线路经过的所有环节。这里的线路指的是工作区中的信息插座中水平线缆的线头、信息面板的插孔、配线架上的线头、配线架上的模块、配线架前面的插孔、跳线的两端线头。标识的方法就是以字母和数字的组合对唯一的线路进行标志，字母代表着线路担负的用途，数字代表着楼号、楼层号及信息点号。在工程进行过程中要不断地在实物上做标志，以示记录。工程中的记录很重要，特别是放线的时候，稍有疏漏，就不知线股中哪个线头是几号线。

配线管理包括设计、施工、竣工和配置维护几个阶段。

1. 设计阶段

设计阶段要与用户进行有效沟通，确定每个工作区的信号数量及位置，制作出工程的CAD平面图，并在平面图上对每一个信息进行编号。明确标记各个信息点的“名称”。如：D101、T101，D就是DATA的首字母，T是TELEPHONE的首字母，101的第一个1是第一层，01代表第一号信息点，D101合起来就是“1层01号数据点”，T101合起来就是“1层01号语音点”。由于采用数据、语音双备份水平布系统，因此编号都是成对出现。关于编号，还有一点要说明，有些有关这方面的文章建议要加上第几栋楼、第几号房间、第几号机柜、第几号配线架等。

在图上的编排也要有一定的“顺序”，一个工作区的编号就是一个号码段，相邻工作区的编号一定要衔接。

信息点的编号代表着一条信息路径的编号，贯穿着水平布线系统的始终，包括：信息面板、信息插座里的线头、对应的配线架上的线头、配线架上的信息模块、配线架面板上的插孔，全部需要将这个信息点的编号标志上去。

2. 施工阶段

施工阶段是对信息点编号的具体实施，主要工作包括：放线时标志、理线时标志、打线时标志。要求做到：按平面图准确标志，步步为营，连续不断。

网络工程中在布好线槽后就是放线，也就是水平布线系统的放线，放线一般是从中间向信息点和配线间两头放。按一个信息点放一根双绞线，先用油性笔在线头上写上D101、T101等信息点的编号，并在双绞线的纸箱上记下正在放的线的编号，然后往信息点放线并估算出到配线间的线的量，剪断并将记在纸箱上的编号写在剪断的线头上。依此类推，这样放完所有信息点后，将所有通信配线间的线头拧成一股，一次性放线到配线间。

上述工作做完后，就要在配线间“理线”，之所在要理线，是因为到配线间这段的长度我们是估算的，因此还要剪掉过长的线头，这时边剪边把编号标志好。

接下来就要开始打线，打线时一般还要对线头进行进一步的修剪，以使到达信息面板和RJ-45配线架的线头达到合适的长度，不要使线头过长。经过这步修剪后就可以在线头上标志上最终的编号了。有条件的可以用标识打印机打印这些编号的标签并贴到线头上、信息面板上、配线架模块上、配线架插孔上。没有条件的依然用油性笔在线头上写，在信息面板和配线架厂家提供的插入式标签上写。

3. 竣工阶段

竣工阶段还要完善平面图的内容，甚至信息点的编号，因为在实际工程中会对原先的设计图纸进行改动，竣工以后要以施工工程人员手上的修改图纸为准做出竣工图纸。这是交付给用户的最终版平面图，这个最终版的平面图上的信息点编号一定是完工后的真实编号，是将来网管的主要依据之一。除了竣工平面图，我们还可以再制作一个完整的信息点的列表，在这个列表上标明信息点所处位置、信息点编号，还可预留出多个空列以方便将来网管人员填上信息点的 IP 地址、网关号、子网掩码、MAC 地址、所属 VLAN 等等内容。

4. 配置维护阶段

配置维护阶段是网络交付用户以后，网络管理员接手网络进行配置维护的阶段。网络管理员将根据本单位的实际需要对不同的信息点进行功能的分类，通过跳线在 RJ-45 配线架和交换机或语音跳线架之间进行跳接，以实现网络的真正连通。

综合布线系统的最大特性就是利用同一接口和同一种传输介质，让各种不同信息在上面传输，同时利用配线跳接方式，来灵活控制每个桌面信息点的应用功能。配线架作为综合布线系统的核心产品，起着传输信号的灵活转接、灵活分配以及综合统一管理的作用，又因为综合布线系统的最大特性就是利用同一接口和同一种传输介质，让各种不同信息在上面传输，而这一特性的实现主要通过连接不同信息的配线架之间的跳接来完成的。所以一个网络在建成后，对网络线路的管理只能也只需要通过配线架来进行，水平布线线路的用途可以随需而变。网络管理员将根据工作区中信息点的用途（是用作语音还是用作数据），通过语音跳线与 110 语音跳线架上的接口接来自电话主机房的多对语音线缆，或用数据跳线与指定的交换机端口接通。

所以配线架上一个良好的、准确无误的编码系统对此时的配线工作是多么重要。还有一点是对跳线的管理，在配线架上用的跳线在使用时也要按跳线的相应编码在线的两头标志编号，使接在交换机上的线头一目了然。另外，对跳线的选择我们应采用市场上出售的五颜六色的跳线，这样可以按工作组的不同用不同颜色的跳线进行区分，使对配线的管理更多了一层直观性。

二、NTFS 权限与用户管理

1. 设置 NTFS 权限

（1）磁盘分区文件系统的转换。

NTFS 权限的设置只能在被格式化为 NTFS 文件系统的驱动器上实现，FAT 和 FAT32 文件系统是不能设置 NTFS 权限的。磁盘分区文件系统的转换，可以进行如下操作：

①右击“开始”按钮，选择“资源管理器”，打开“资源管理器”窗口，如图 4—1 所示。

②在左侧的文件夹窗格中，向下拖动滚动条露出要查看文件系统的磁盘驱动器（如“E 盘”），右击“E 盘”驱动器，选择“属性”，打开“磁盘属性”对话框，在“常规”选项卡中可以查看文件系统，如图 4—2 所示。

③若磁盘分区为非 NTFS 文件系统，可以通过 convert 命令将其转换为 NTFS 文件系统，convert 命令在转换文件系统时不会破坏磁盘中的数据，若将 E 盘转换为 NTFS 文件系统，具体操作方法如图 4—3 所示。

④执行 convert 命令后，将 E 盘转换为 NTFS 文件系统，如图 4—4 所示。

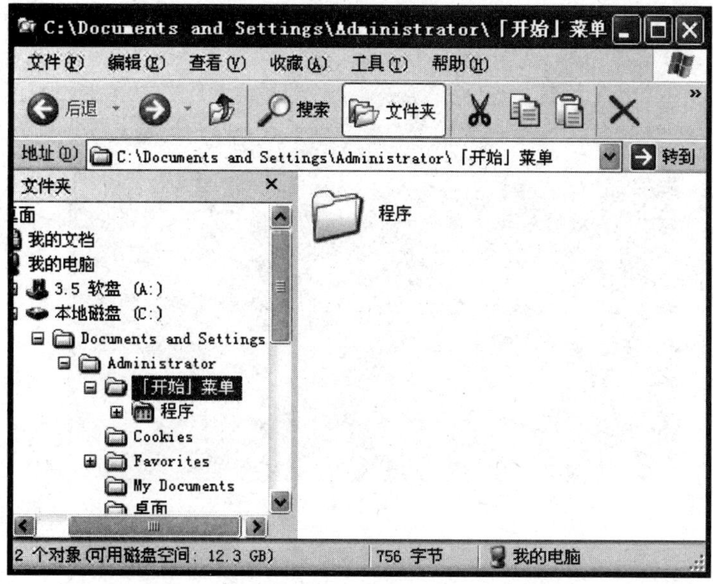

图 4—1　资源管理器窗口

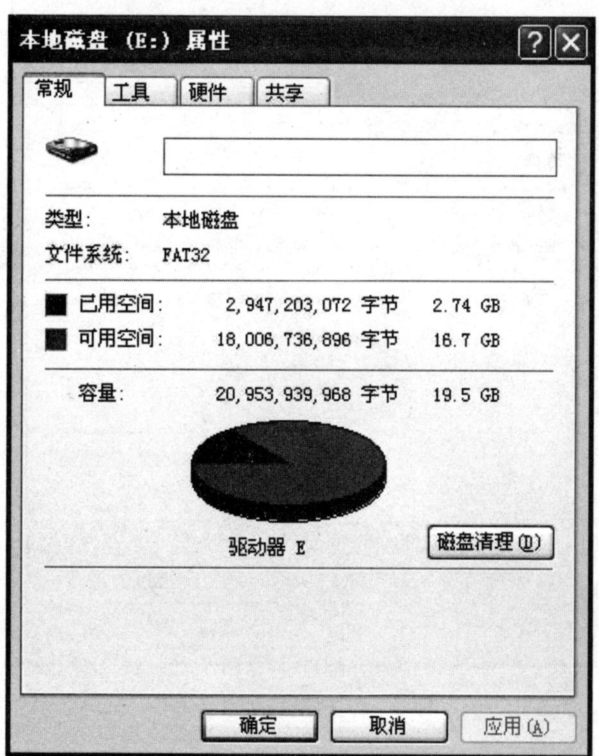

图 4—2　磁盘属性对话框

图 4—3 转换文件系统格式

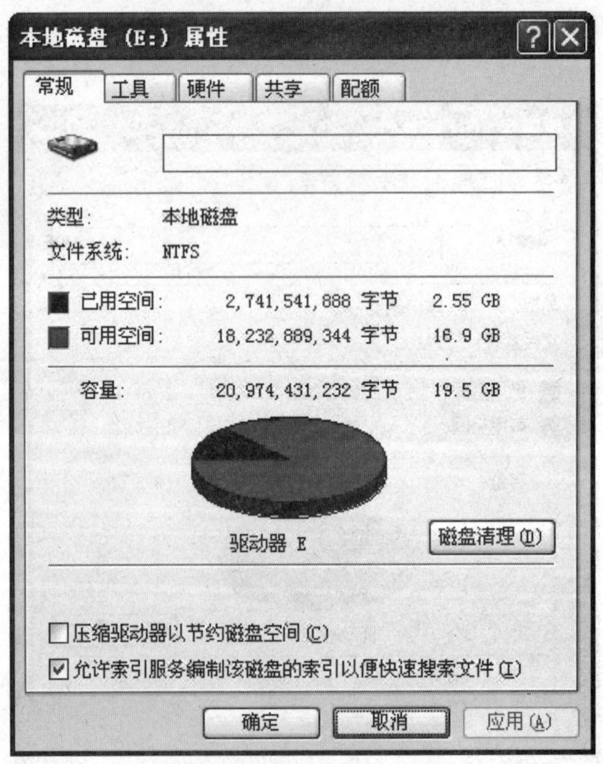

图 4—4 磁盘属性对话框

(2) 设置文件或文件夹权限。

①在“资源管理器”窗口，找到要设置权限的文件或文件夹（如“MYDISK”），右击“MYDISK”，选择“属性”，打开“MYDISK 属性”设置对话框，选择“共享”选项卡，选中“共享此文件夹”，如图 4—5 所示。

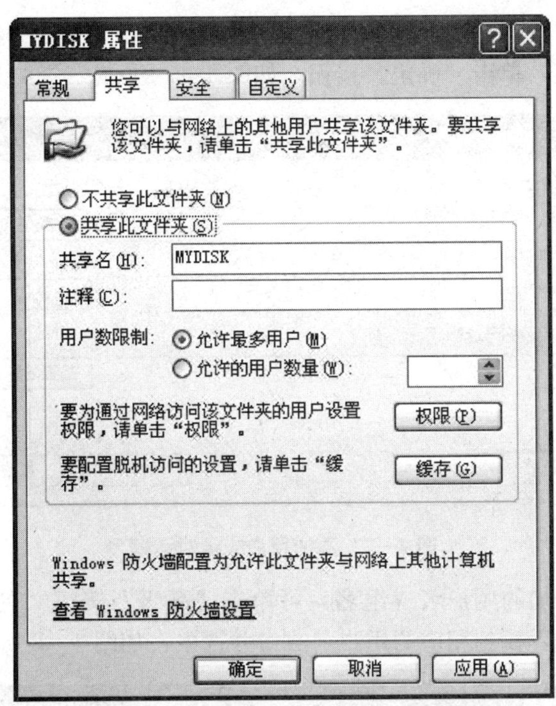

图 4—5　“MYDISK　属性”设置对话框

②设置完“共享”和“权限”后，选择“安全”选项卡，可以看到系统默认的权限设置，如图 4—6 所示。

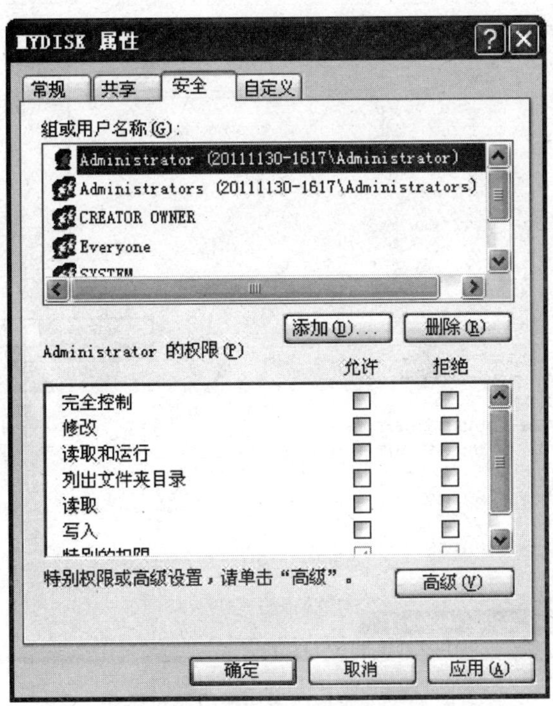

图 4—6　磁盘安全设置对话框

③为了赋予用户或组特定的权限，单击“添加”按钮，在弹出的对话框中输入要添加的用户名或组名，单击“确定”按钮，如图 4—7 所示。

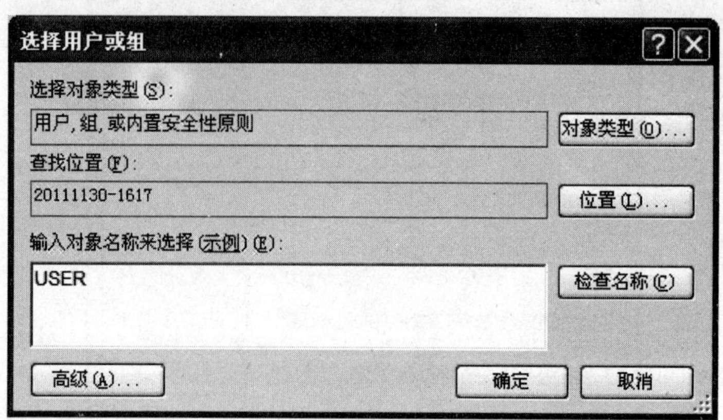

图 4—7 添加用户或组对话框

④若不知道要添加的用户名或组名，可单击“高级”按钮，在打开的对话框中单击“立即查找”按钮，找到相应的用户名或组并选中，如图 4—8 所示。

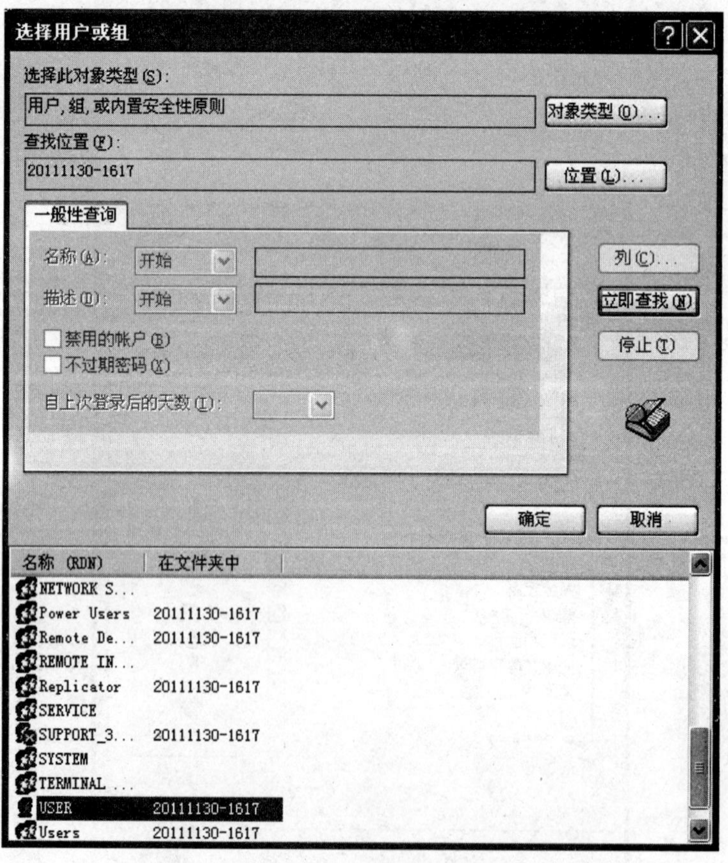

图 4—8 查找“用户或组”对话框

⑤单击“确定”按钮，返回到“选择用户或组”对话框，如图 4—9 所示。

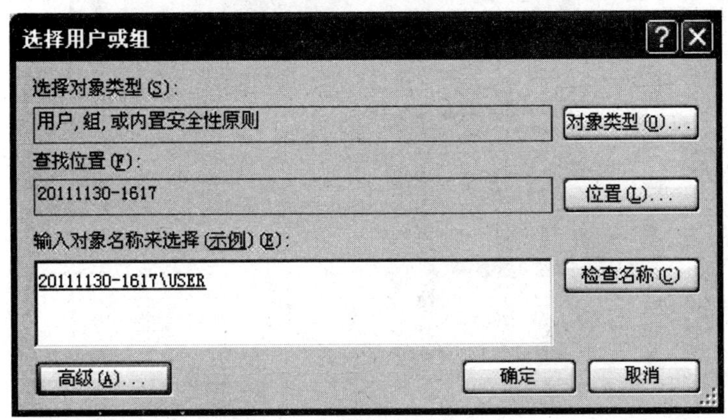

图 4—9　“选择用户或组”对话框

⑥单击“确定”按钮，完成用户或组的添加，并返回到“MYDISK 属性”设置对话框的“安全”选项卡，如图 4—10 所示。

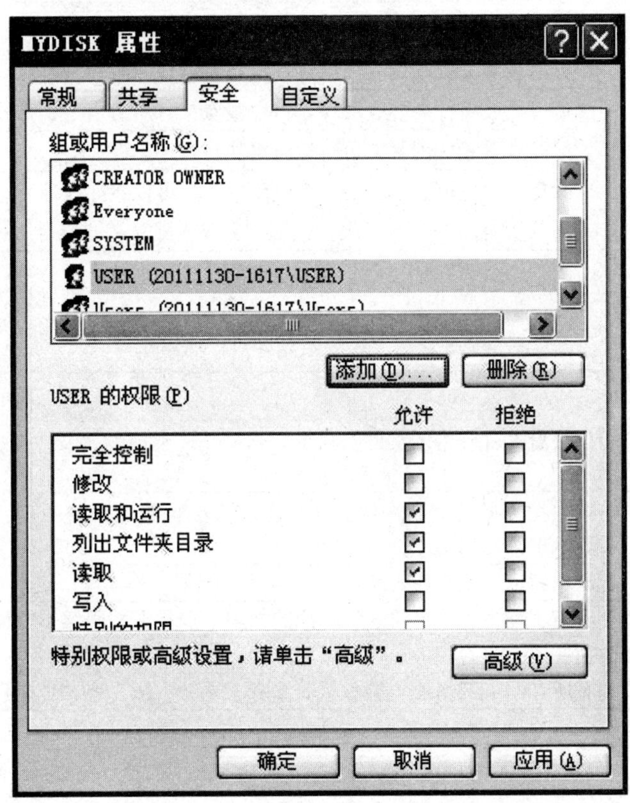

图 4—10　磁盘属性设置对话框

⑦在“USER”的权限列表框中设置适当的权限，如：读取和运行，列出文件夹目录，读取等权限，单击“确定”按钮，完成权限的设置。如图 4—11 所示。

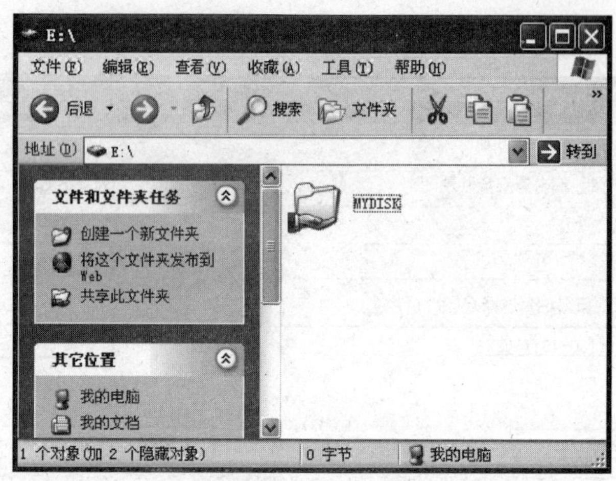

图 4—11 磁盘浏览窗口

说明：第一，NTFS 文件权限及允许执行的操作，如表 4—1 所示。

表 4—1 NTFS 文件权限及允许执行的操作

权限名称	允许执行的操作
读取	可以查看文件的内容、属性、所有者、权限等
写入	可以更改文件内容、属性，可以查看文件所有者、文件权限等
读取和运行	可以查看相关内容并可以运行可执行程序
修改	除拥有“读取”和“写入”权限外，还可以删除程序
完全控制	拥有所有的 NTFS 权限，包括“更改权限”和“取得所有权”

第二，NTFS 文件夹权限及允许执行的操作，如表 4—2 所示。

表 4—2 NTFS 文件夹权限及允许执行的操作

权限名称	允许执行的操作
读取	可以查看文件夹中的文件及目录，查看文件夹属性、文件夹所有者、文件夹权限等
写入	可以在文件夹内建立文件和文件夹，可以更改文件夹属性，查看文件夹所有者、文件夹权限等
列出文件夹目录	拥有“读取”所有权，还可以进入子文件夹
读取和运行	拥有与“列出文件夹目录”相同的权限，只是在权限继承方面有所不同
修改	除拥有以上所有权外，还可以删除程序
完全控制	拥有所有的 NTFS 文件夹权限，包括“更改权限”和“取得所有权”

2. 创建本地和域用户账户

(1) 创建本地用户账户。

在 Windows XP 客户机端可以创建本地登录用户账户，具体操作方法如下：

①右击“我的电脑”，选择“管理”，打开“计算机管理”窗口，如图 4—12 所示。

②双击“本地用户和组”，将“本地用户和组”展开，如图 4—13 所示。

③右击“用户”，选择“新用户”，弹出新建“新用户”对话框，如图 4—14 所示。

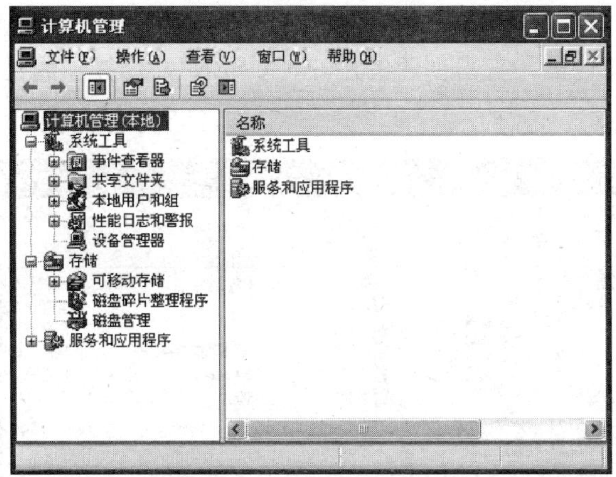

图 4—12　计算机管理窗口

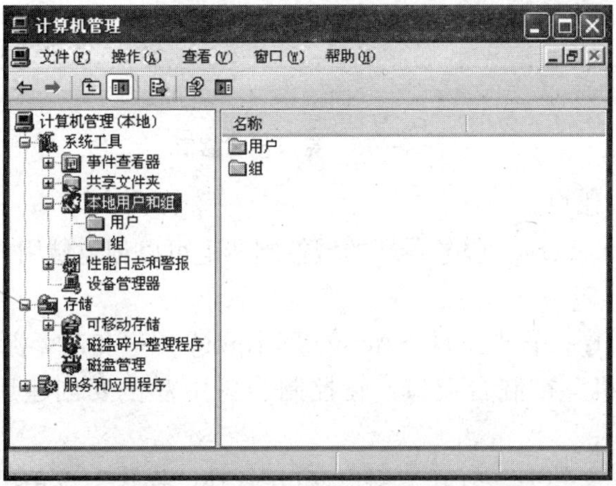

图 4—13　展开“本地用户和组”窗口

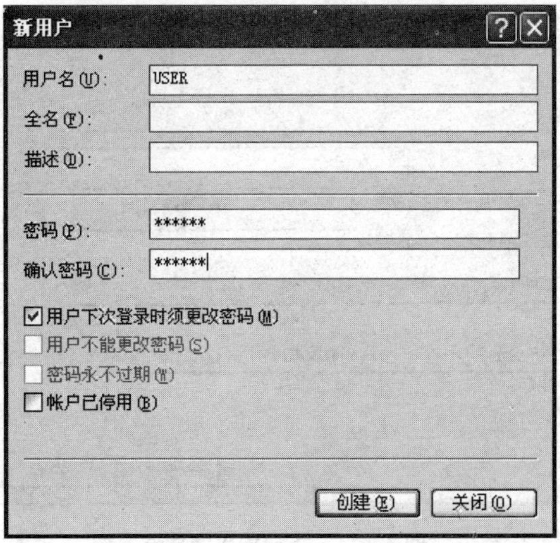

图 4—14　新建“新用户”对话框

④输入用户名，设置密码及相应属性，单击“创建”按钮，完成本地用户的创建，如图 4—15 所示。在这里，右击创建的用户“USER”，选择“属性”可以设置用户组策略。

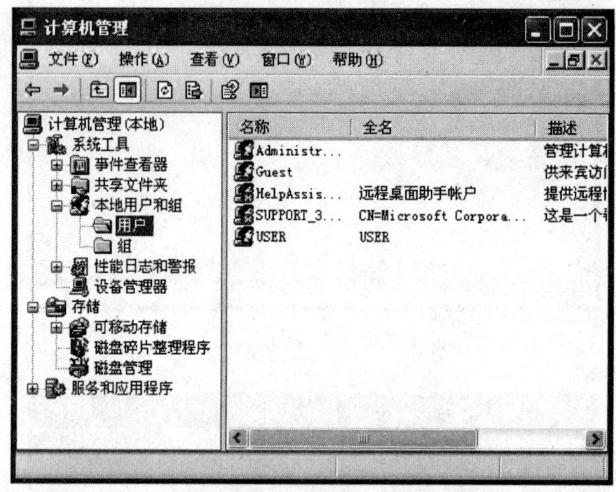

图 4—15 完成创建窗口

(2) 创建域用户账户。

在 Windows 2003 Server 服务器端的域控制器上可以创建域用户账户，具体操作方法如下：

①选择开始→程序→管理工具→Active Directory 用户和计算机，打开“Active Directory 用户和计算机”控制台窗口，在控制台树中双击要创建用户的域（如 dxyz.edu.cn）。

②单击“用户”文件夹，打开“用户窗口”，在“操作”选单中，单击“新建”选单中的“用户”命令，出现“创建新对象—用户”对话框，如图 4—16 所示。

新建对象 - 用户
创建在: dxyz.edu.cn/
姓(L): 罗
名(F): 静玲
英文缩写(I):
姓名(A): 罗静玲
用户登录名(U):
LJL
@dxyz.edu.cn
用户登录名(Windows 2000 以前版本)(W):
DXYZ\
LJL
< 上一步(B) 下一步(N) > 取消

图 4—16 添加用户对话框

③输入用户的姓名、登录名，其中，用户登录名（Windows 2003 以前版本）是指当用户从运行 Windows NT/98 等以前版本操作系统的计算机登录网络所使用的用户名。单击“下一步”按钮，出现如图 4—17 所示的对话框。

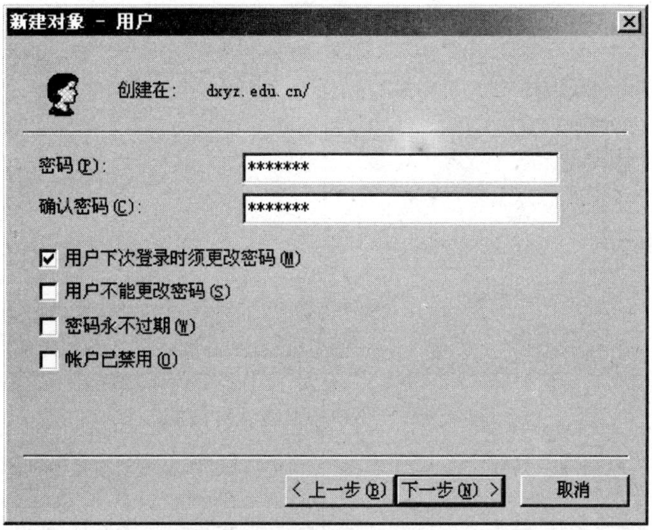

图 4—17　设置密码对话框

④在“密码”对话框中输入密码或不填写密码，选择“用户下次登录时须更改密码”，以便让用户在第一次登录时为其设置密码，这样除用户自己外，包括管理员在内的其他所有用户都无权修改其口令。如图 4—18 所示。

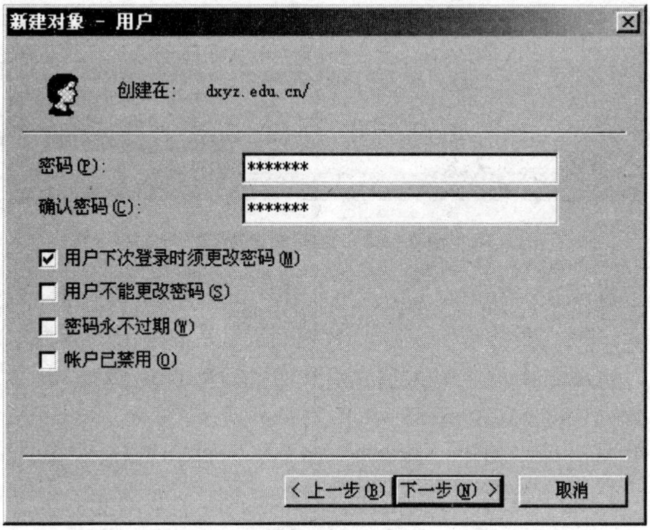

图 4—18　修改用户密码对话框

⑤单击“下一步”按钮，显示所创建的新用户相关信息，如图 4—19 所示。

⑥检查无错误后，单击“完成”按钮。这时用户会在“Active Directory 用户和计算机”控制台窗口中看到新添加的用户，如图 4—20 所示。

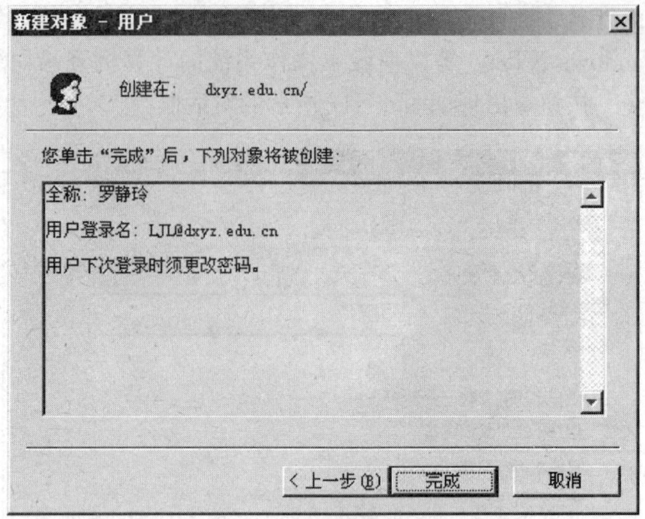

图 4—19 用户创建确认对话框

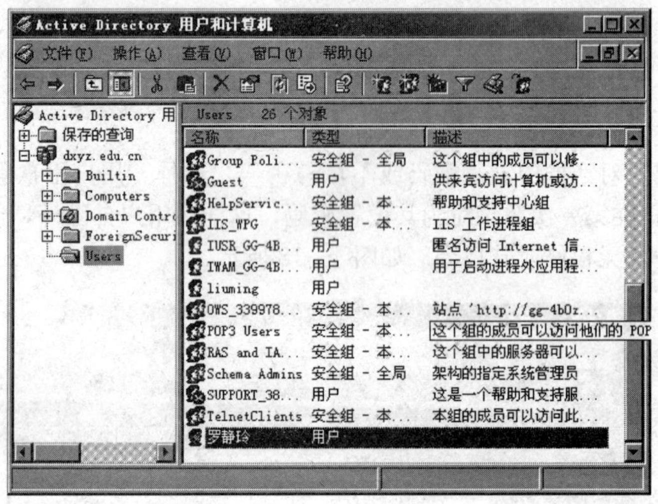

图 4—20 域控制台窗口

⑦输入用户信息：在“Active Directory 用户和计算机”管理窗口中，鼠标右击列表中的一个用户名，如“罗静玲”，在弹出的快捷选单中单击“属性”，在“用户属性”对话框的“常规”选项卡中可以输入有关用户的描述、办公室、电话、电子邮件地址及个人主页地址等。如图 4—21 所示。

⑧设置用户登录时间：单击“账户”，切换到“账户”选项卡，如图 4—22 所示，单击“登录时间”按钮，打开“登录时间段”对话框，如图 4—23 所示，每个横向方块代表小时，每个纵向方块代表一天，蓝色方块表示允许用户使用的时间，空白方块表示该时间不允许用户使用。默认设置为允许用户在所有时间登录服务器。

⑨设置账户的有效期限：在账户选项卡中，可以设置账户的使用期限。在默认情况下账户是永久有效的。但对于临时用户来说，设置账户期限就非常必要，在有效期限到期后，该账户被标记失效，默认期为一个月。

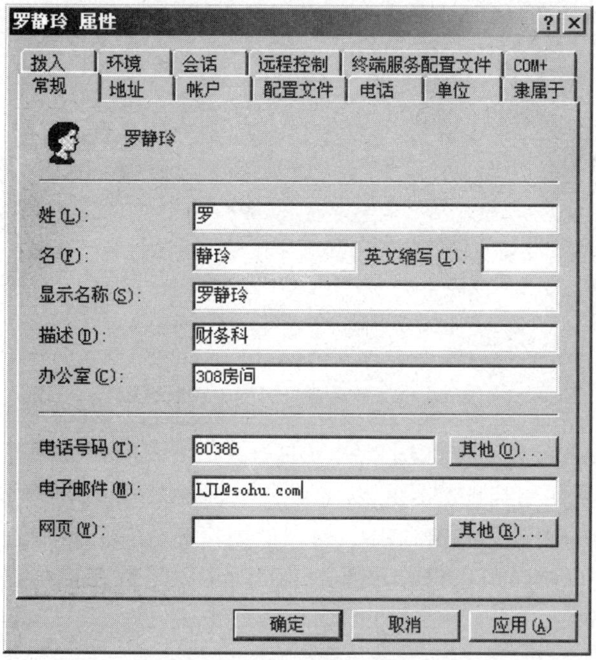

图 4—21　修改用户信息对话框

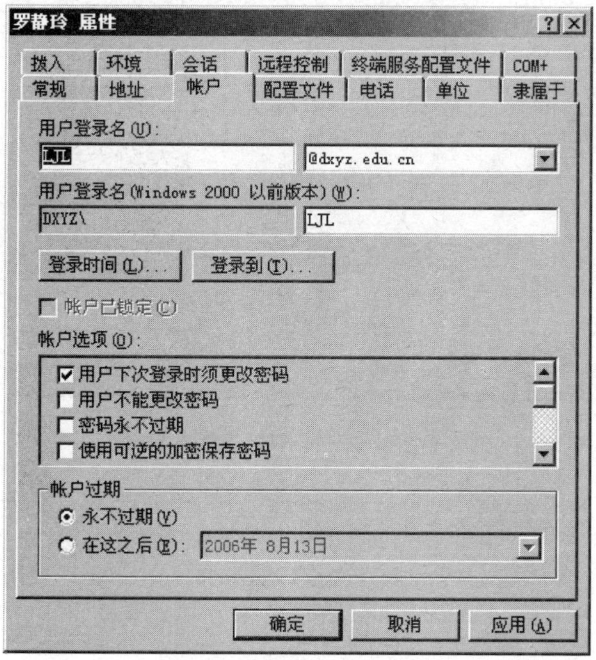

图 4—22　用户属性修改对话框

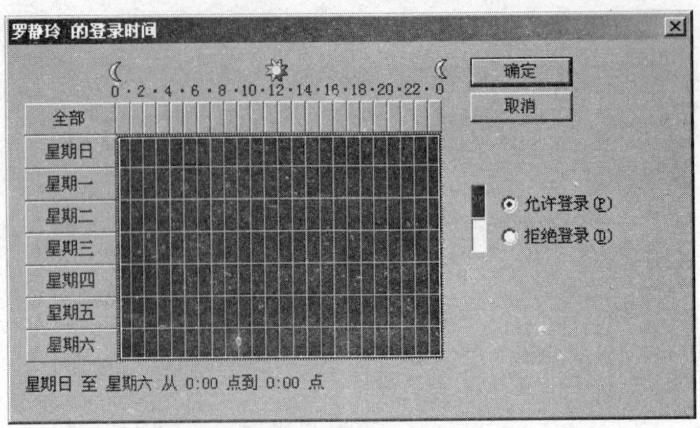

图 4—23 用户登录时间设置对话框

⑩停用/启用账户：在不删除用户账户的情况下，可以禁止某个用户账户的使用，即停用账户。停用后的用户账户还可以重新启用。停用/启用用户账户的方法是在用户和计算机管理器中，鼠标右击列表中的一个用户名，如“罗静玲”，在弹出的快捷选单中单击停用账户或启用账户，如图 4—24 所示，然后在提示窗口中单击“确定”按钮。

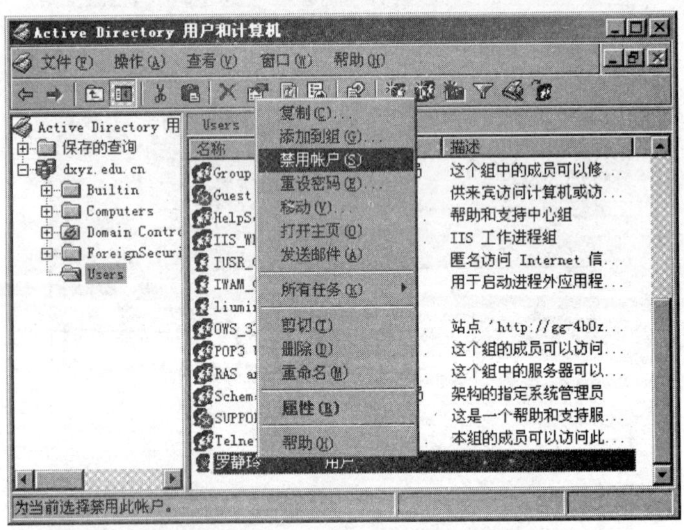

图 4—24 域用户属性设置控制台

三、系统防火墙管理

通过启用 Windows XP/Windows 2003 Server 的 Internet 连接防火墙，允许安全的网络通信可以通过防火墙进入网络，同时拒绝不安全的通信进入，使网络免受外来威胁。具体操作步骤如下：

(1) 右击“网上邻居”弹出快捷菜单，单击“属性”命令选项，出现“网络连接”窗口。如图 4—25 所示。

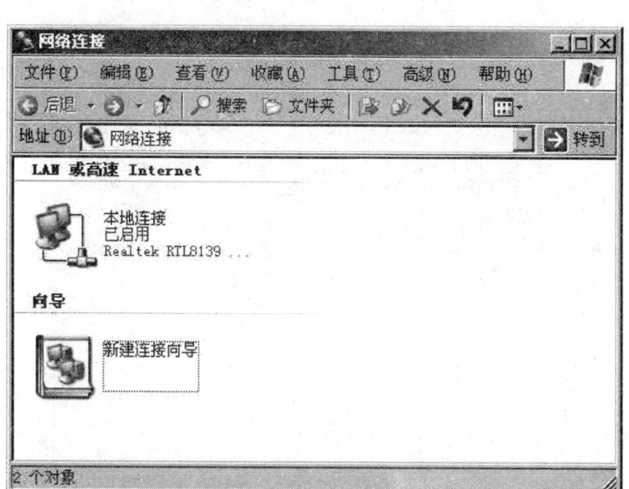

图 4—25　网络连接窗口

（2）右击“本地连接”弹出快捷菜单，单击“属性”命令选项，出现“本地连接属性”对话框，如图 4—26 所示。

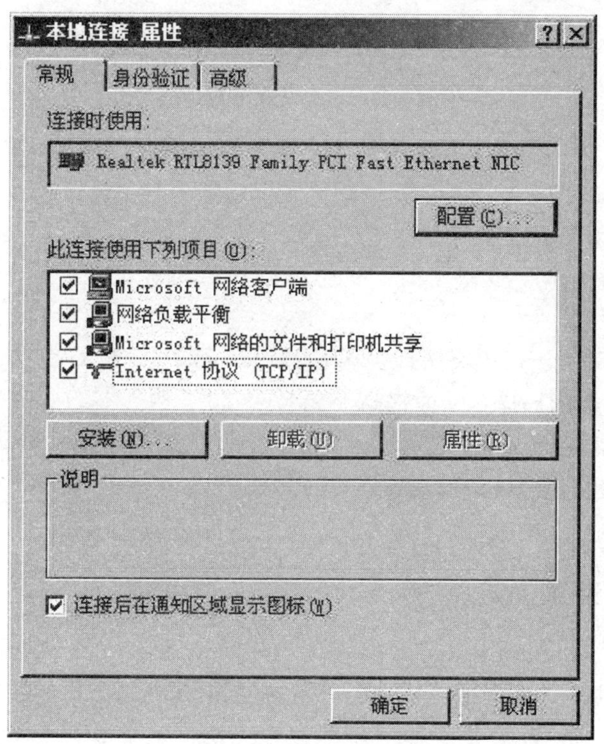

图 4—26　“本地连接 属性”对话框

（3）切换到“高级”选项卡，在“Internet 连接防火墙”框中选中“通过限制或阻止来自 Internet 的对此计算机的访问来保护我的计算机和网络”复选框（如果要禁用 Internet 连接防火墙，请清除以上选择）。如图 4—27 所示。

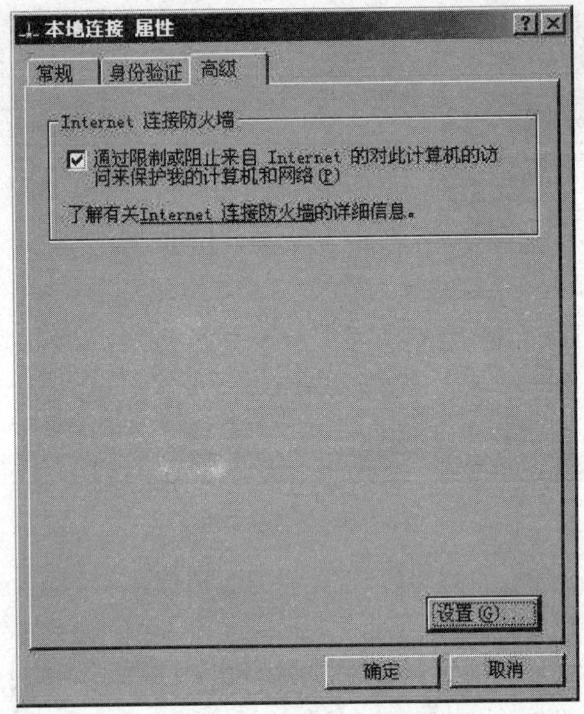

图 4—27　设置防火墙对话框

(4) 单击“设置”按钮，出现“高级设置”对话框，在这里可以对防火墙服务设置：如服务端口，HTTP 的 80 端口、FTP 的 21 端口等，只要系统提供了这些服务，Internet 连接防火墙就可以监视并管理这些端口。同时通过防火墙安全日志设置建立安全日志，在服务器安全受到威胁时，日志可以提供可靠的证据。设置完成后，单击“确定”按钮完成设置。

Internet 连接防火墙可以有效地拦截对 Windows 2003 服务器的非法入侵，防止非法远程主机对服务器的扫描，从而提高 Windows 2003 服务器的安全性。同时，它也可以有效拦截利用操作系统漏洞进行端口攻击的病毒，如冲击波等蠕虫病毒。如果在用 Windows 2003 构造的虚拟路由器上启用此防火墙功能，能够对整个内部网络起到很好的保护作用。

四、DNS 服务器管理

DNS，Domain Name System 或者 Domain Name Service（域名系统或者域名服务）。域名系统为 Internet 上的主机分配域名地址和 IP 地址。用户使用域名地址，该系统就会自动把域名地址转为 IP 地址。域名服务是运行域名系统的 Internet 工具。执行域名服务的服务器称为 DNS 服务器，通过 DNS 服务器来应答域名服务的查询。

Internet 上的任何一台计算机都必须有一个 IP 地址。虽然绝大多数客户机的 IP 地址是动态分配的，但是服务器的 IP 地址绝大多数是固定的。如果要访问服务器，使用服务器提供的服务，就需要知道这些服务器的 IP 地址，然而四位一组的 IP 地址却不十分友好，用户很难通过如 http://192.168.111.55 方式的 IP 地址与某个服务器及服务器提供的服务联系起来，也无法通过 IP 地址来记住众多的 Web 站点和 Internet 上的服务。解决的办法就是将 IP 地址映像为"友好"的主机名，如访问新浪网站可以使用 http://www.sina.com.cn，即用一个一个容易记忆的域名来代替枯燥的数字所代表的网络服务器的 IP 地址。现实中有千千万万的服务器，每一个都有自己的 IP 地址，网络就是通过 DNS 服务器来保存和管理这些名字和 IP 的映像关系的。

局域网要使用 DNS 服务，实现域名到 IP 地址的解析，必须按照网络的规划，配置和管理好 DNS 服务。

1. 建立正向查找区域和添加主机

(1) 单击"开始"按钮，指向"程序"，指向"管理工具"，单击"DNS"命令选项，打开 DNS 服务器控制台，如图 4—28 所示。

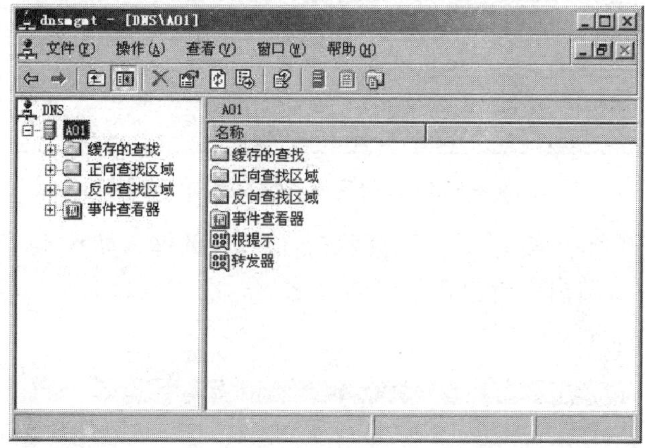

图 4—28　DNS 服务器控制台

(2) 右击"正向查找区域"，在弹出的快捷菜单中单击"新建区域"命令选项，打开"新建区域向导"对话框，如图 4—29 所示。

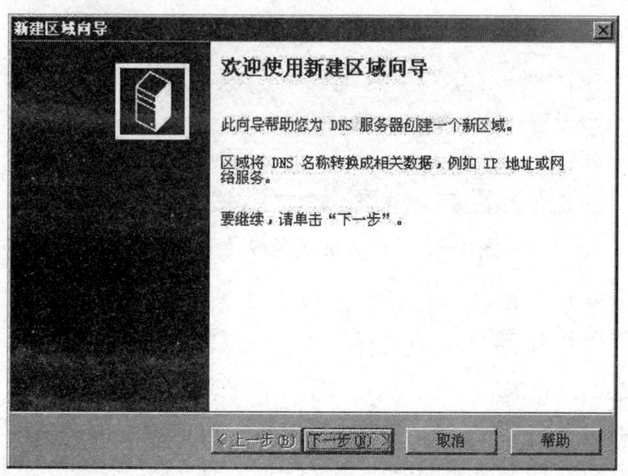

图 4—29　配置 DNS 服务器向导

(3) 单击"下一步"按钮，打开"区域类型"对话框，如图 4—30 所示。"主要区域”指的是可以直接在本机更新的域名数据库副本；“辅助区域”是主要区域的备份副本，从主要区域复制所有信息；“存根区域”则只从一些权威的其他 DNS 服务器上复制信息。我们选择“主要区域”单选按钮。

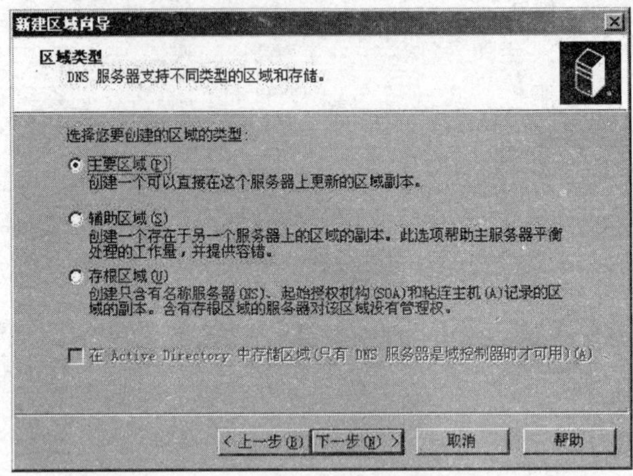

图 4—30 选择区域类型（正向解析）

(4) 单击“下一步”按钮，打开“区域名称”对话框，如图 4—31 所示。“区域名称”通常在域名层次结构中所包含的最高域之后，在“区域名称”编辑文本框中输入新区域的名称，如 edu. cn。

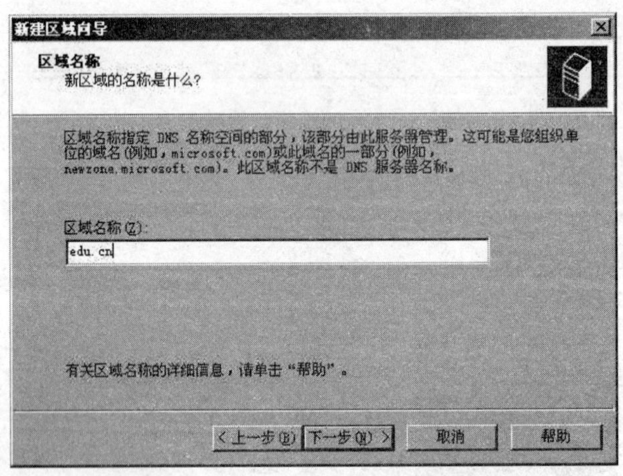

图 4—31 输入区域名称（正向解析）

(5) 单击“下一步”按钮，打开“区域文件”对话框，如图 4—32 所示。可以创建一个新文件，也可以使用已有的文件。由于是第一次创建区域，并没有现存文件，所以采用默认设置。

(6) 单击“下一步”按钮，打开“动态更新”对话框，如图 4—33 所示。“允许非安全和安全动态更新”是指如果网络中存在任何其他 DNS 服务器，则它们会自动地互相更新域名信息；“不允许动态更新”需要手动添加每一条记录。我们选择“不允许动态更新”单选按钮。

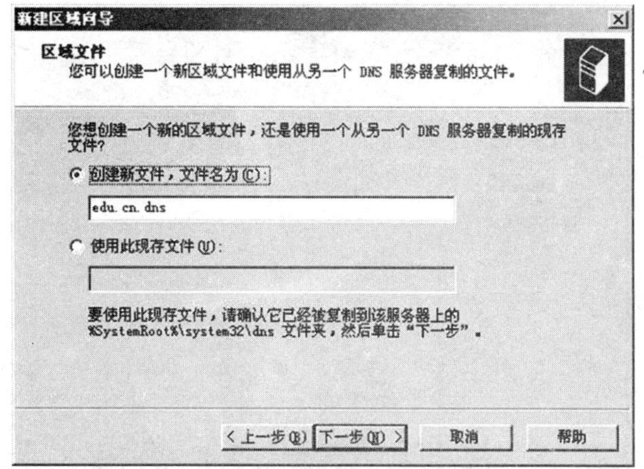

图 4—32　“区域文件”确认对话框

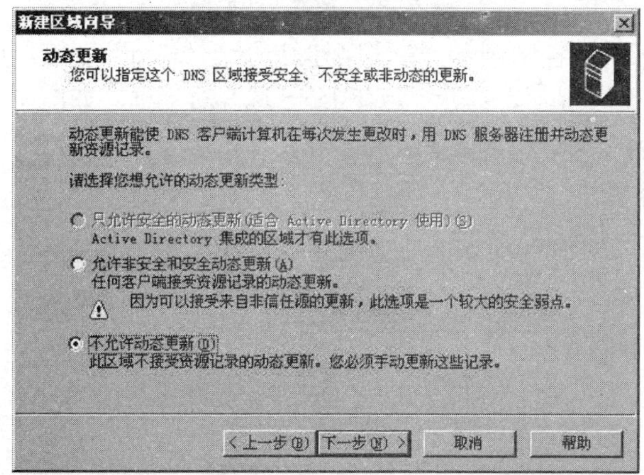

图 4—33　配置动态更新（正向解析）

（7）单击“下一步”按钮，打开“正在完成新建区域向导”对话框，如图 4—35 所示。确认前面所做设置，单击“完成”按钮完成新区域的创建。如图 4—36 所示。

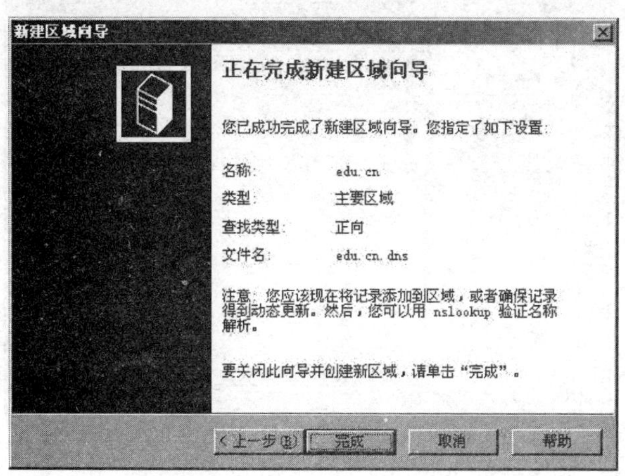

图 4—35　完成新建区域向导对话框

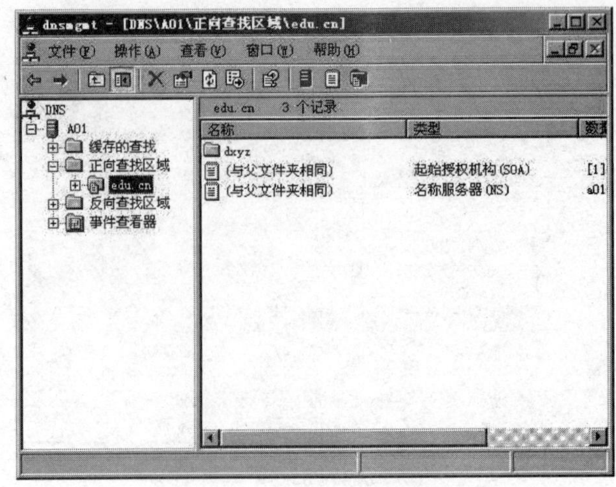

图 4—36 创建了新区域

（8）在 DNS 服务器控制台中，右击刚建好的“edu. cn”区域，在弹出的快捷菜单中单击“新建域”命令选项，打开“新建 DNS 域”对话框，如图 4—37 所示。在“请键入新的 DNS 域名”编辑文本框中输入域名（如 dxyz）后，单击“确定”按钮，完成域名的创建。如图 4—38 所示。

图 4—37 创建新域

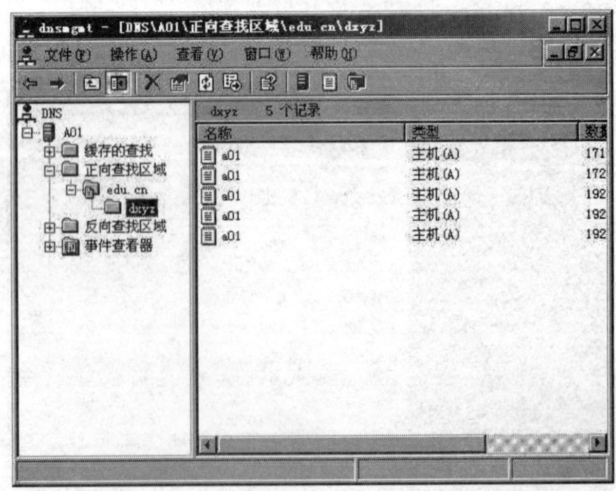

图 4—38 创建了正向查找区域

(9) 在 DNS 服务器控制台中，右击刚建好的域名“dxyz”，在弹出的快捷菜单中单击“新建主机”命令选项，打开“新建主机”对话框，如图 4—39 所示。在“名称”编辑文本框中输入主机名称（如 WWW），可以看到“完全合格的域名”中已显示“www. dxyz. edu. cn”，在“IP 地址”编辑文本框中输入 IP 地址（如 192. 168. 0. 1），单击“添加主机”按钮，弹出 DNS 成功提示对话框，如图 4—40 所示。单击“确定”按钮，返回新建主机对话框，如图 4—41 所示。单击“完成”按钮完成配置。

新建主机

名称(如果为空则使用其父域名称)(N):

www

完全合格的域名(FQDN):

www.dxyz.edu.cn.

IP 地址(P):

192 .168 .0 .1

创建相关的指针(PTR)记录(C)

生存时间(TTL)(T):

0 :1 :0 :0 (DDDDD:HH.MM.SS)

添加主机(H)　取消

图 4—39　新建主机对话框

图 4—40　DNS 成功提示对话框

新建主机

名称(如果为空则使用其父域名称)(N):

完全合格的域名(FQDN):

dxyz.edu.cn.

IP 地址(P):

192 .168 .0 .0

创建相关的指针(PTR)记录(C)

生存时间(TTL)(T):

0 :1 :0 :0 (DDDDD:HH.MM.SS)

添加主机(H)　完成

图 4—41　新建主机对话框

2. 建立反向查找区域和新建资源记录

(1) 右击“反向查找区域”，在弹出的快捷菜单中单击“新建区域”命令选项，打开“新建区域向导”对话框，如图 4—42 所示。

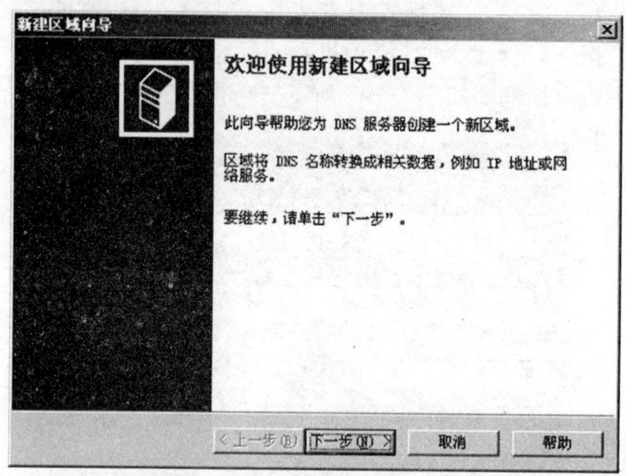

图 4—42　配置 DNS 服务器向导

(2) 单击“下一步”按钮，打开“区域类型”对话框，如图 4—43 所示。“主要区域”指的是可以直接在本机更新的域名数据库副本；“辅助区域”是主要区域的备份副本，从主要区域复制所有信息；“存根区域”则只从一些权威的其他 DNS 服务器上复制信息。我们选择“主要区域”单选按钮。

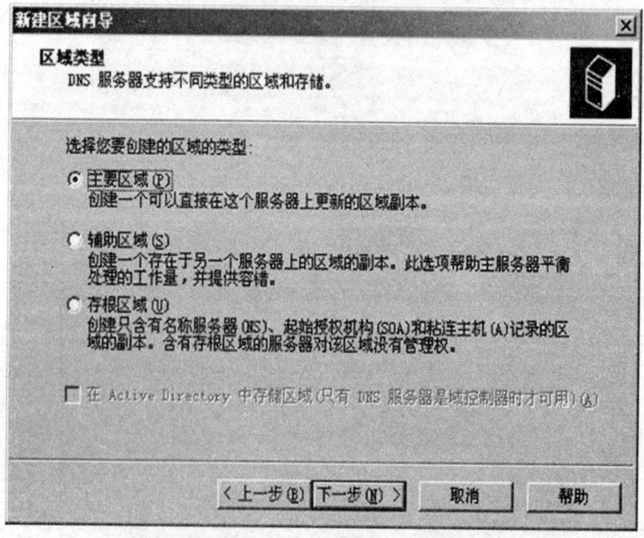

图 4—43　选择区域类型（反向解析）

(3) 单击“下一步”按钮，打开“反向查找区域名称”对话框，如图 4—44 所示。选择“网络 ID”单选按钮，在“网络 ID”下拉编辑文本框中输入网络号，如 192.168.0。

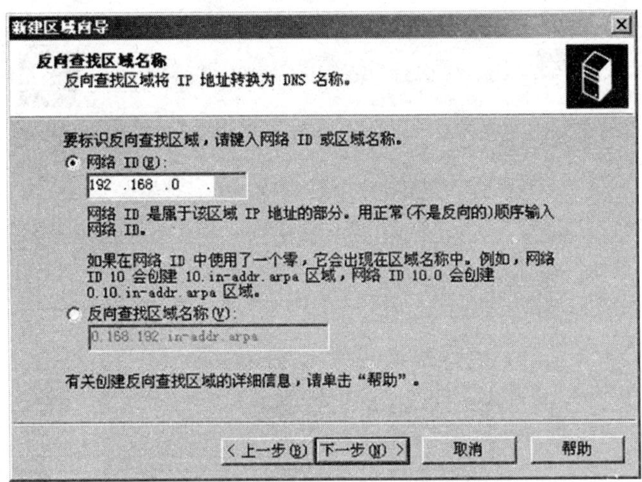

图 4—44　输入反向查找区域名称

(4) 单击“下一步”按钮，打开“区域文件”对话框，如图 4—45 所示。可以建立一个新文件，也可以使用已有的文件。由于是第一次创建区域，并没有现存文件，我们选择默认设置。

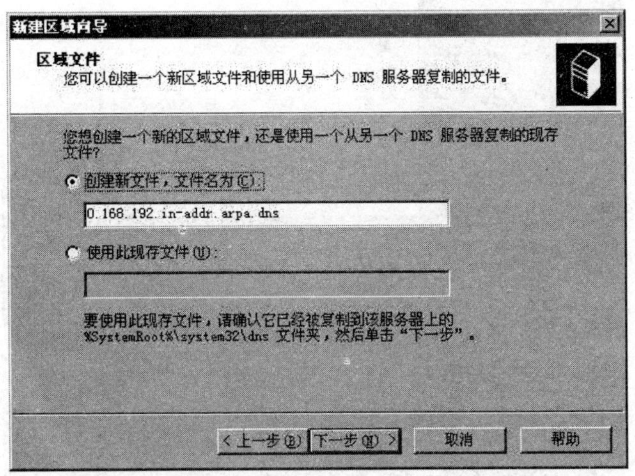

图 4—45　选择区域文件（反向解析）

(5) 单击“下一步”按钮，打开“动态更新”对话框，如图 4—46 所示。我们选择“不允许动态更新”单选按钮。

(6) 单击“下一步”按钮，打开“正在完成新建区域向导”对话框，如图 4—47 所示。确认前面所做设置，单击“完成”按钮完成新区域的创建，如图 4—48 所示。

(7) 在 DNS 服务器控制台中，右击刚建好的“0.168.192.in-addr.arpa.dns”反向查找区域，在弹出的快捷菜单中单击“新建指针”命令选项，打开“新建资源记录”对话框，如图 4—49 所示。在“主机 IP 号”编辑文本框中输入主机 IP 地址（如“1”）后，在“主机名”编辑文本框中输入域名（如“www.dxyz.edu.cn”），单击“确定”按钮，完成配置。如图 4—50 所示。

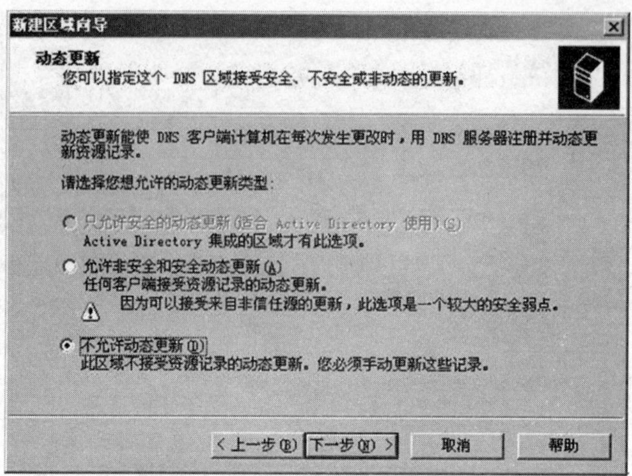

图 4—46　配置动态更新（反向解析）

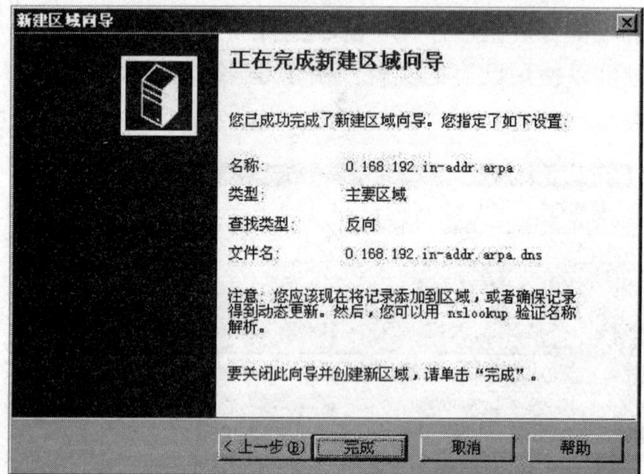

图 4—47　完成新建区域向导对话框

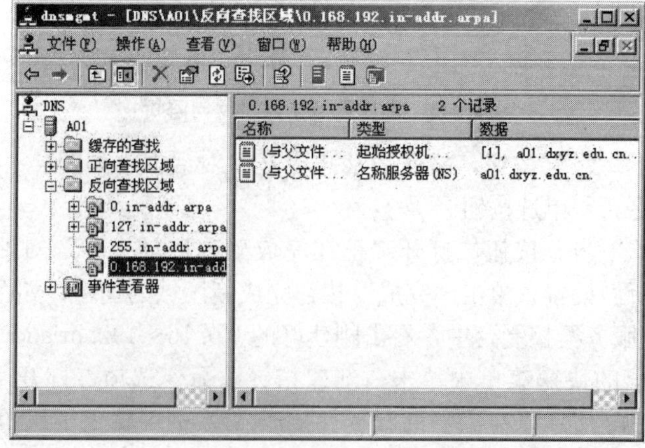

图 4—48　DNS 控制台窗口列出了新建的反向查找区域

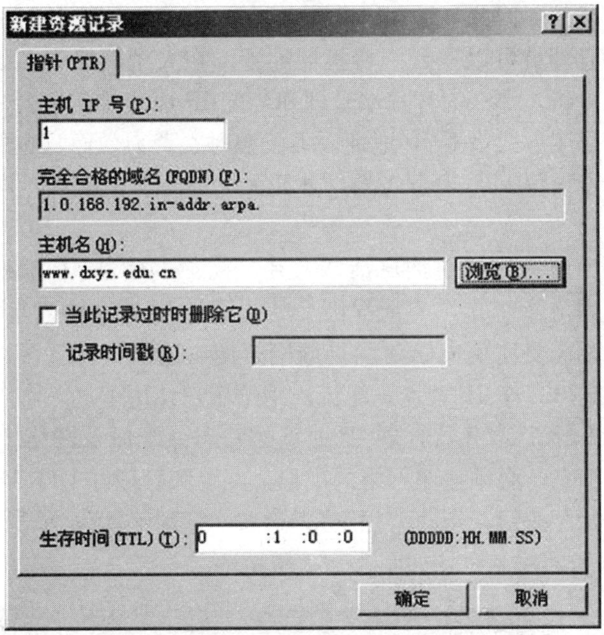

图 4—49　创建域名指针对话框

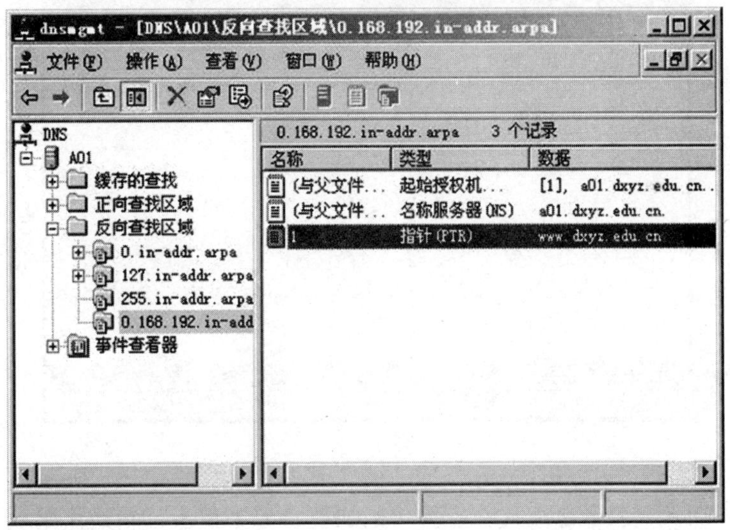

图 4—50　DNS 控制台窗口中列出了新建反向查找区域和指针

五、DHCP 服务器管理

DHCP 是 Dynamic Host Configuration Protocol 的缩写，即动态主机配置协议，是 RFC1541（由 RFC2131 替代）定义的标准协议，该协议允许服务器向客户端动态分配 IP 地址和配置信息。动态主机配置协议使网络管理员可以集中管理一个网络系统，对网络中的 IP 地址进行自动分配。

在 TCP/IP 网络中，每一台计算机都必须要有一个唯一的 IP 地址，否则，将无法与其他计算机进行通信。因此，管理、分配和配置客户端的IP地址变得非常重要。如果网络规模较小，管理员可以一台一台机器配置。在大型网络中，如果要管理的网络包含成百上千台计算机，那么为客户端管理和分配IP地址的工作会需要大量的时间和精力，如果还是以手工方式设置IP地址，不仅费时、费力，而且也非常容易出错。只有借助动态主机配置协议DHCP服务器，才能大大提高工作效率，并减少发生IP地址故障的可能性。

动态分配显然比自动分配更加灵活，尤其是当你的实际IP地址不足的时候。例如：你是一家企业网络管理员，只能提供220个固定IP地址给企业用户，但你所在企业员工有300人，都需要使用电脑访问局域网资源。这样，你就可以在局域网中架设DHCP服务器，将这220个IP地址，轮流租用给用户使用了。

局域网要启用DHCP服务器管理IP地址的动态分配以及网络中启用DHCP客户机的其他相关配置信息，必须按照网络的规划，配置和管理好DHCP服务器。

（1）单击“开始”按钮，指向“程序”，指向“管理工具”，单击“DHCP”命令选项，打开DHCP服务器控制台，如图4—51所示。

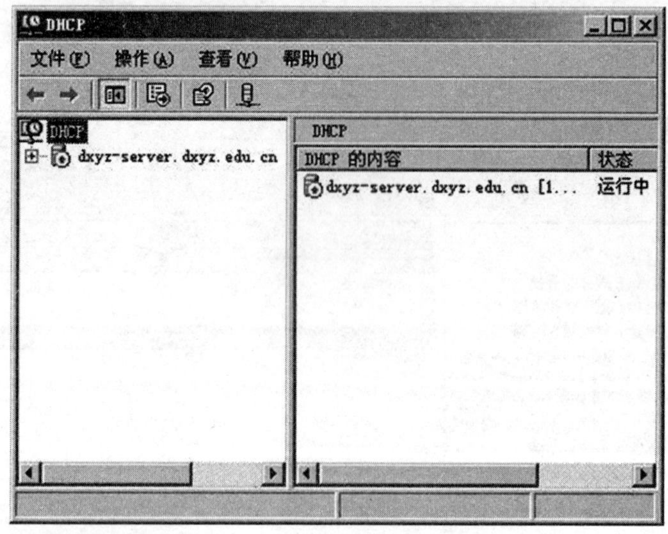

图4—51 DHCP服务器控制台

（2）右击DHCP服务器名称，在弹出的快捷菜单中单击“新建作用域”命令选项，打开“新建作用域”向导对话框，如图4—52所示。

（3）单击“下一步”按钮，打开“作用域名”对话框，如图4—53所示。在“名称”编辑文本框中输入作用域名称（如“DHCP作用域”），在“描述”编辑文本框中输入作用域的说明，也可空白。

（4）单击“下一步”按钮，打开“IP地址范围”对话框，如图4—54所示。分别在“起始IP地址”和“结束IP地址”编辑文本框中输入要设置IP地址的范围（如“起始IP地址”为192.168.0.1和“结束IP地址”为192.168.0.254），然后输入子网掩码的长度或直接输入子网掩码。

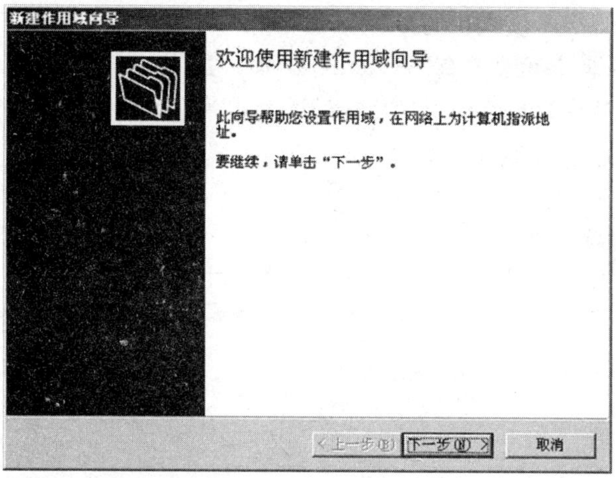

图 4—52　“新建作用域向导”对话框

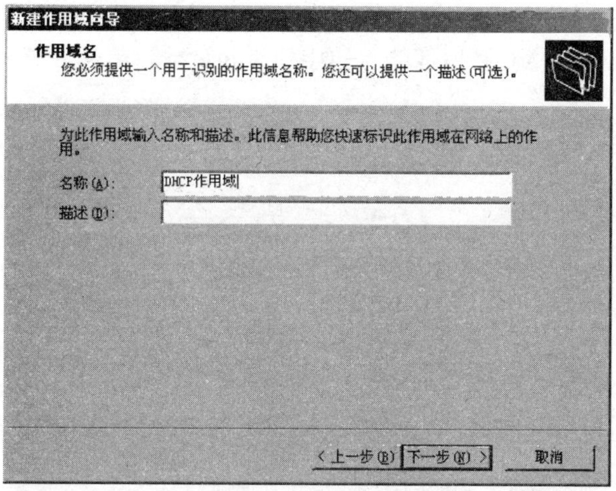

图 4—53　输入作用域名称

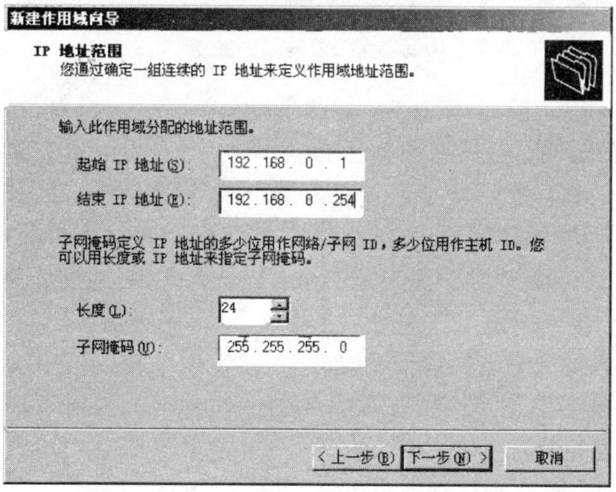

图 4—54　为 DHCP 作用域配置 IP 地址范围

(5) 单击“下一步”按钮，打开“添加排除”对话框，如图 4—55 所示。如果刚才设置的作用域 IP 地址范围中有不可用的 IP 地址或者地址范围，可以在这里进行排除，方法是输入“起始 IP 地址”和“结束 IP 地址”后，单击“添加”按钮。

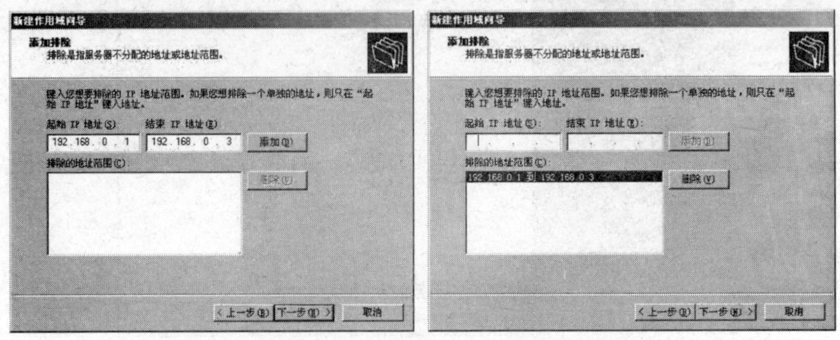

图 4—55 排除作用域中不可用的 IP 地址

(6) 单击“下一步”按钮，打开“租约期限”对话框，如图 4—56 所示。所谓的租约期限，就是客户机得到 IP 地址能够使用的时间，默认值是 8 天。

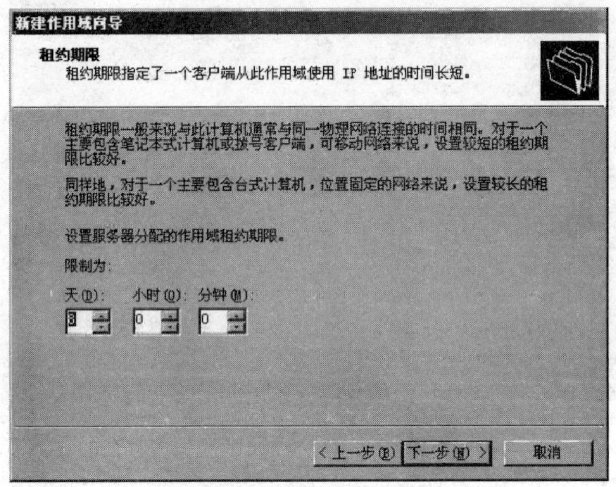

图 4—56 设置租约期限

(7) 单击“下一步”按钮，打开“配置 DHCP 选项”对话框，如图 4—57 所示。选中“是，我想现在配置这些选项”单选按钮。

(8) 单击“下一步”按钮，打开“路由器（默认网关）”对话框，如图 4—58 所示。指定此作用域要分配的路由器（默认网关）的 IP 地址。如果要指定路由器（默认网关）的 IP 地址，在“IP 地址”文本框中输入默认网关 IP 地址后单击“添加”按钮。

(9) 单击“下一步”按钮，打开“域名称和 DNS 服务器”对话框，如图 4—59 所示。DNS 服务器用来把域名转换成 IP 地址。在“父域”文本框中输入域名（如 dxyz.edu.cn），在“服务器名”文本框中输入服务器的名称（如 www），然后单击“解析”按钮，如果找到该服务器，则在“IP 地址”文本框中显示其 IP 地址，如图 4—60 所示。否则提示找不到主机。若找到该服务器，单击“添加”按钮，将此 IP 地址添加到 DNS 服务器列表中，如图 4—61 所示。

新建作用域向导
配置 DHCP 选项
您必须配置最常用的 DHCP 选项之后，客户端才可以使用作用域。
当客户端获得一个地址时，它也被指定了 DHCP 选项，例如路由器（默认网关）的 IP 地址，DNS 服务器，和此作用域的 WINS 设置。
您选择的设置应用于此作用域，这些设置将覆盖此服务器的“服务器选项”文件夹中的设置。
您想现在为此作用域配置 DHCP 选项吗?
是，我想现在配置这些选项(Y)
否，我想稍后配置这些选项(O)
< 上一步(B)
下一步(N) >
取消

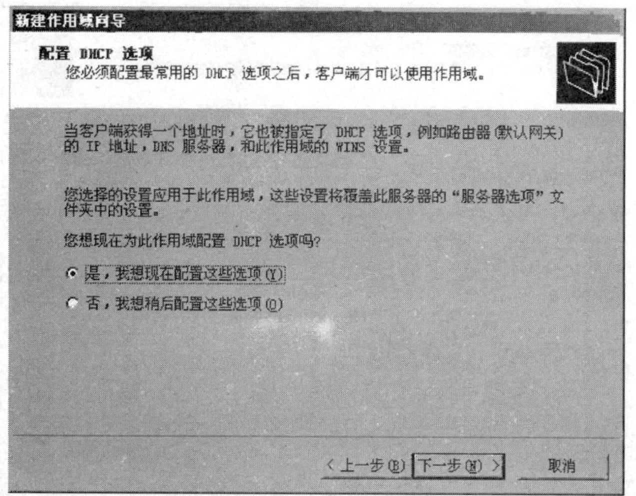

图 4—57　“配置 DHCP 选项 ”对话框

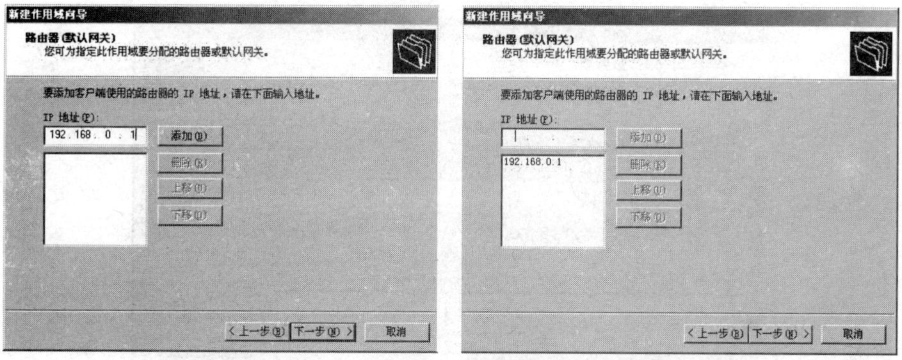

新建作用域向导
路由器（默认网关）
您可为指定此作用域要分配的路由器或默认网关。
要添加客户端使用的路由器的 IP 地址，请在下面输入地址。
IP 地址(P):
192.168.0.1
添加(D)
删除(R)
上移(U)
下移(O)
< 上一步(B)
下一步(N) >
取消
新建作用域向导
路由器（默认网关）
您可为指定此作用域要分配的路由器或默认网关。
要添加客户端使用的路由器的 IP 地址，请在下面输入地址。
IP 地址(P):
192.168.0.1
添加(D)
删除(R)
上移(U)
下移(O)
< 上一步(B)
下一步(N) >
取消

图 4—58　“路由器（默认网关)”对话框

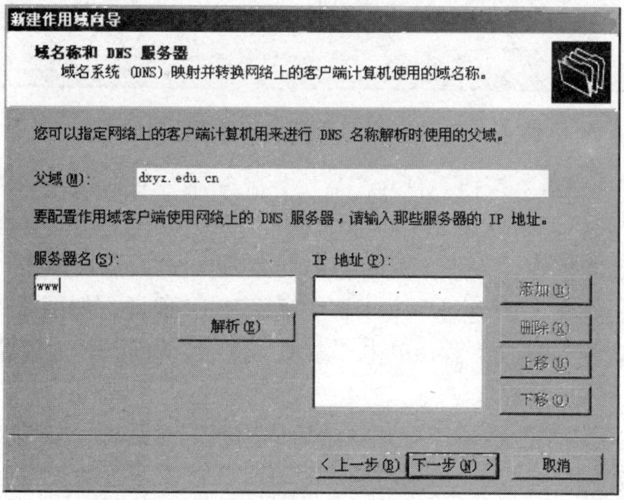

新建作用域向导
域名称和 DNS 服务器
域名系统（DNS）映射并转换网络上的客户端计算机使用的域名称。
您可以指定网络上的客户端计算机用来进行 DNS 名称解析时使用的父域。
父域(M):
dxyz.edu.cn
要配置作用域客户端使用网络上的 DNS 服务器，请输入那些服务器的 IP 地址。
服务器名(S):
IP 地址(P):
www
解析(E)
添加(D)
删除(R)
上移(U)
下移(O)
< 上一步(B)
下一步(N) >
取消

图 4—59　“域名称和 DNS 服务器”对话框一

新建作用域向导
域名称和 DNS 服务器
域名系统（DNS）映射并转换网络上的客户端计算机使用的域名称。
您可以指定网络上的客户端计算机用来进行 DNS 名称解析时使用的父域。
父域(M): dxyz.edu.cn
要配置作用域客户端使用网络上的 DNS 服务器，请输入那些服务器的 IP 地址。
服务器名(S): www
IP 地址(P): 192 . 168 0 . 1
添加(D)
解析(E)
删除(R)
上移(U)
下移(O)
< 上一步(B) 下一步(N) >
取消

图 4—60 “域名称和 DNS 服务器”对话框二

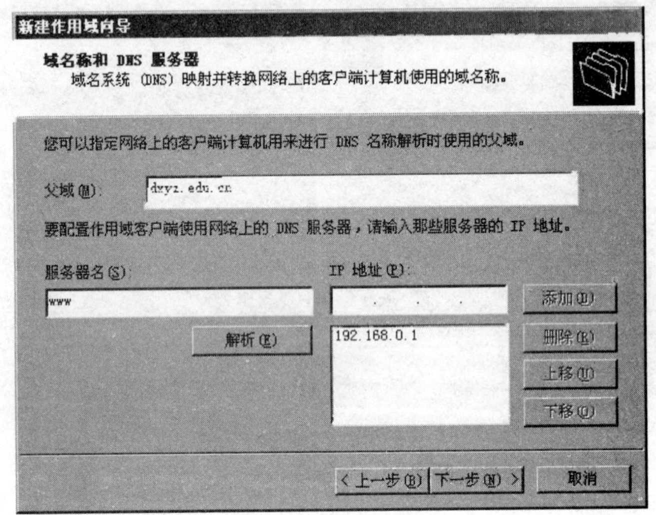

图 4—61 “域名称和 DNS 服务器”对话框三

（10）单击“下一步”按钮，打开“WINS 服务器”对话框，如图 4—62 所示。运行 Windows 的计算机可以使用 WINS 服务器将 NetBIOS 计算机名称转换为 IP 地址。在“服务器名”文本框中输入服务器的名称（如 server），然后单击“解析”按钮。如果找到该服务器，则在“IP 地址”文本框中显示其 IP 地址，如图 4—63 所示。否则提示找不到主机。若找到该服务器，单击“添加”按钮，将此 IP 地址添加到 WINS 服务器列表中，如图 4—64 所示。

（11）单击“下一步”按钮，打开“激活作用域”对话框，如图 4—65 所示。选中“是，我想现在激活此作用域”单选按钮，这样客户机才能自动获得 IP 地址租约。

（12）单击“下一步”按钮，打开“正在完成新建作用域向导”对话框，如图 4—66所示。单击“完成”按钮完成配置，如图 4—67 所示。

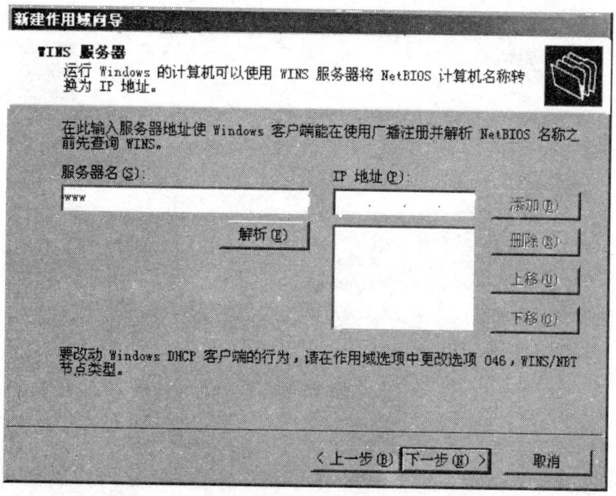

图 4—62　“WINS 服务器”对话框一

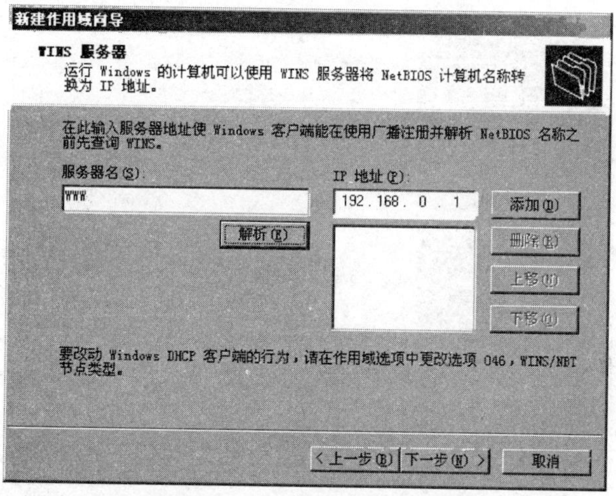

图 4—63　“WINS 服务器”对话框二

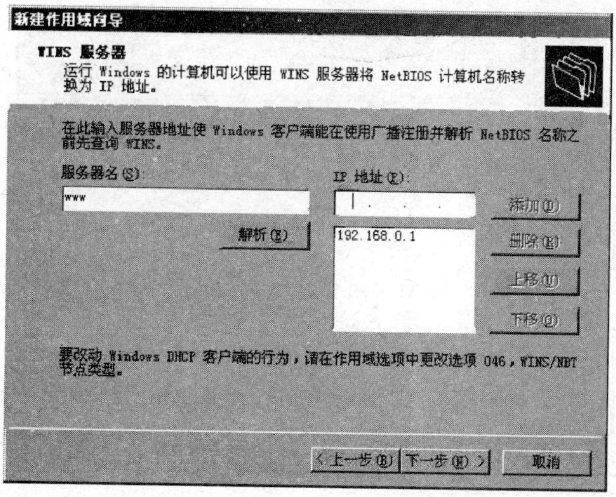

图 4—64　“WINS 服务器”对话框三

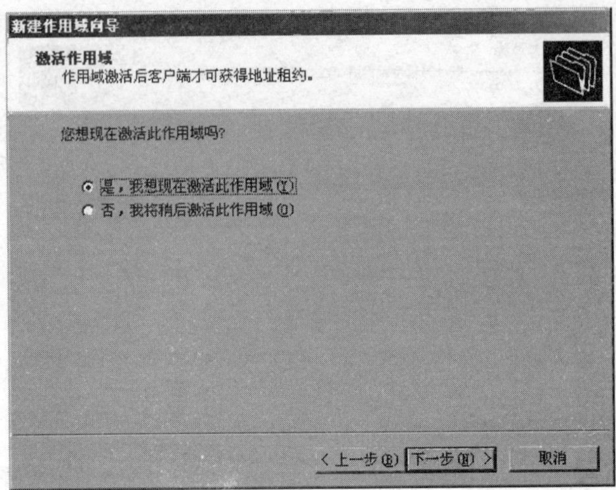

图 4—65 “激活作用域”对话框

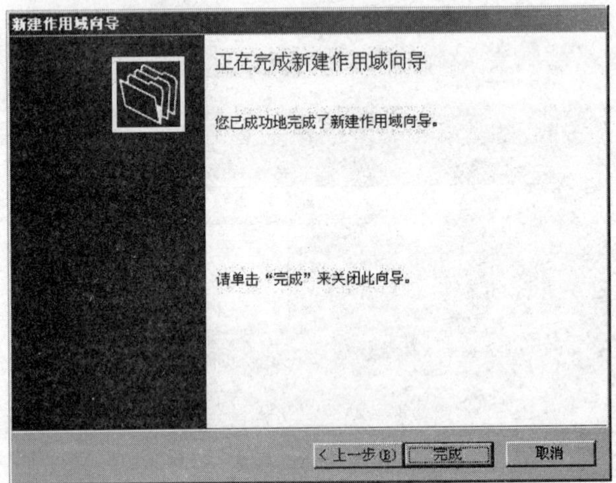

图 4—66 “正在完成新建作用域向导”对话框

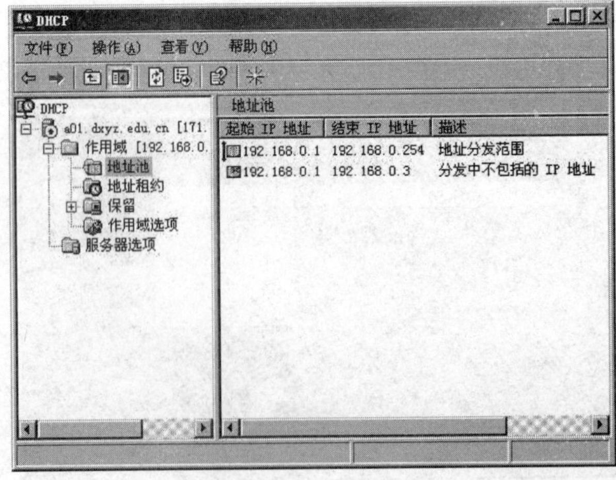

图 4—67 DHCP 控制台窗口中列出了新建的 DHCP 作用域

六、远程管理与协助

Windows XP/Windows 2003 Server 提供了强大的远程管理与远程协助功能——远程桌面和远程协助。远程桌面允许管理员远程登录到网络中的计算机，并像使用本地计算机一样进行远程管理；远程协助允许网络用户遇到困难的时候请求网络其他用户的帮助，实现网络用户的相互协助。

1. 远程桌面

（1）被控计算机设置远程登录用户账户和密码，单击“开始”，选择“设置”，选择“控制面板”，打开“控制面板”窗口，如图 4—68 所示。

图 4—68　控制面板窗口

（2）双击“用户账户”，打开“用户账户”属性设置窗口，如图 4—69 所示。

图 4—69　用户账户窗口

(3) 单击“USER”用户账户，打开更改“用户账户”属性设置窗口，如图 4—70 所示。

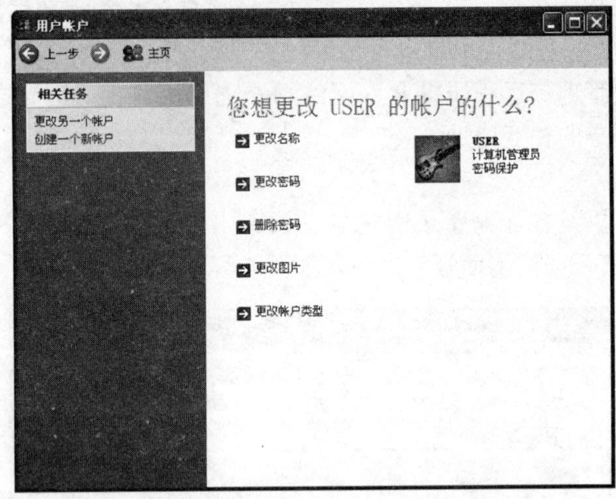

图 4—70 “用户账户”属性设置窗口

(4) 单击“更改密码”选项，打开更改密码“用户账户”设置窗口，如图 4—71 所示。

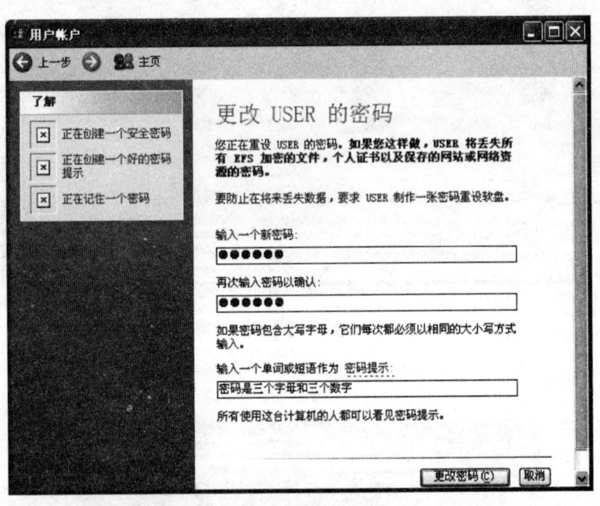

图 4—71 更改密码“用户账户”设置窗口

(5) 输入新密码、确认密码以及密码提示信息，单击“更改密码”按钮（密码也可以不更改，但登录用户账户若没有密码，最好设置登录密码），返回到“用户账户”设置窗口，如图 4—72 所示。然后关闭该窗口即可。

(6) 被控计算机启用远程桌面，右击“我的电脑”，选择“属性”，打开“系统属性”设置对话框，选择“远程”选项卡，如图 4—73 所示。

(7) 在远程桌面栏勾选“允许用户远程连接到此计算机”，弹出确认对话框，如图 4—74 所示。

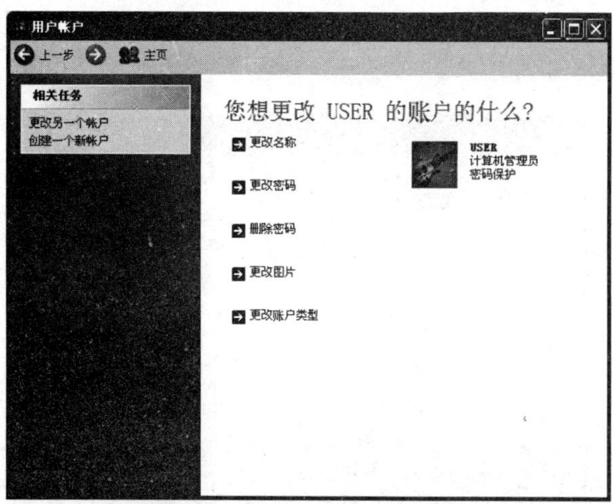

图 4—72　“用户账户”设置窗口

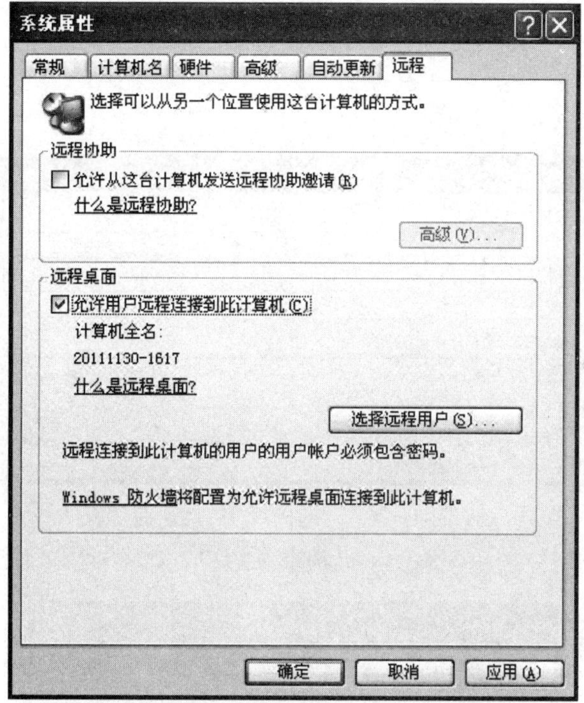

图 4—73　“系统属性”设置对话框

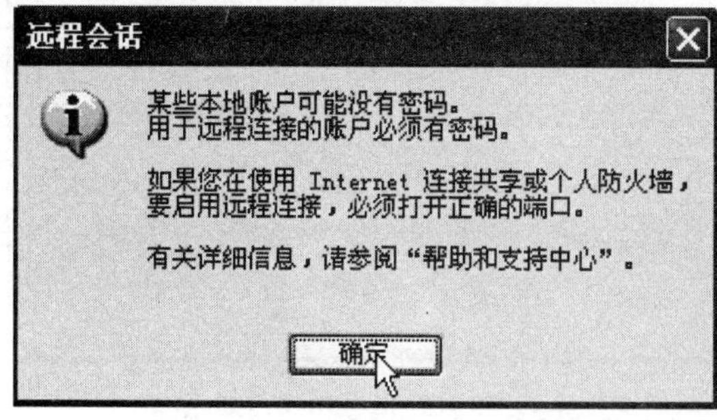

图 4—74　确认设置对话框

（8）单击“确定”按钮，返回“系统属性”设置对话框，单击“选择远程用户”按钮，出现添加“远程桌面用户”对话框，如图 4—75 所示。

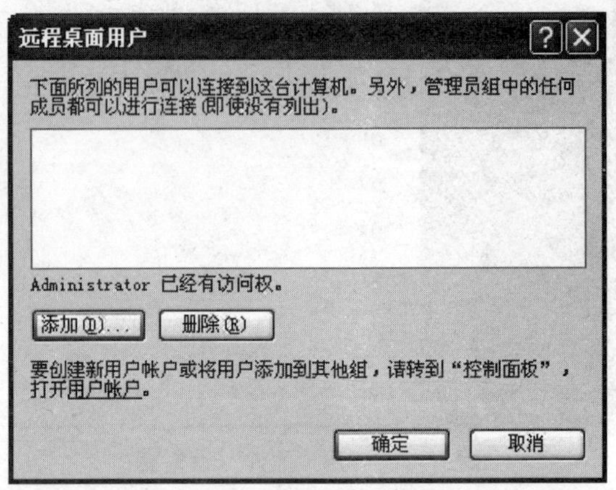

图 4—75 添加“远程桌面用户”对话框

（9）单击“添加”按钮，出现“选择用户”对话框，选择“USER”用户账号，当然也可以添加其他的用户，如图 4—76 所示。

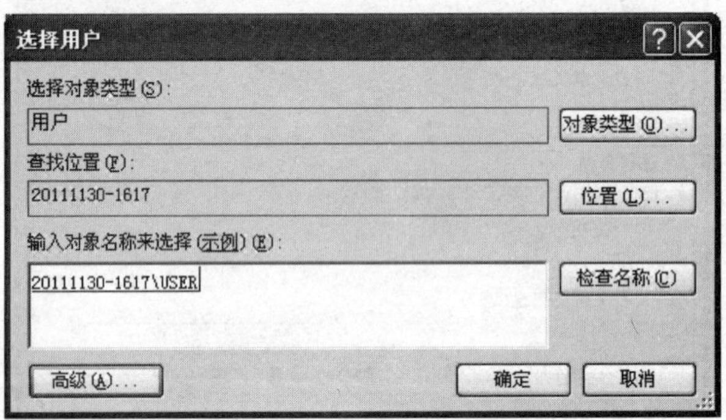

图 4—76 “选择用户”对话框

（10）单击“确定”按钮，添加了远程登录用户，如图 4—77 所示。

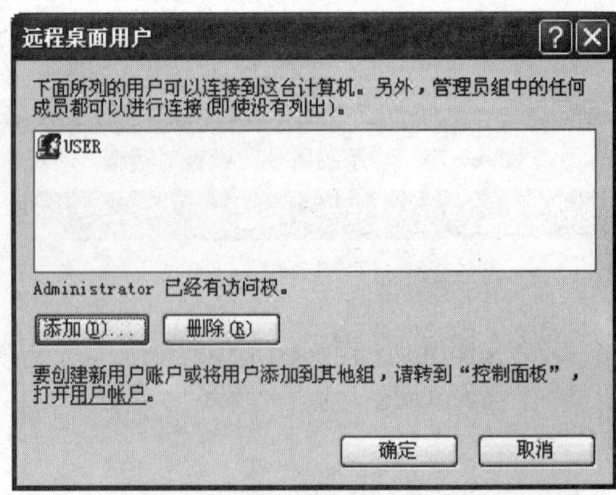

图 4—77 确认添加用户对话框

（11）单击“确定”按钮，返回到“系统属性”设置对话框，如图 4—78 所示，单击“确定”按钮返回到桌面，至此该计算机启用了远程桌面功能。

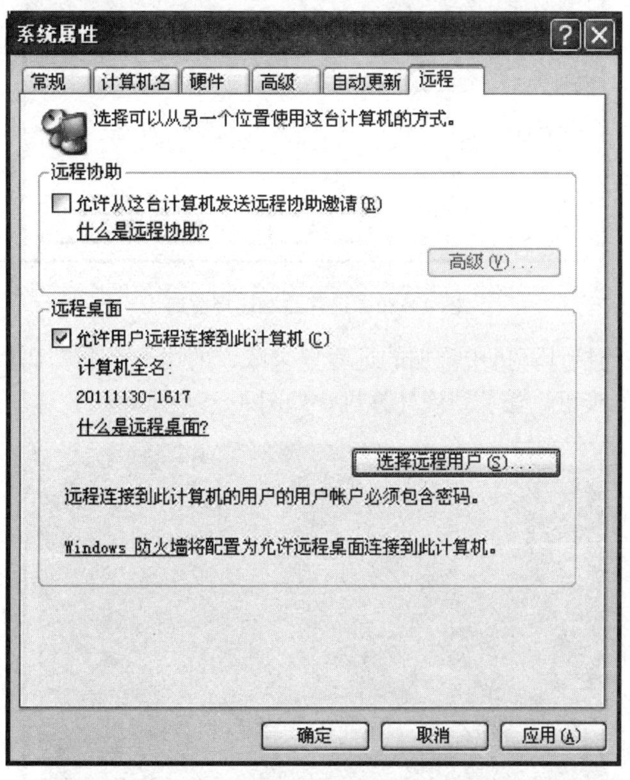

图 4—78　“系统属性”设置对话框

（12）启用了本地计算机远程桌面连接功能后，在远程计算机端，单击“开始”，选择“程序”，选择“附件”，选择“远程桌面连接”命令选项。打开“远程桌面连接”窗口，如图 4—79 所示。

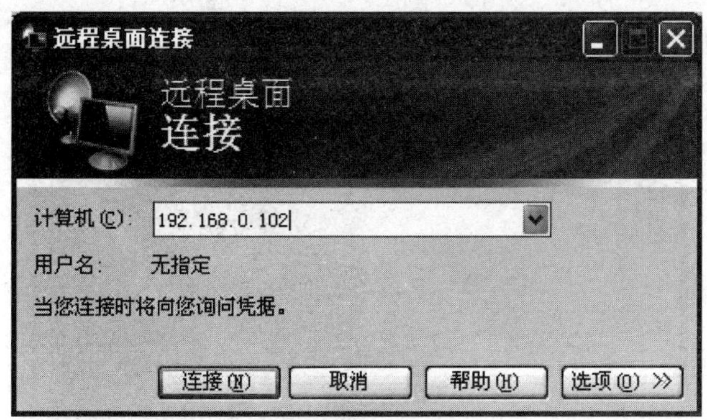

图 4—79　“远程桌面连接”窗口

（13）在“计算机”编辑栏输入要连接的计算机的 IP 地址或计算机名，单击“连接”按钮，出现远程终端连接窗口，如图 4—80 所示。

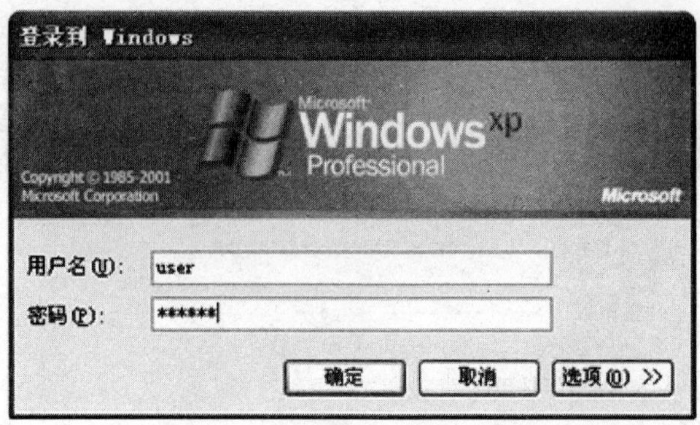

图 4—80　远程终端连接窗口

（14）输入被连接计算机中添加的远程登录账户的用户名和密码，如：USER 和密码，单击“确定”按钮，登录到该计算机，如图 4—81 所示。

图 4—81　远程桌面连接登录成功窗口

（15）远程连接后，管理员可以对该计算机实施远程管理。若要退出远程桌面，单击“开始”，如图 4—82 所示，选择“断开”，出现“断开 Windows”确认对话框，单击“确定”按钮即可。

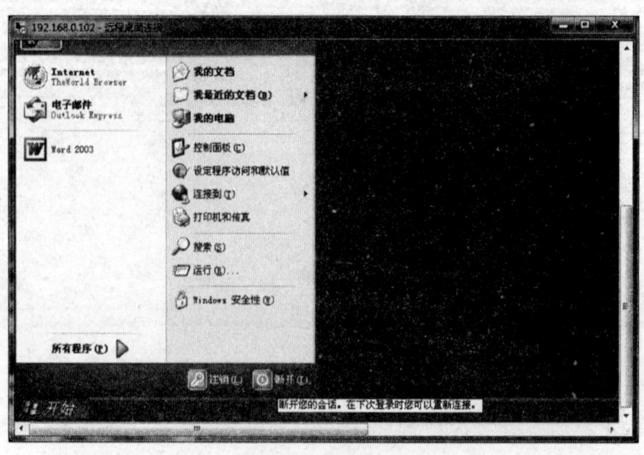

图 4—82　退出远程桌面连接窗口

2. 远程协助

(1) 需要帮助的计算机启用远程协助，右击“我的电脑”，选择“属性”，打开“系统属性”设置对话框，选择“远程”选项卡，如图 4—83 所示。

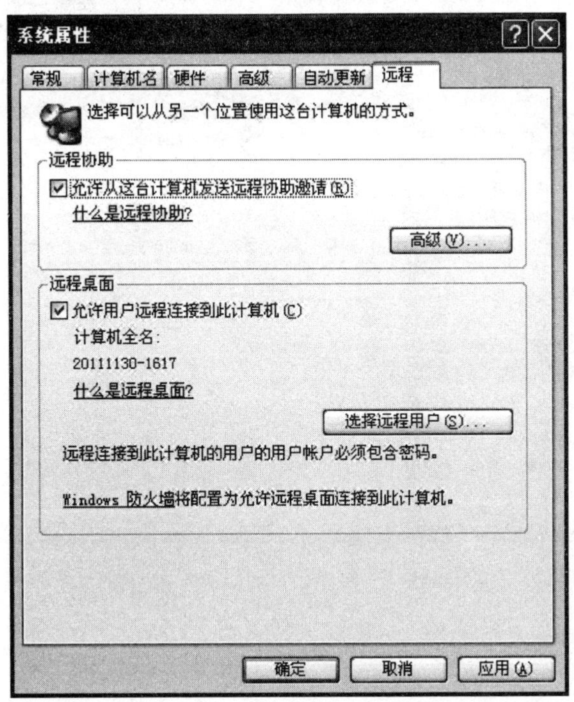

图 4—83　“系统属性”设置对话框

(2) 在远程协助栏勾选“允许从这台计算机发送远程协助邀请”，单击“确定”按钮，启用了远程协助之后，该计算机可以向网络中的计算机发送协助邀请。

(3) 发送请求远程协助，单击“开始”按钮，选择“帮助和支持”，出现“帮助和支持中心”窗口，如图 4—84 所示。

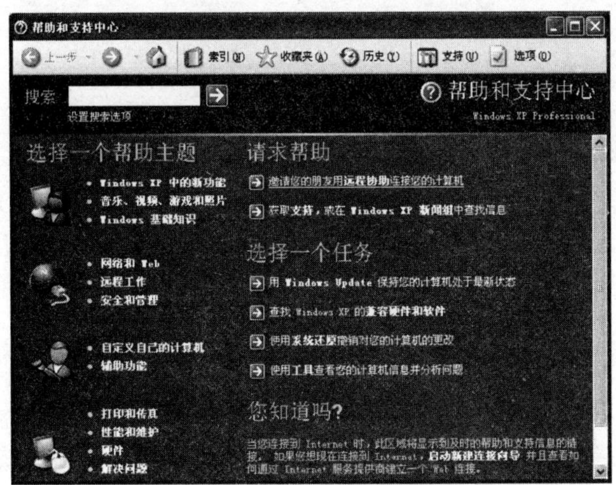

图 4—84　“帮助和支持中心”窗口

（4）单击“邀请您的朋友用远程协助连接您的计算机”，出现“帮助和支持中心”邀请窗口，如图 4—85 所示。

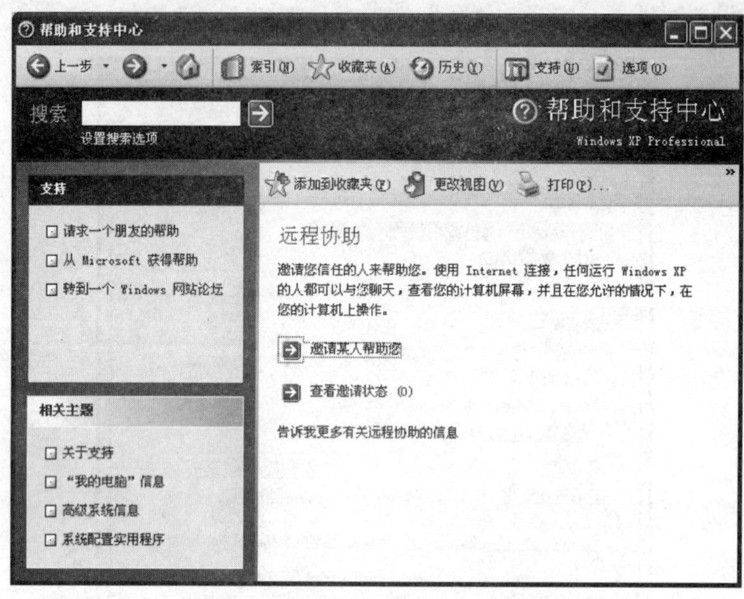

图 4—85 “帮助和支持中心”邀请窗口

（5）单击“邀请某人帮助您”，出现“帮助和支持中心”选择邀请方式窗口，如图 4—86 所示。

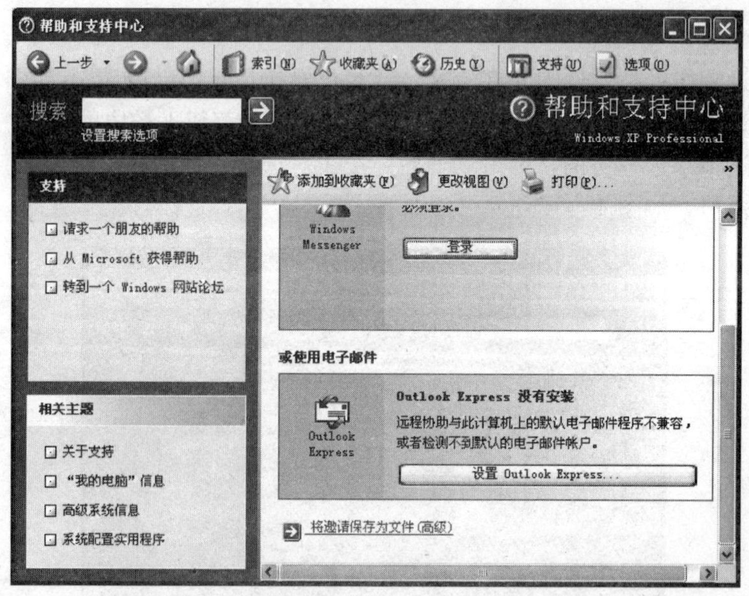

图 4—86 “帮助和支持中心”选择邀请方式窗口

（6）单击“将邀请保存为文件”，出现“帮助和支持中心”输入您的姓名窗口，如图 4—87 所示。

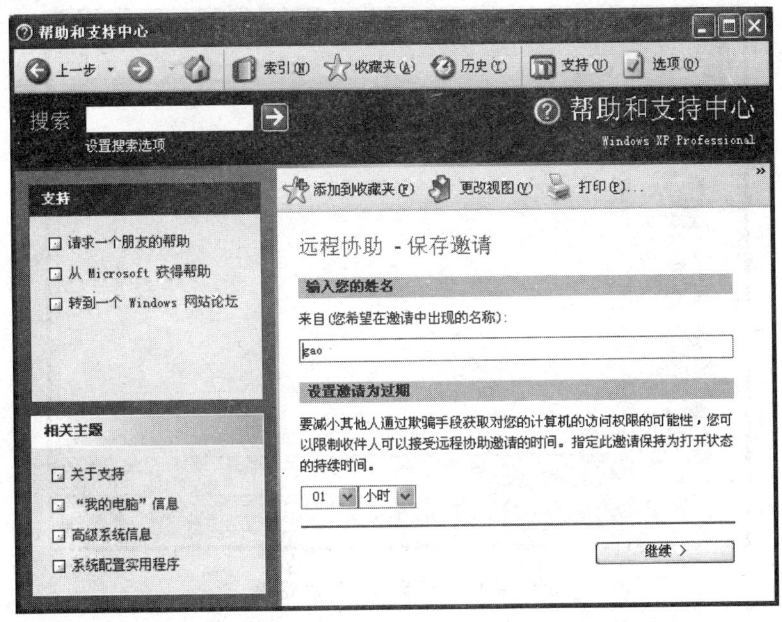

图 4—87　“帮助和支持中心”输入您的姓名窗口

（7）输入你希望在邀请中出现的姓名（如：gao），设置邀请的限制时间后，单击“继续”按钮，出现“帮助和支持中心”为收件人设置使用密码打开文件窗口，如图 4—88 所示。

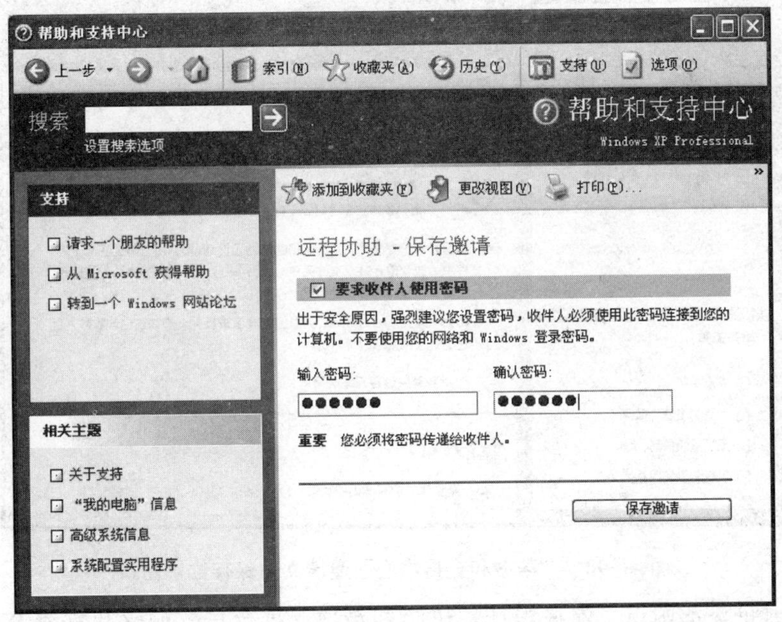

图 4—88　“帮助和支持中心”为收件人设置使用密码打开文件窗口

（8）输入密码和确认密码，单击“保存邀请”按钮，出现选择文件保存路径“另存为”对话框，如图 4—89 所示。

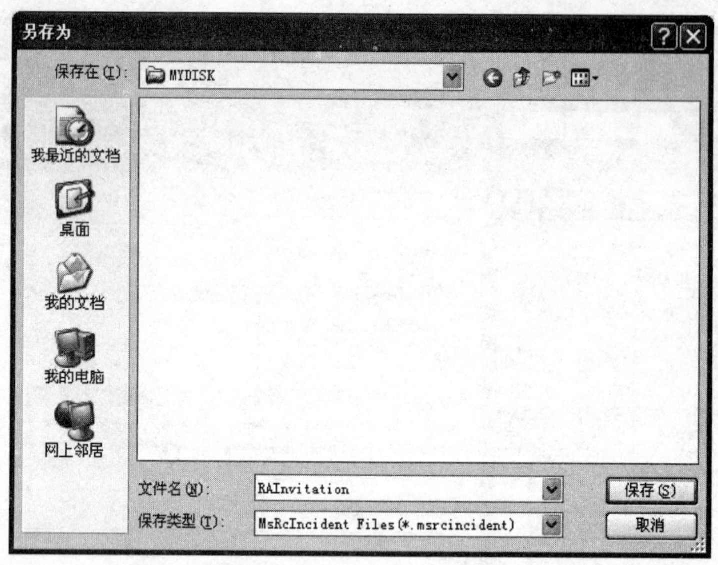

图 4—89 “另存为”对话框

(9) 选择保存路径，如：“E：\ MYDISK”共享文件夹中，单击“保存”按钮，出现“帮助和支持中心”邀请文件保存位置窗口，如图 4—90 所示。

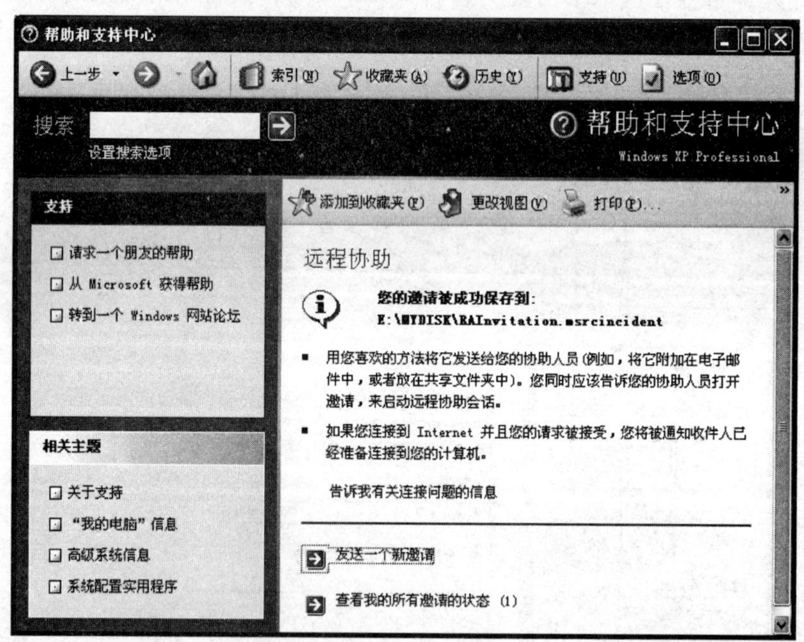

图 4—90 “帮助和支持中心”邀请文件保存位置窗口

(10) 帮助邀请用户，在远程计算机收到邀请文件之后（网络共享或 Web 电子邮件方式获得），双击邀请文件，输入打开密码，单击“是”按钮，此时，发送邀请帮助的计算机显示是否接受远程协助对话框，若接受，单击“是”按钮，该计算机获得远程计算机的帮助。

工作页与评价

第四单元	局域网管理与维护					
工作名称	任务一：局域网的管理					
工作时间	年 月 日	地点		工作组号		
工作材料						
小组成员	组长： 组员：					
工作目标						
工作过程	工作任务	工作记录	评价			
			A	B	C	D
	网络布线管理					
	NTFS 权限与用户管理					
	系统防火墙管理					
	DNS 服务器管理					
	DHCP 服务器管理					
	远程管理与协助					
反馈意见						
教师签字						

评价标准	等级 工作任务	A	B	C
	网络布线管理	能设计出简明精准的信息标示；能制作工程平面图；能根据工程平面图制作说明文档。	能设计出简明精准的信息标示；能制作工程平面图；不能根据工程平面图制作说明文档。	能设计出简明精准的信息标示；不能制作工程平面图。
	设置 NTFS 权限	能正确使用命令转换 NTFS 分区；正确为文件夹或磁盘设置用户权限；正确为文件夹或磁盘设置用户组权限。	能正确使用命令转换 NTFS 分区；正确为文件夹或磁盘设置用户权限；为文件夹或磁盘设置用户组权限错误。	能正确使用命令转换 NTFS 分区；为文件夹或磁盘设置用户权限错误。
	创建本地和域用户账户	正确创建本地用户；正确创建域用户；正确按需求为域用户设置参数。	正确创建本地用户；正确创建域用户；按需求为域用户设置参数错误。	正确创建本地用户；创建域用户错误。
	系统防火墙管理	启动系统防火墙并按需求设置安全策略。	能正确启用系统防火墙；按需求设置安全策略错误。	能找到系统防火墙位置。
	DNS 服务器管理	正确建立正向域；正确创建 DNS 域；正确建立主机；正确建立反向域。	正确建立正向域；正确创建 DNS 域；正确建立主机；反向域建立错误。	正确建立正向域；创建 DNS 域或主机错误。

续前表

	等级 / 工作任务	A	B	C
评价标准	DHCP 服务器管理	正确建立作用域；正确设置作用域地址范围和掩码；正确设置排除地址；正确设置租约时间；正确设置网络参数。	正确建立作用域；正确设置作用域地址范围和掩码；正确设置排除地址；正确设置租约时间；设置网络参数错误。	正确建立作用域；正确设置作用域地址范围和掩码；设置排除地址或租约时间错误。
	远程管理与协助	正确开启设备远程协助设置；正确为远程协助添加用户；使用远程协助正确登入对方电脑；正确发送远程协助邀请。	正确开启设备远程协助设置；正确为远程协助添加用户；使用远程协助正确登入对方电脑；发送远程协助邀请设置错误。	正确开启设备远程协助设置；正确为远程协助添加用户；使用远程协助登入对方电脑失败。

注：未达到 C 标准的视为 D。

问题讨论：

1. 如何检查网络布线？
2. 如何管理网络用户、文件或文件夹的权限？
3. 如何设置系统防火墙？
4. 如何设置 DNS 和 DHCP 服务器？
5. 如何利用服务器系统维护工具管理网络？
6. 如何进行远程管理与协助？

相关知识

一、域名系统（DNS）

DNS 是 Internet 和 TCP/IP 网络中广泛使用的、用于提供名字登记和名字到地址转换的一组协议和服务。DNS 服务免除了用户记忆枯燥的 IP 地址的烦恼，可以使用具有层次结构的“友好”的名字来定位本地 TCP/IP 网络和 Internet 上的主机及其他资源。了解其基本概念和原理，是计算机从业人员的基本素质要求之一。

1. DNS 的基本概念

在互联网上浏览网站时，使用的大都是便于用户记忆的称之为主机名的友好名字，例如：网易的主机名为 www.163.com，用户在访问网易的时候一般用 www.163.com 访问，而很少有人使用其 IP 地址去访问。而用户的计算机使用 www.163.com 来访问网易的网站时，得先设法找到该服务器相应的 IP 地址，客户与服务器之间仍然是通过 IP 地址进行连接的。用于存储该 Web 域名和 IP 地址，并接受客户查询的计算机，称为 DNS 服务器。

DNS 通过分布式名字数据库系统，为管理大规模网络中的主机名和相关信息提供了一种稳健的方法。

2. DNS 域名结构

DNS 包括命名的方式和对名字的管理。DNS 的命名系统是一种叫做域名空间（Domain Name Space）的层次性的逻辑树形结构。其犹如一颗倒立的树，树根在最上面。域名空间的根由 Internet 域名管理机构 InterNIC 负责管理。InterNIC 负责划分数据库的名字信息，使用名字服务器（DNS 服务器）来管理域名，每个 DNS 服务器中有一个数据库文件，其中包含了域名树中某个区域的记录信息。

Internet 将所有联网主机的名字空间划分为许多不同的域。树根（root）下是最高一级的域，再往下是二级、三级域，最高一级的域名叫做顶级（或称一级）域名。如图 4—91 所示的例子：域名 www. south. contoso. com 中，com 是一级域名，contoso 是二级域名，south 是三级域名，也叫子域名，而 www 是主机名。

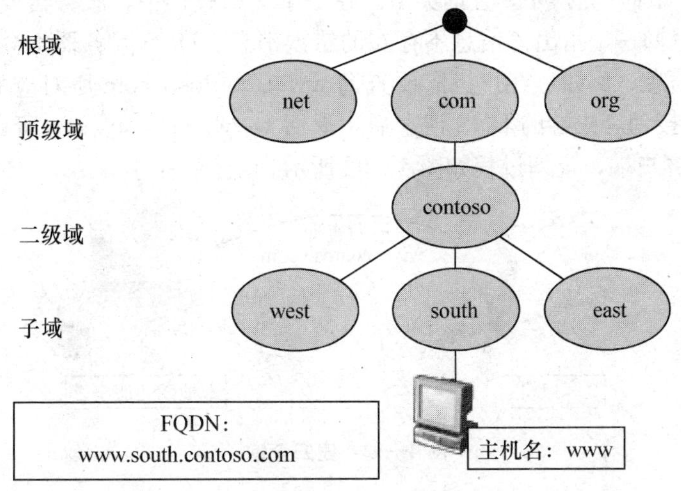

图 4—91　各级域名的层次结构关系

3. DNS 域名类型

DNS 域名是按组织来划分的，Internet 中最初规定的一级域名有 7 个，其中 com 代表商业机构，edu 代表教育机构，mil 代表军事机构，gov 代表政府部门，net 代表提供网络服务的部门，org 代表非商业机构，xx 代表国家或者地区。此外，ICANN 还在 2000 年新增了七个域名，这七个新增域名后缀分别是：. info（提供信息服务的单位）、. biz（公司）、. name（个人）、. pro（专业人士）、. museum（博物馆）、. coop（商业合作机构）和. aero（航空业）。

一般情况下，域名可以向提供域名注册服务的网站进行在线申请。例如，可以向中国互联网络信息中心（CNNIC）的网站 http://www. cnnic. net. cn 查看并注册域名。企业如果需要部署自己的 DNS 服务器、需要安装 Active Directory 或希望 Internet 用户对企业内部计算机进行访问时，必须架设 DNS 服务器。

4. DNS 域名的解析方式

DNS 客户端向 DNS 服务器提出查询，DNS 服务器作出响应的过程称为域名解析。

通过这个过程，DNS客户端得到需要查询的域名的IP地址，或者通过IP地址得到域名。

（1）正向解析与反向解析。

当DNS客户端向DNS服务器提交域名查询IP地址，或DNS服务器向另一台DNS服务器（提出查询的DNS服务器相对而言也是DNS客户端）提交域名查询IP地址，DNS服务器做出响应的过程称为正向解析。

反过来，如果DNS客户端向DNS服务器提交IP地址而查询域名，DNS服务器作出响应的过程则称为反向解析。

（2）递归查询与迭代查询。

根据DNS服务器对DNS客户端的不同响应方式，域名解析可分为有2种类型：递归查询和迭代查询。

递归查询：最简单的DNS查询类型。在一个递归查询中，服务器或者返回客户请求的信息或者返回一个指出该信息不存在的错误消息。DNS服务器不会尝试联系别的服务器以获取信息。例如，客户机需要查询www.contoso.com所对应的IP地址，本地DNS服务器接到客户端的DNS请求后，返回www.contoso.com所对应的IP地址172.16.1.1给客户端，查询过程如图4—92所示。

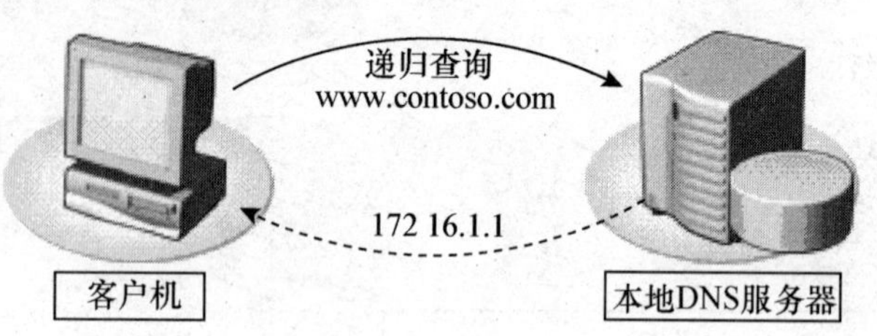

图4—92　递归查询

迭代查询：在迭代查询中，名字服务器返回它们具有的最好的信息。虽然一个DNS服务器可能不知道某个友好的名字的IP地址，它可能知道可能具有要找的IP地址的名字服务器的IP地址，所以它将信息发回。

如图4—93所示的迭代查询的步骤详细解释如下：

①本地名字服务器（DNS服务器）从一个客户系统接收到一个要对一个友好的名字（比如说www.163.com.）进行域名解析的请求。

②本地名字服务器检查它自己的记录。如果找到地址，就返回给客户；如果没有找到，本地名字服务器继续下面的步骤。

③本地名字服务器向根（域名最后的“.”）名字服务器发送一个迭代请求。

④根名字服务器为本地服务器提供顶级名字服务器（.com、.net等）的地址。

⑤本地名字服务器向顶级名字服务器发送一个迭代查询。

⑥顶级名字服务器向本地域名服务器回答管理友好名字的域（比如163.com）的域名服务器的IP地址。

⑦本地名字服务器向友好名字的域的名字服务器发送一个迭代查询。

⑧友好名字的名字服务器提供查找的友好名字（www.163.com）的IP地址。

本地名字服务器将这个 IP 地址传给客户。看上去很复杂，但处理过程在瞬间完成。或者如果地址没有找到，就会返回给客户一个 404 错误。

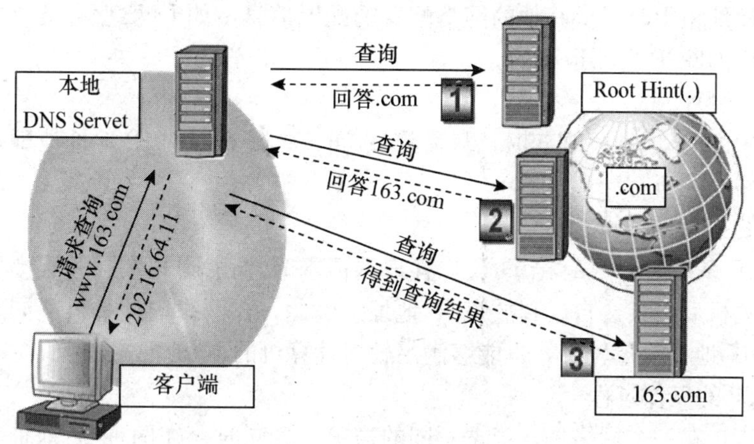

图 4—93　迭代查询

二、动态主机配置协议（DHCP）

DHCP 是 Dynamic Host Configuration Protocol 的缩写，即动态主机配置协议，是一种简化计算机 IP 地址分配管理的 TCP/IP 标准协议。网络管理员可以利用 DHCP 服务器动态分配 IP 地址及其他相关的环境配置工作。

1. 两种配置 IP 地址的方法

一般而言，可以有以下两种方法来配置 TCP/IP 参数：

（1）手工配置 TCP/IP。

在网络中手工配置 TCP/IP 时，必须在每一个客户计算机上输入一个 IP 地址。这不仅费时费力，也意味着用户可能输入错误的或者非法的 IP 地址，而没有使用来自网络管理员的合法的 IP 地址。错误的 IP 地址可能导致网络问题，如 IP 地址冲突等。对于这类问题，追踪根源相对比较困难。此外，如果计算机频繁地从一个子网移动到另一个子网，也会加大对网络进行日常管理所需要的开销。

（2）自动配置 TCP/IP。

利用 DHCP 服务器自动配置 TCP/IP，意味着用户不用从管理员那里获得 IP 地址，而是由 DHCP 服务器为 DHCP 客户机自动提供所有必要的配置。这样做还可以确保网络客户总是使用正确的配置信息，因而消除了网络问题的一个常见的来源。最后，DHCP 还可以自动更新客户机配置信息，以反映网络结构的变化，以及用户在物理网络中位置的变化，而无须用人工的方式重新配置客户机 IP 地址。

2. DHCP 的优点

（1）安全而可靠的配置。

DHCP 避免了由于需要手工在每个计算机上输入 IP 地址参数而引起的配置错误。DHCP有助于防止由于在网络上配置新的计算机时重复使用以前指派的 IP 地址而引起的地址冲突。

（2）减少配置管理。

使用 DHCP 服务器可以大大降低用于配置客户端计算机的时间，可以配置服务器以便在指派地址租用时提供其他的网络配置的配置信息，如 DNS 服务器、网关等。这些信息是使用 DHCP 选项指派的。

（3）便于管理。

当网络中的 IP 地址段改变时，只需修改 DHCP 服务器的 IP 地址池即可，而不必逐台修改网络中的所有计算机。

（4）节约 IP 地址资源。

在 DHCP 系统中，只有当 DHCP 客户端请求时才由 DHCP 服务器提供 IP 地址，而当计算机关机后，又会自动释放该 IP 地址。因此，在网络内计算机不同时开机的情况下，即使 IP 地址数量较少，也能够满足较多计算机的 IP 地址需求。

3. DHCP 的工作过程

一般而言，在一个网络中，根据不同的需求，会同时存在两种 IP 地址情况。一种是静态的地址，一种是由 DHCP 服务器动态分配的。如图 4—94 所示。

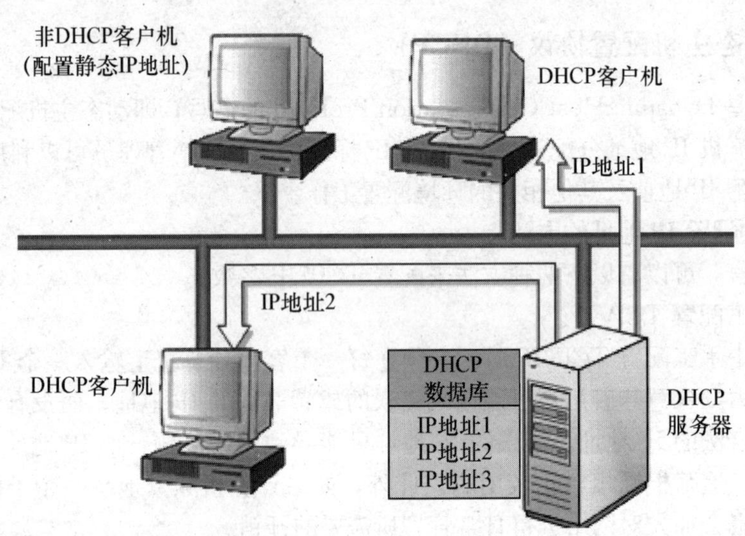

图 4—94　两种 IP 地址同时存在

具有静态 IP 地址的机器一般是各种服务器，如 WWW，FTP，DNS 等。对于其他工作的机器，一般都采用 DHCP 方式获得 IP 地址。

DHCP 客户使用两种不同的过程来与 DHCP 服务器通信并获得 TCP/IP 配置。过程的步骤随客户机是初始化获得还是刷新其已有配置而有所不同。当客户机首次启动并尝试加入网络时，执行的是初始化过程；而在客户机拥有 IP 之后将执行刷新过程。

（1）初始化过程。

启用 DHCP 的客户机首次启动时，会自动执行初始化过程以便从 DHCP 服务器获得 IP 租用，这个过程如图 4—95 所示，主要分为四个步骤：

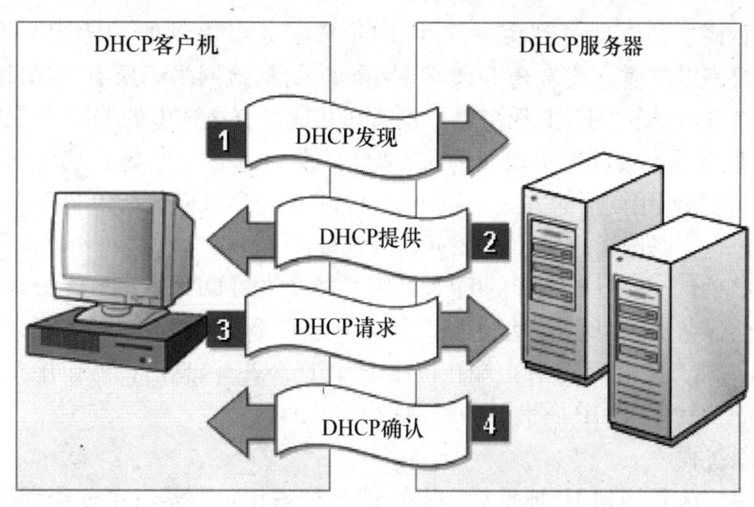

图 4—95 初始化过程

①DHCP 发现。当计算机被设置为自动获取 IP 地址时，既不知道自己的 IP 地址，也不知道 DHCP 服务器的 IP 地址。它会使用 0.0.0.0 作为自己的 IP 地址，255.255.255.255 作为目标地址，发送 DHCP Discover 广播包。此广播包中还包括了客户端网卡的 MAC 地址和 NetBIOS 名称，因此 DHCP 服务器能够确定是哪个客户机发送的请求。当发送第一个 DHCP Discover 广播包后，DHCP 客户端将等待 1 秒，如果在此期间没有 DHCP 服务器的响应，DHCP 客户端将分别在第 9 秒、第 13 秒和第 16 秒时重复发送 DHCP Discover 广播包。如果仍旧没有得到 DHCP 服务器的应答，将再每隔 5 分钟广播一次，直到得到应答为止。

同时，Windows 98/Me/2000/XP 客户端将自动从 Microsoft 保留 IP 地址段中选择一个自动私有地址（APIPA，Automatic Private IP Address）作为自己的 IP 地址。自动私有 IP 地址的范围是 169.254.0.1～169.254.255.254。使用自动私有 IP 地址使得当 DHCP 服务器不可用时，DHCP 客户端之间仍然可以利用自动私有 IP 地址进行通信。所以，即使在网络中没有 DHCP 服务器，计算机之间仍然可以通过网上邻居发现彼此。

②DHCP 提供。当网络中的 DHCP 服务器收到 DHCP 客户端的 DHCP Discover 信息后，将从 IP 地址池中选取一个未出租的 IP 地址并利用广播方式提供给 DHCP 客户端，由于 DHCP 客户机还没有合法的 IP 地址，因此该消息仍然使用 255.255.255.255 作为目的地址。在没有将该 IP 地址正式租用给 DHCP 客户端之前，这个 IP 地址会暂时被保留起来，以免再分配给其他的 DHCP 客户端。DHCP 服务器发出的 DHCP Offer 广播包提供了客户端需要的相关的参数，消息中包含如下信息：客户机的硬件地址、提供的 IP 地址、子网掩码和租用期限。

如果网络中有多台 DHCP 服务器，这些 DHCP 服务器都收到了 DHCP 客户端的 DHCP Discover 消息，同时这些 DHCP 服务器都广播了一个 DHCP Offer 给 DHCP 客户端时，则 DHCP 客户端将从收到的第一个应答消息中获得 IP 地址及其配置。

③DHCP请求。一旦收到第一个由DHCP服务器提供的DHCP Offer信息后，DHCP客户机将以广播方式发送DHCP Request信息给网络中所有的DHCP服务器。这样，既通知它选择的DHCP服务器，也通知其他没有被选中的DHCP服务器，以便这些DHCP服务器释放其原本保留的IP地址，供其他DHCP客户端使用。此DHCP Request信息仍然使用广播的方式，原地址为0.0.0.0，目标地址为255.255.255.255，在信息包中包含了所选择的DHCP服务器的地址。

④DHCP确认。一旦被选择的DHCP服务器接收到DHCP客户端的DHCP请求信息后，就将已保留的IP地址标识为已租用，并以广播方式发送一个DHCP ACK消息给DHCP客户端。该DHCP客户端在接收DHCP ACK消息后，就使用此消息提供的相关参数来配置其TCP/IP属性并加入网络。

(2) 刷新过程。

DHCP客户端租用到IP地址后，不可能长期占用，而是有个使用期限，即租期。IP地址的更新可以采用自动更新，也可以手动更新。

①自动更新。DHCP客户机在它们的租用期限已过去一半时，自动尝试更新它的租约。为了尝试更新 租约，DHCP客户机直接向它获取租用的DHCP服务器发送一个DHCP Request消息。如果该DHCP服务器可用，它即更新该租约，客户端开始一个新的租用周期，并发送给该客户机一个DHCP ACK消息，其中包含新的租约期限和任何已经更新的配置参数。如果DHCP服务器暂时不可使用，那么客户机可以继续使用原来的IP地址及其配置，但是该DHCP客户端在租期达到87.5%时，再次利用广播方式发送一个DHCP Request消息，以便找到一台可以继续提供租期的DHCP服务器。如果仍然续租失败，则该DHCP客户端会立即放弃其正在使用的IP地址，以便重新向DHCP服务器获得一个新的IP地址。

②手动更新。使用ipconfig命令可以进行手动更新。这个命令可向DHCP服务器发送一个DHCP Request消息，用于更新配置选项和更新租用时间，同时也可以释放已分配给客户端的IP地址。使用“ipconfig/renew”命令更新现有客户端的配置或者获得新配置。在Windows XP客户端计算机上运行：“开始”|“所有程序”|“附件”|“命令提示符”，在提示符下输入“ipconfig/renew”命令。命令执行完成，可以使用“ipconfig/renew”命令查看结果。可以使用“ipconfig/release”释放获得的DHCP配置。

工作技巧

1. 电缆故障

症状：如果某台电脑能够连接到网络，性能就严重降低。这台电脑也可能根本无法连接到网络。

原因：在今天的网络中，到达桌面的千兆连接非常普遍。这种连接要求四对电缆，低于五类线的任何线缆都无法实现千兆的速率。在一些较老的建筑中，必须考虑这个问题。此外，电缆的任何松散都会引起信号丢失，这会导致交换机端口或网卡上的FCS错误。

解决方法：在与电缆有关的大多数问题，解决的最简单方法就是替换电缆。如果问题是由于电缆松散造成的，重新加固可以解决问题。如果你的网络要支持新技术，如千兆技术或 Power over Ethernet，电缆就必须是五类线或更高标准。

2. DNS 服务问题

症状：用户无法访问互联网或关键应用。网络看似已经“宕”掉。

原因：可能是 DNS 的原因。客户端电脑无法用被访问服务器的 IP 地址来解析服务器的名字，所以它将无法发送连接请求。这通常是由于在客户端上错误配置 DNS 服务器造成的，这时的客户端发送 DNS 请求后，DNS 服务器无法在数据库中找到记录，或是发生了数据包丢失。DNS 是一个基于 UDP 的协议，所以丢失的数据包无法转发，导致 DNS 故障。

解决方法：检查客户端的配置，查看其使用了什么 DNS 服务器。如果服务器配置错误，就要在客户端中或在 DHCP 服务器中调整这种设置。反复通过客户端连接进行测试，进而决定是否由于数据包的丢失导致了响应延迟。如果数据包丢失，就应查找客户端与服务器之间的以太网错误。捕获失败的 DNS 请求，根据所获取的信息决定是否存在来自服务器的响应。理想情况下，管理人员可以设置一种可以持续地测试 DNS 服务器的工具，在发生问题时这种工具可以发出警告。

3. 无线客户端无法连接

症状：客户端可以检测到无线接入点，但无法连接到无线网络。

原因：安全凭证、无线信道串扰、盲点等都可导致此问题。因为无线连接是看不见、摸不着的，所以如果没有一种恰当的工具，想要跟踪这些问题是非常困难的。

解决方法：使用一种无线监视工具来测量受影响区域的信号强度，如果可能的话，在此区域中执行一次现场检查，查找欺诈性或未知的接入点。这种接入点可能在配置时重叠了无线通道，所以影响正常的合法用户。检查来自周围的接入点信号中的噪音，以及微波和无绳电话的噪音。在客户端试图连接到接入点时，可监视客户端，看哪一步发生了故障，是联系故障、身份验证故障，还是授权故障。

任务二　局域网的维护

任务分析

熟悉了局域网的管理，要想维护好局域网，还要熟悉局域网网络故障的分析与诊断，会使用网络监测维护工具监测网络，能检查网络服务器的设置，保证局域网各项参数设置正确，保障局域网络的正常运行。

任务准备

1. 记录网络故障

作为网络管理员，在排查网络故障之前，必须了解网络到底出了什么故障，并认真将故障现象仔细地记录下来，在观察和记录时一定要注意细节，排除大型网络故障如此，排除十几台计算机组成的小型局域网故障亦如此，因为有时正是一些最小的细节使整个问题变得明朗化。

2. 准备工具及软件

准备好网络故障排查工具和相应的系统软件或网络维护工具软件。

任务实施

一、网络故障的分析与排除

1. 网络故障分析

(1) 识别故障现象。

作为网络管理员，在排除故障之前，必须确切地知道网络上到底出了什么故障，是不能共享资源，还是找不到另一台计算机等，知道出了什么问题并能够及时识别是成功排除故障最重要的前提。为了与故障现象进行对比，必须知道系统在正常情况下是怎样工作的；反之，就不可能对问题和故障进行准确的定位。

(2) 列举可能导致错误的原因。

作为网络管理员，应当考虑导致网络故障的原因可能有哪些，如网卡硬件故障、网络连接故障、网络设备（集线器、交换机、路由器）故障、TCP/IP 协议设置不当等。这里需要注意的是：不要急着下结论，可以根据出错的可能性把这些原因按优先级别进行排序，一个一个地排除。

(3) 缩小搜索范围。

对所有列出的可能导致错误的原因逐一进行测试，而不要根据一次测试就断定某一区域的网络是运行正常或是不正常。另外，也不要在自己认为已经确定了的第一个错误上停下来，应直到测试完为止。

除了测试之外，网络管理员还要注意：千万不要忘记去看一看网卡、Hub、交换机、Modem、路由器面板上的 LED 指示灯。通常情况下，绿灯表示连接正常（Modem 需要几个绿灯和红灯都要亮），红灯表示连接故障，指示灯不亮表示无连接或线路不通，指示灯长时间亮表示广播风暴，指示灯有规律地闪烁才是网络正常运行的标志。同时还要记录所有观察及测试的手段和结果。

(4) 隔离错误。

经过一番检验和测试后，这时基本上知道了故障的部位，对于计算机的错误，可以开始检查该计算机网卡是否安装好，TCP/IP 协议是否安装并设置正确，Web 浏览器的连接设置是否得当等一切与已知故障现象有关的内容。注意在开机箱时，不要忘记静电对计算机芯片的危害以及正确拆卸计算机部件。

2. 计算机网卡故障

(1) 首先要确保所用网卡被该操作系统支持，并且使用了正确的网卡驱动程序。

(2) 如果配置后，重启系统时报错或使用 winipcfg 检查不到网卡的配置信息，说明网卡根本没有被操作系统检测到。对于 PCI 接口的网卡，可更换插槽试试。配置结束后，重启系统，再次检查网卡是否正常。

(3) 网卡在重启时正常检测，但不能同其他机器互联。这主要是由于子网掩码或IP地址配置错误、网线不通、网络协议不对、路由不对等几种情况。解决方法是首先Ping本网卡的回送地址（127.0.0.1），若通，则说明本机TCP/IP工作正常；若不通，则需重新配置并重新启动电脑。有些网卡缺省设置其速率为100M，也会导致网络不通，需要根据所联Hub（集线器）或Switch（交换机）口的速率，将其速率设置为10M、100M或设成自适应网线速率。

3. 计算机网络参数设置故障

实现局域网通信，需安装“NetBEUI”、“TCP/IP”协议和“网络文件与打印机共享”服务。检查计算机是否安装“NetBEUI”、“TCP/IP”协议，如果没有，建议安装这两个协议，并把参数配置好。使用Ping命令，测试与其他计算机的连接情况，TCP/IP协议涉及的参数有4个，包括IP地址、子网掩码、DNS（域名解析服务）和网关，任何一个设置不正确，都会导致网络故障的发生。另外，在同一个网络中两个或两个以上的计算机重名也可能造成故障。

只要更改计算机，使其在网络中具有唯一性就可以将故障排除。

4. 双绞线网线故障

双绞线的正确连接也很重要。对8根4对双绞线的不正确连接使用，也会影响通信效果。在10 Base-T标准中，第1、第2为一对线，第3、第6是一对线。在一对线的传输中，由于线路是双绞的，会将涡流相互抵消，延缓数据信号的衰减。如果线路不正确使用，就起不到涡流抵消的双绞线作用，使传输距离和传输速度都打了折扣。如果双方为同样的线序，表明是接Hub的直连线。如果为1、3，2、6反接，则为双机直连线，又称为Hub级连线。当双绞线出现故障时，大多数情况下无法直接从它本身查找到故障点，而要借助于其他设备（如网卡、交换机、测线仪等）来确定故障所在。

5. 网络设备故障

集线器（Hub）或交换机（Switch）是局域网中最为普及的设备。一般情况下，它会为查找网络故障提供方便，例如，通过观察与集线器或交换机连接端口的指示灯是否发亮可以判断网络连接是否正常。对于10/100Mbps自适应型集线器或交换机而言，还可通过连接端口指示灯的多数应用场合下，集线器或交换机的使用是有利于网络维护的。但是，在一些特殊的应用中，集线器或交换机的使用不当，将会给网络的连接带来问题。

在局域网中，当网络的连接范围较大时，可通过集线器之间的级联扩大网络的传输距离。在10Mbps网络中最多可级联四级，使网络的最大传输距离达到500m。但当网络从10Mbps升级到100Mbps或新建一个100Mbps的局域网时，如果采用普通的方法对100Mbps集线器进行连接将使局域网络无法正常工作。众所周知，在100Mbps网络中只允许对两个100Mbps网络中的两个100Mbps的集线器进行级联，而且两个100Mbps集线器之间的连接距离不能大于5m，所以100Mbps局域网在使用集线器时最大距离为205m。如果实际连接距离不符合以上要求，网络将无法连接。这一点一定要引起用户的足够重视，否则在用户规划网络时很容易造成严重的错误。

有些交换机的级联端口和与之紧靠的一个端口不是独立的两个端口，而应属于同一个端口（虽然存在两个独立的物理端口）。如果将其中一个端口作为级联端口使用，另一个端口将无效。一个交换机的级联口同另一台交换机的普通口用直通线进行连接，两台交换机的普通口或级联口用交叉线进行连接。

6. 广播风暴造成网络数据传输慢的故障

在局域网中，随着计算机数目的倍增，网络内部的信息量增大，而网络中的计算机或者服务器在进行数据传输有时采用广播方式。局域网内计算机采用的网络中央设备是交换机，它工作在OSI参考模型的第二层，它不能也没有能力屏蔽掉这些不必要的广播报文，所以交换机会把这个广播报文发送到它的每个端口，即局域网内的每台计算机都会收到这个广播报文。依次类推，其他计算机如果也发送这样的广播报文，可想而知，网络上都将充斥着这种广播报文，造成带宽利用率降低、数据传输慢等问题。

解决这种问题的关键在于如何能够屏蔽掉这些不必要的广播报文。给交换机划分VLAN可以屏蔽不必要的广播报文，划分VLAN实际上就是把局域网划分成不同的区域（即小的局域网），各区域内部可以互相通信，各区域间通过路由器进行通信，从而达到屏蔽广播的作用。在计算机或服务器发送广播报文的时候，只在其区域内进行广播，而不影响其他区域，其他区域内的数据通信可以正常地利用带宽。

二、查看网络运行信息

为了方便网络管理人员管理网络，Windows XP/Windows 2003 Server 网络操作系统提供了多种系统维护工具，下面介绍几种常见的系统维护工具。

1. 事件查看器

使用“事件查看器”，可以了解有关硬件、软件和系统问题。接下来介绍“事件查看器”的使用。

（1）单击“开始”，指向“程序”，指向“管理工具”，单击“事件查看器”，打开“事件查看器”窗口，如图4—96所示。

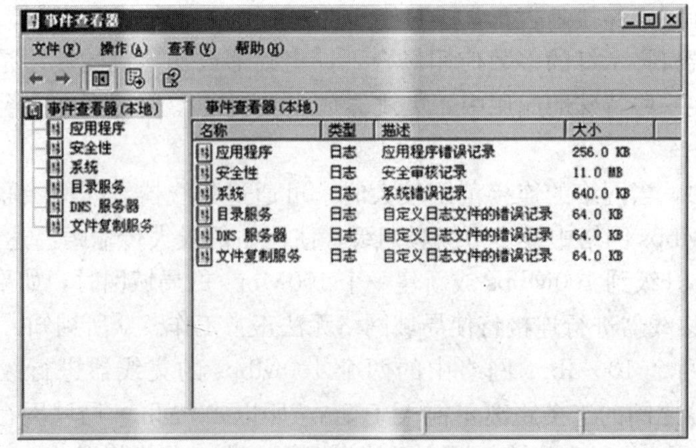

图4—96 “事件查看器”窗口

（2）在左窗格中单击要查看的事件，右窗格显示该类事件的全部事件。若要查看某个事件的详细信息，可在右窗格中双击该事件，打开“事件属性”对话框。如图4—97所示。

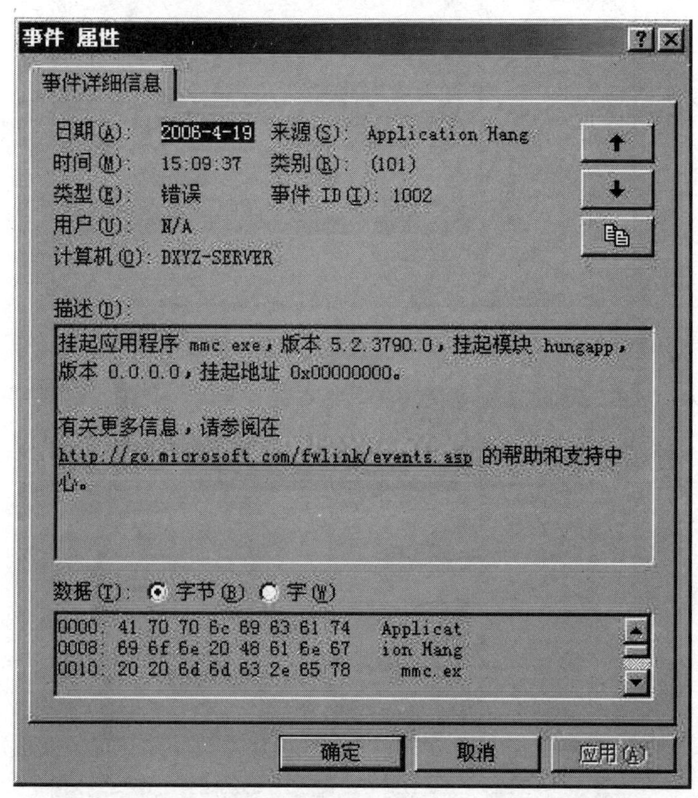

图4—97　“事件属性”对话框

2. 性能监视器

通过性能监视器的图表、日志和报告，可以使网络管理员看到特定的组件和应用进程的资源使用情况。利用性能监视器，可以测量计算机的性能，识别以及诊断计算机可能发生的错误，并且可以为某些应用程序或者附加硬件制作计划。另外，当资源使用达到某一限定值时，也可以使用警报来通知网络管理员。接下来介绍“性能监视器”的使用。

（1）单击“开始”，指向“程序”，指向“管理工具”，单击“性能”，打开“性能监视器”窗口，如图4—98所示。

（2）右击“详细窗口”，弹出快捷菜单，如图4—99所示。

（3）单击“添加计数器”命令，在出现的“添加计数器”对话框中可以添加相应的性能计数器，如图4—100所示。

（4）右击“详细窗口”，弹出快捷菜单。单击“属性”命令，出现“系统监视器 属性”对话框，可以设置相应的选项，如图4—101所示。

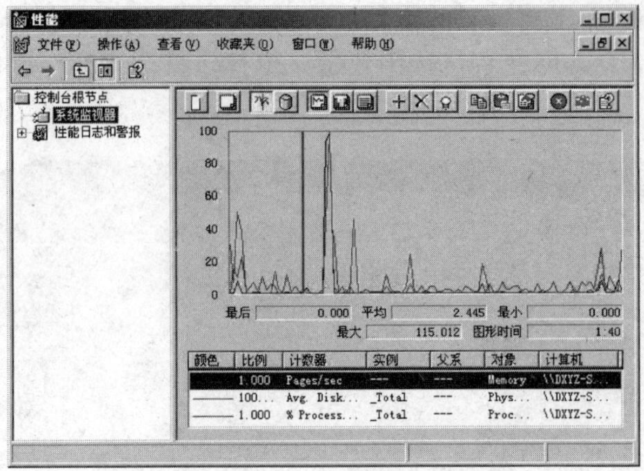

图 4—98 “性能监视器”窗口

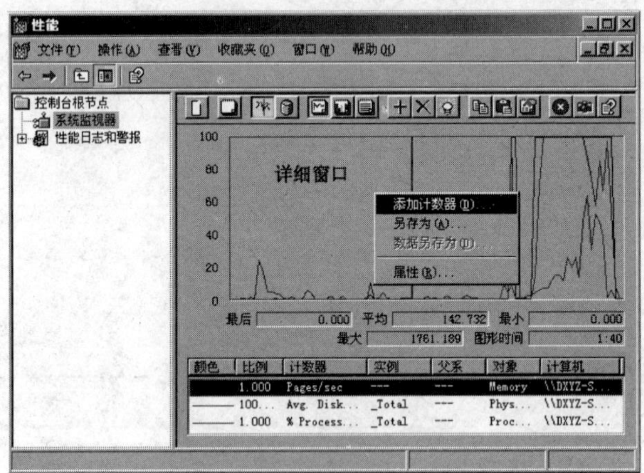

图 4—99 详细窗口快捷菜单

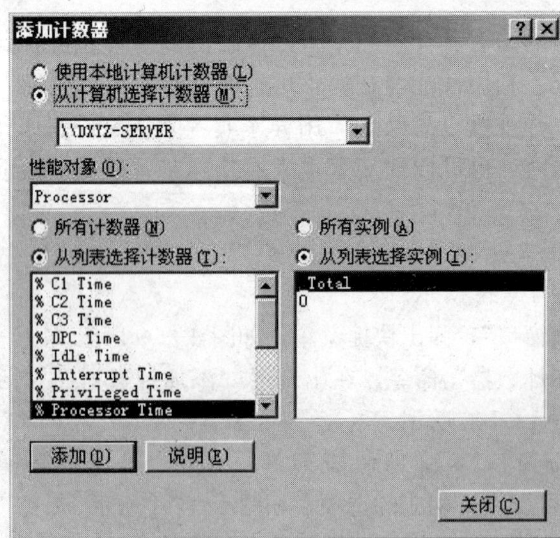

图 4—100 “添加计数器”对话框

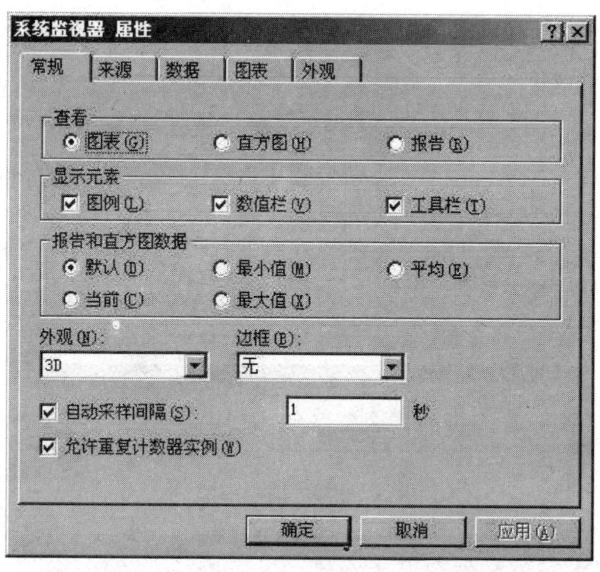

图 4—101 “系统监视器 属性”对话框

3. 网络监视器

网络监视器可以运行在一台或者多台客户机和服务器上，捕获各种网络数据信息，以便网络管理员调整网络设置和预防、诊断和解决多种网络问题。接下来介绍“网络监视器”的使用。

（1）单击“开始”，指向“程序”，指向“管理工具”，单击“网络监视器”，打开“网络监视器”窗口，如图 4—102 所示。

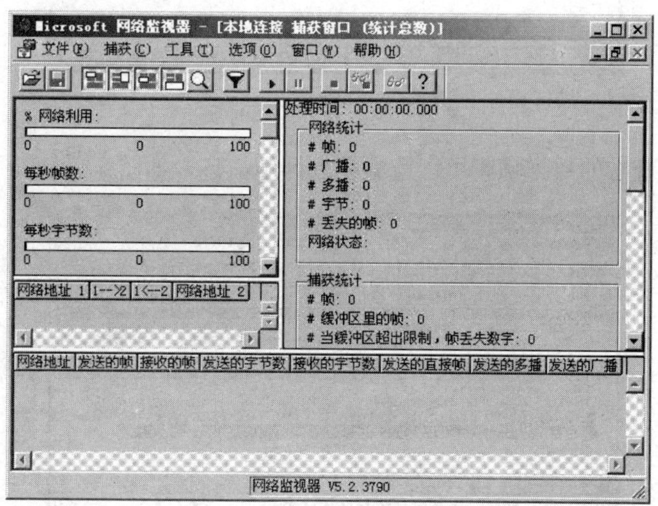

图 4—102 “网络监视器”窗口

（2）单击“捕获”菜单，单击“开始”命令，捕获开始，如图 4—103 所示。

（3）单击“捕获”菜单，单击“停止并查看”命令，可以查看捕获的帧，如图 4—104所示。

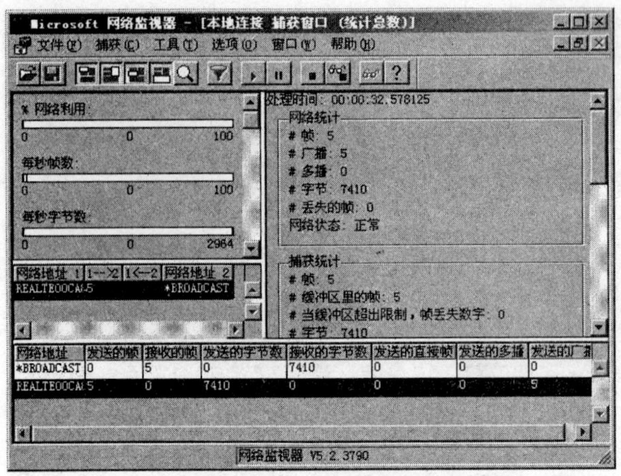

图 4—103　捕获窗口

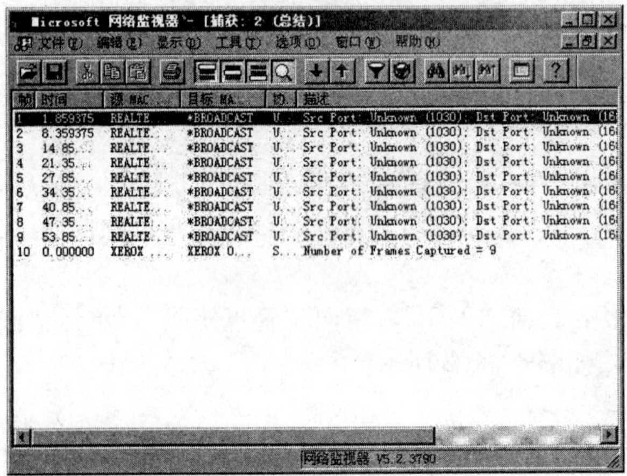

图 4—104　查看捕获的帧

（4）双击要查看的数据帧，可以查看帧的详细信息，如图 4—105 所示。

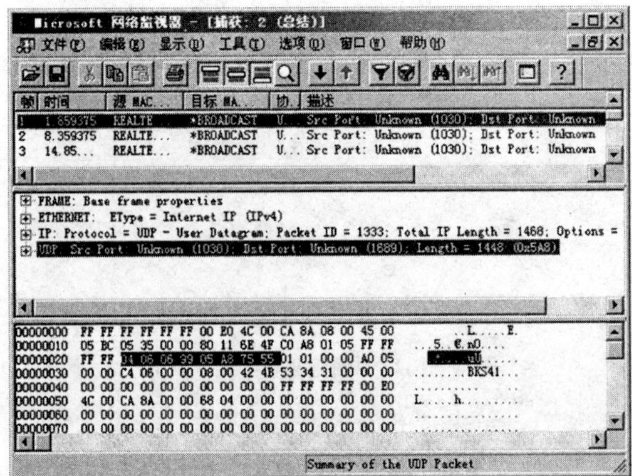

图 4—105　查看帧的详细信息

三、查看系统防火墙的设置

网络连接访问，有时需要临时取消系统防火墙，才能互相连接通信，具体操作如下：

(1) 右击“网上邻居”弹出快捷菜单，单击“属性”命令选项，出现“网络连接”窗口，如图 4—106 所示。

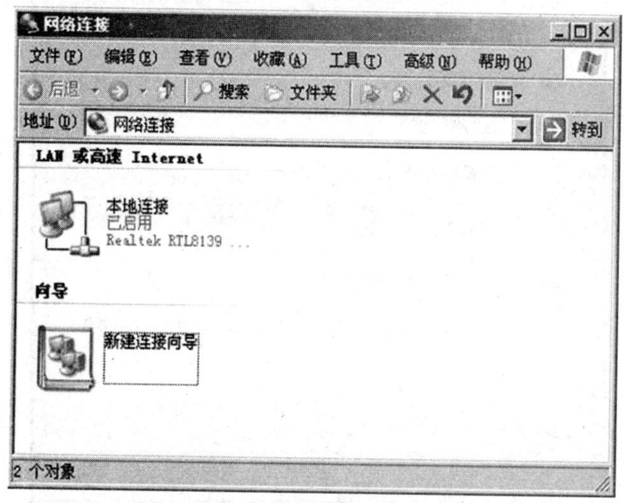

图 4—106 “网络连接”窗口

(2) 右击“本地连接”弹出快捷菜单，单击“属性”命令选项，出现“本地连接 属性”对话框，如图 4—107 所示。

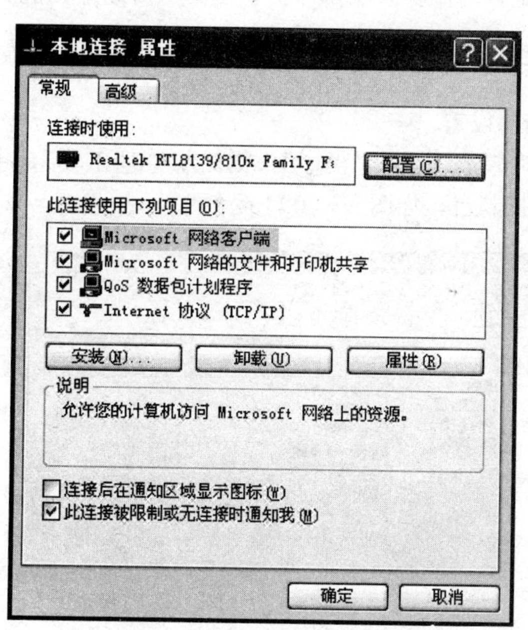

图 4—107 “本地连接 属性”对话框

(3) 选择“高级”选项卡，单击“设置”按钮，打开“Windows 防火墙”设置对话框，如图 4—108 所示。

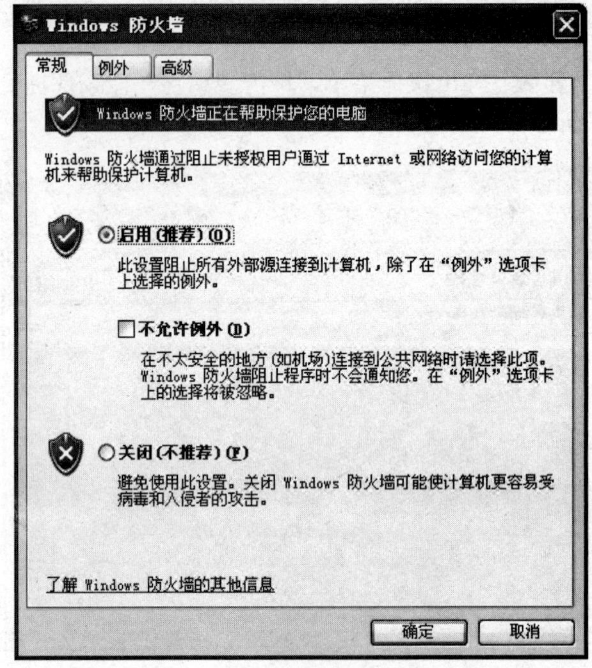

图 4—108 “Windows 防火墙”设置对话框

(4) 在“常规”选项卡中若启用防火墙，选中“启用”项，若关闭防火墙，选中“关闭”项，从而设置是否启用防火墙来保护来自网络对此计算机的连接。

四、排查 DNS 与 DHCP 服务器设置

1. 排查 DNS 服务器设置

(1) 单击“开始”按钮，指向“程序”，指向“管理工具”，单击“DNS”命令选项，打开 DNS 服务器控制台，如图 4—109 所示。

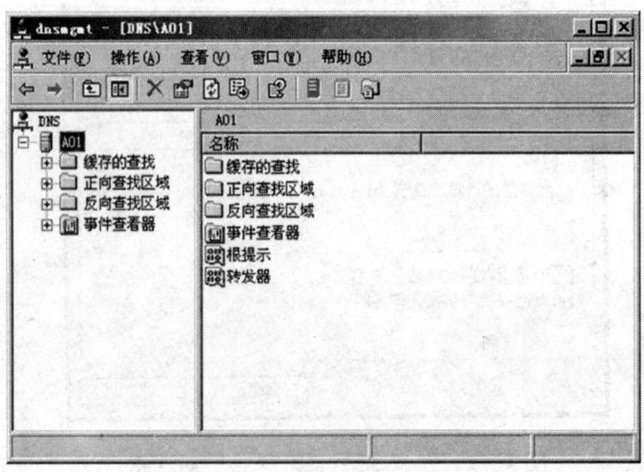

图 4—109 DNS 服务器控制台

（2）单击“正向查找区域”，展开并查看创建的“DNS 正向查找区域”是否正确，如图 4—110 所示。

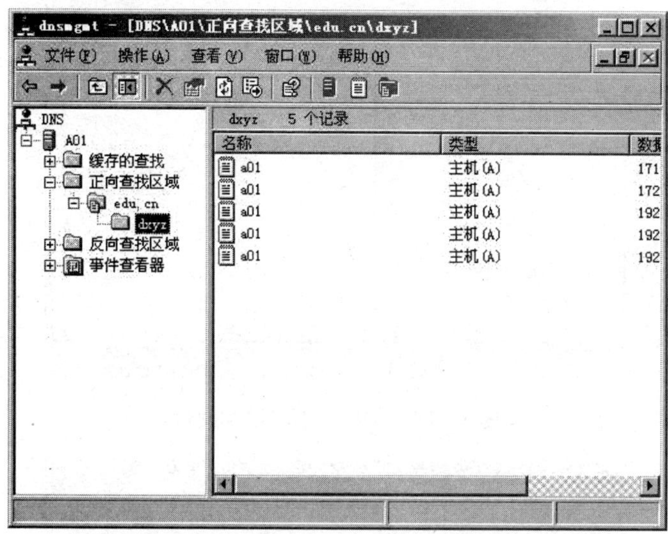

图 4—110　DNS 控制台窗口正向查找区域

（3）单击“反向查找区域”，展开并查看创建的“DNS 反向查找区域”是否正确，如图 4—111 所示。

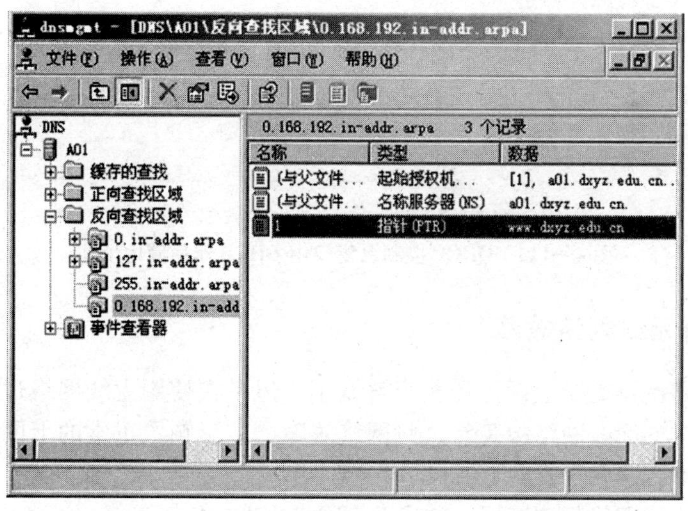

图 4—111　DNS 控制台窗口反向查找区域和指针

2. 排查 DHCP 服务器设置

（1）单击“开始”按钮，指向“程序”，指向“管理工具”，单击“DHCP”命令选项，打开 DHCP 服务器控制台，如图 4—112 所示。

（2）单击“服务器名称”，展开并查看创建的“DHCP 作用域地址池”是否正确，如图 4—113 所示。

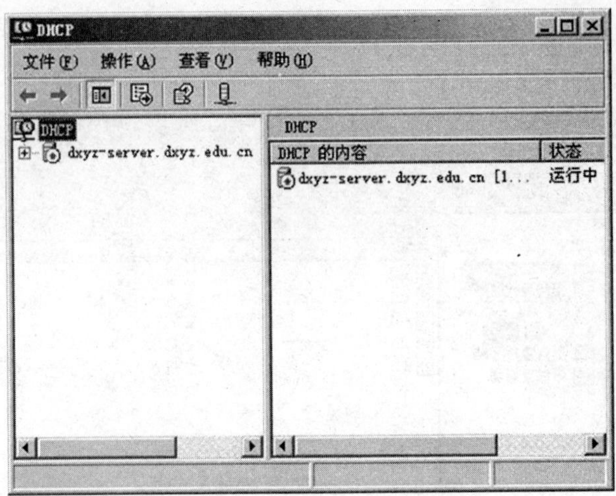

图 4—112 DHCP 服务器控制台

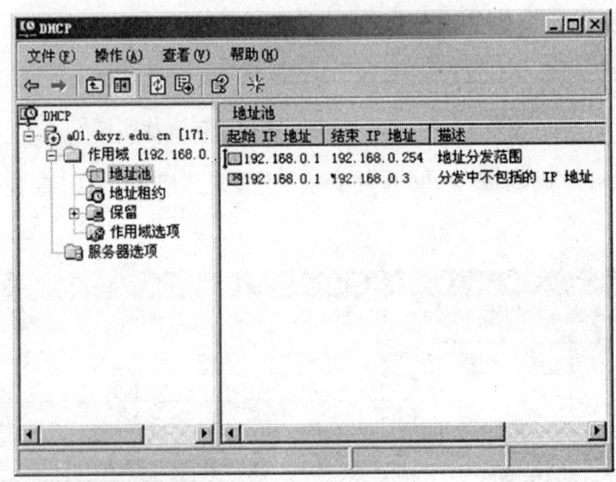

图 4—113 DHCP 控制台窗口中 DHCP 作用域地址池

五、排查无线网络故障

通过无线路由器无线上网已经相当普及了，但是在使用无线网络过程中，经常会遭遇到各式各样的无线网络故障，这些网络故障严重影响了正常的上网效率。如果遇到无线网络故障，通常排查的方法如下：

（1）检查无线网络物理连接，确认无线网络物理连接正确。

（2）检查无线网络和 Internet 服务商是否正确连通。使用网络中的工作站，Ping 本地 Internet 服务商提供的 DNS 服务器地址，确认路由器设备到 Internet 服务商之间的线路连接畅通。

（3）将某一工作站利用双绞线连接到路由器的配置端口，打开 IE 浏览器，在 IE 浏览器窗口地址栏中输入路由器使用的 IP 地址，登录界面输入正确的路由器登录用户名和密码，打开路由器的后台管理界面，逐一检查路由器网络参数的配置。

（4）检查无线网络的连接状态，在路由器配置界面找到连接方式设置选项，查看该选项的参数是否已经被设置为了“自动连接，在开机和断线后进行自动连接”，如果设置不正确的话，必须及时将连接方式修改过来，最后在后台管理界面中执行保存操作，将前面的参数修改操作保存成功，最后重新启动无线路由器设备，这样能解决无线网络故障。

工作页与评价

<table>
<tr><td>第四单元</td><td colspan="6">局域网管理与维护</td></tr>
<tr><td>工作名称</td><td colspan="6">任务二：局域网的维护</td></tr>
<tr><td>工作时间</td><td>年　月　日</td><td>地点</td><td></td><td>工作组号</td><td colspan="2"></td></tr>
<tr><td>工作材料</td><td colspan="6"></td></tr>
<tr><td>小组成员</td><td colspan="6">组长：　　　　组员：</td></tr>
<tr><td>工作目标</td><td colspan="6"></td></tr>
<tr><td rowspan="8">工作过程</td><td rowspan="2">工作任务</td><td rowspan="2">工作记录</td><td colspan="4">评价</td></tr>
<tr><td>A</td><td>B</td><td>C</td><td>D</td></tr>
<tr><td rowspan="2">局域网终端故障</td><td>网线：　网卡驱动：　网络协议：　工作组：</td><td></td><td></td><td></td><td></td></tr>
<tr><td>IP 地址：　子网掩码：　网关：　DNS：</td><td></td><td></td><td></td><td></td></tr>
<tr><td>查看网络运行信息</td><td>事件查看器：　性能监视器：　网络监视器：</td><td></td><td></td><td></td><td></td></tr>
<tr><td>系统防火墙的设置</td><td></td><td></td><td></td><td></td><td></td></tr>
<tr><td>DNS 与 DHCP 服务器</td><td>DNS 服务器：　DHCP 服务器：</td><td></td><td></td><td></td><td></td></tr>
<tr><td>无线网络故障</td><td></td><td></td><td></td><td></td><td></td></tr>
<tr><td>反馈意见</td><td colspan="6"></td></tr>
<tr><td>教师签字</td><td colspan="6"></td></tr>
<tr><td rowspan="5">评价标准</td><td>等级
工作任务</td><td>A</td><td colspan="2">B</td><td colspan="2">C</td></tr>
<tr><td>网络故障的分析与排除</td><td>正确说明故障现象；正确列举可能导致错误的原因；正确解决故障。</td><td colspan="2">正确说明故障现象；正确列举可能导致错误的原因；未能解决故障。</td><td colspan="2">正确说明故障现象；未能列举可能导致错误的原因。</td></tr>
<tr><td>查看网络运行信息</td><td>正确解读事件查看器内容；正确解读性能监视器内容；正确解读网络监视器内容。</td><td colspan="2">正确解读事件查看器内容；解读性能监视器内容或网络监视器内容有错误。</td><td colspan="2">解读事件查看器内容有错误。</td></tr>
<tr><td>查看系统防火墙的设置</td><td>启动系统防火墙并按需求设置安全策略。</td><td colspan="2">能正确启用系统防火墙；按需求设置安全策略错误。</td><td colspan="2">能找到系统防火墙位置。</td></tr>
<tr><td>排查 DNS 服务器设置</td><td>正确打开 DNS 服务器配置界面；正确打开正向区域查看设置是否正确；正确打开反向区域查看设置是否正确。</td><td colspan="2">正确打开 DNS 服务器配置界面；正确打开正向区域查看设置是否正确；不能正确找到反向区域设置。</td><td colspan="2">正确打开 DNS 服务器配置界面；不能正确打开正向区域设置；不能正确找到反向区域设置。</td></tr>
</table>

续前表

	等级 工作任务	A	B	C
评价标准	排查 DHCP 服务器设置	正确打开 DHCP 服务器配置界面；正确打开 DHCP 作用域地址池；正确判断 DHCP 地址池中的地址是否正确。	正确打开 DHCP 服务器配置界面；正确打开 DHCP 作用域地址池；不能正确判断 DHCP 地址池中的地址是否正确。	正确打开 DHCP 服务器配置界面；不能正确打开 DHCP 作用域地址池。
	排查无线网络故障	正确查看无线设备与外网设备；正确查看无线网卡安装和驱动程序；正确查看配置计算机网络参数；正确查看是否正确加入无线网。	正确查看无线设备与外网设备；正确查看无线网卡安装和驱动程序；不能查看配置计算机网络参数；不能查看是否正确加入无线网。	正确查看无线设备与外网设备；不能查看无线网卡安装和驱动程序；不能查看配置计算机网络参数；不能查看是否正确加入无线网。

注：未达到 C 标准的视为 D。

问题讨论：

1. 如何排查网络终端故障?
2. 如何查看网络运行信息?
3. 如何排查 DNS 和 DHCP 服务器故障?
4. 如何查看系统防火墙设置?

相关知识

1. 防火墙技术

网络防火墙技术作为内部网络与外部网络之间的第一道安全屏障，是最先受到人们重视的网络安全技术，就其产品的主流趋势而言，大多数代理服务器（也称应用网关）也集成了包过滤技术，这两种技术的混合应用显然比单独使用更具有强大的优势。那么我们究竟应该在哪些地方部署防火墙呢？首先，应该安装防火墙的位置是公司内部网络与外部 Internet 的接口处，以阻挡来自外部网络的入侵；其次，如果公司内部网络规模较大，并且设置有虚拟局域网（VLAN），则应该在各个 VLAN 之间设置防火墙；最后，通过公网连接的总部与各分支机构之间也应该设置防火墙，如果有条件，还应该同时将总部与各分支机构组成虚拟专用网（VPN）。安装防火墙的基本原则是：只要有恶意侵入的可能，无论是内部网络还是与外部公网的连接处，都应该安装防火墙。

防火墙技术已经经历了三个阶段，即包过滤技术、代理技术和状态监视技术。

(1) 包过滤技术。

包过滤防火墙的安全性是基于对包的 IP 地址的校验。在互联网上，所有信息都是以包的形式传输的，信息包中包含发送方的 IP 地址和接收方的 IP 地址。包过滤防火墙将所有通过的信息包中发送方 IP 地址、接收方 IP 地址、TCP 端口、TCP 链路状态等信息读出，并按照预先设定的过滤原则过滤信息包。那些不符合规定的 IP 地址的信息包会被防火墙过滤掉，以保证网络系统的安全。这是一种基于网络层的安全技术，对于应用层的黑客行为是无能为力的。

（2）代理技术。

代理服务器接收客户请求后会检查验证其合法性，如其合法，代理服务器像一台客户机一样取回所需的信息再转发给客户。它将内部系统与外界隔离开来，从外面只能看到代理服务器而看不到任何内部资源。代理服务器只允许有代理的服务通过，而其他所有服务都完全被封锁住。这一点对系统安全是很重要的，只有那些被认为“可信赖的”服务才允许通过防火墙。

（3）状态监视技术。

这是第三代网络安全技术。状态监视服务的监视模块在不影响网络安全正常工作的前提下，采用抽取相关数据的方法对网络通信的各个层次实行监测，并作为安全决策的依据。监视模块支持多种网络协议和应用协议，可以方便地实现应用和服务的扩充。状态监视服务可以监视 RPC（远程过程调节器）和 UDP（用户数据包）端口信息，而包过滤和代理服务则都无法做到。

2. 防火墙的选择

选择防火墙的标准有很多，但最重要的是以下几条：

（1）拥有防火墙产品作为网络系统的安全屏障，其总拥有成本（TCO）不应该超过受保护网络系统可能遭受最大损失的成本。以一个非关键部门的网络系统为例，假如其系统中的所有信息及所支持应用的总价值为 10 万元，则该部门所配备防火墙的总成本也不应该超过 10 万元。当然，对于关键部门来说，其所造成的负面影响和连带损失也应考虑在内。如果仅做粗略估算，非关键部门的防火墙购置成本不应该超过网络系统的建设总成本，关键部门则应另当别论。

（2）防火墙本身是安全的。作为信息系统安全产品，防火墙本身也应该保证安全，不给外部侵入者以可乘之机。如果像马其顿防线一样，正面虽然牢不可破，但进攻者能够轻易地绕过防线进入系统内部，网络系统也就没有任何安全性可言了。

通常，防火墙的安全性问题来自两个方面：其一是防火墙本身的设计是否合理。这类问题一般用户根本无从入手，只有通过权威认证机构的全面测试才能确定。所以对用户来说，保守的方法是选择一个通过多家权威认证机构测试的产品。其二是使用不当。一般来说，防火墙的许多配置需要系统管理员手工修改，如果系统管理员对防火墙不十分熟悉，就有可能在配置过程中遗留大量的安全漏洞。

（3）管理与培训。管理和培训是评价一个防火墙好坏的重要方面。我们已经谈到，在计算防火墙的成本时，不能只简单地计算购置成本，还必须考虑其总拥有成本。人员的培训和日常维护费用通常会在其中占据较大的比例。一家优秀的安全产品供应商必须为其用户提供良好的培训和售后服务。

（4）可扩充性。在网络系统建设的初期，由于内部信息系统的规模较小，遭受攻击造成的损失也较小，因此没有必要购置过于复杂和昂贵的防火墙产品。但随着网络的扩容和网络应用的增加，网络的风险成本也会急剧上升，此时便需要增加具有更高安全性的防火墙产品。如果早期购置的防火墙没有可扩充性，或扩充成本极高，这便是对投资的浪费。好的产品应该留给用户足够的弹性空间，在安全水平要求不高的情况下，可以只选购基本系统，而随着要求的提高，用户仍然有进一步增加选件的余地。这样不仅能够保护用户的投资，对提供防火墙产品的厂商来说，也扩大了产品覆盖面。

3. 防火墙的基本思想

在没有防火墙的环境中，网络安全性完全依赖主系统的安全性。在一定意义上，所有主系统必须通力协作来实现均匀一致的高级安全性。子网越大，把所有主系统保持在相同的安全性水平上的可管理能力就越小，随着安全性的失策和失误越来越普遍，入侵就时有发生。防火墙有助于提高主系统总体安全性。防火墙的基本思想不是对每台主机系统进行保护，而是让所有对系统的访问通过某一点且保护这一点，并尽可能地对外界屏蔽所保护网络的信息和结构。它是设置在可信任的内部网络和不可信任的外界之间的一道屏障，它可以实施比较广泛的安全政策来控制信息流，防止不可预料的潜在的入侵破坏。防火墙系统可以是路由器，也可以是个人机、主系统或者是一批主系统，专门用于把网点或子网同那些可能被子网外的主系统滥用的协议和服务隔绝。防火墙可以从通信协议的各个层次以及应用中获取、存储并管理相关的信息，以便实施系统的访问安全决策控制。

4. 防火墙的功能、作用

防火墙是指设置在不同网络（如可信任的学校内部网和不可信的公共网）或网络安全域之间的一系列部件的组合。它是不同网络或网络安全域之间信息的唯一出入口，能根据学校的安全政策控制（允许、拒绝、监测）出入网络的信息流，且本身具有较强的抗攻击能力。

它是提供信息安全服务，实现网络和信息安全的基础设施。它可通过监测、限制、更改跨越防火墙的数据流，尽可能地对外部屏蔽网络内部的信息、结构和运行状况，以此来实现网络的安全保护。

从作用上看，防火墙可以是分离器、限制器，也可以是分析器，用来监控内部网和互联网之间的任何活动，从而保证了内部网络的安全。

（1）防火墙是网络安全的屏障。

一个防火墙（作为阻塞点、控制点）能极大地提高一个内部网络的安全性，并通过过滤不安全的服务而降低风险。由于只有经过精心选择的应用协议才能通过防火墙，所以网络环境变得更安全，减少子网中主机的风险。如防火墙可以禁止诸如众所周知的不安全的 NIS、NFS 协议进出受保护网络，这样外部的攻击者就不可能利用这些脆弱的协议来攻击内部网络。防火墙同时可以保护网络免受基于路由的攻击，如 IP 选项中的源路由攻击和 ICMP 重定向中的重定向路径。防火墙应该可以拒绝所有以上类型攻击的报文并通知防火墙管理员。防火墙还可以提供对系统的访问控制，如允许从外部访问某些主机，同时禁止访问另外的主机。例如，防火墙允许外部访问特定的 Mail Server 和 Web Server。

（2）防火墙可以强化网络安全策略。

通过以防火墙为中心的安全方案配置，能将所有安全软件（如口令、加密、身份认证、审计等）配置在防火墙上。与将网络安全问题分散到各个主机上相比，防火墙的集中安全管理更经济。由于防火墙对企业内部网实现集中的安全管理，在防火墙定义的安全规则可运行于整个内部网络系统，而无须在内部网每台机器上分别设立安全策略。防火墙可以定义不同的认证方法，而不需要在每台机器上分别安装特定的认证软件。所以在网络访问时，一次加密口令系统和其他的身份认证系统完全可以不必分散到各个主机上，而集中在防火墙上。外部用户也只需要经过一次认证即可访问内部网。

（3）对网络存取和访问进行监控审计。

如果所有的访问都经过防火墙，那么，防火墙就能记录下这些访问并做出日志记录，同时也能提供网络使用情况的统计数据。当发生可疑动作时，防火墙能进行适当的报警，并提供网络是否受到监测和攻击的详细信息。另外，收集一个网络的使用和误用情况也是非常重要的。首先的理由是可以清楚防火墙是否能够抵挡攻击者的探测和攻击，并且清楚防火墙的控制是否充足。而网络使用统计对网络需求分析和威胁分析等而言也是非常重要的。

（4）防止内部信息的外泄。

通过利用防火墙对内部网络的划分，可实现内部网重点网段的隔离，从而限制了局部重点或敏感网络安全问题对全局网络造成的影响。再者，隐私是内部网络非常关心的问题，一个内部网络中不引人注意的细节可能包含了有关安全的线索而引起外部攻击者的兴趣，甚至因此而暴露了内部网络的某些安全漏洞。使用防火墙就可以隐蔽那些透漏内部细节如 Finger，DNS 等服务。Finger 显示了主机的所有用户的注册名、真名，最后登录时间和使用 shell 类型等。Finger 显示的信息非常容易被攻击者所获悉。攻击者可以知道一个系统使用的频繁程度，这个系统是否有用户正在连线上网，这个系统是否在被攻击时引起注意等等。防火墙可以同样阻塞有关内部网络中的 DNS 信息，这样一台主机的域名和 IP 地址就不会被外界所了解。

除了安全作用，防火墙还支持具有互联网服务特性的企业内部网络技术体系 VPN。通过 VPN，将企事业单位在地域上分布在全世界各地的 LAN 或专用子网，有机地联成一个整体。这不仅省去了专用通信线路，而且为信息共享提供了技术保障。

工作技巧

1. 无法获得 IP 地址

症状：网络不能用。操作系统可能会警告说无法从 DHCP 服务器获得 IP 地址。在检查了网卡后，也没有获得 IP 地址。

原因：

（1）DHCP 服务器可能缺乏可用的 IP 地址；

（2）服务器的 DHCP 服务可能关闭；

（3）终端设备使用了静态 IP 地址而不是自动获得 IP 地址；

（4）终端设备的 DHCP 请求没有传送给服务器。在为 VLAN 配置一个新设备时，这种问题常常发生，此时并没有设置 VLAN 将 DHCP 请求转发给 DHCP 服务器。

解决方法：关键的问题是，这种故障是仅限于某个用户或是多个用户都受到影响？如果仅有一个用户受到影响，应检查网卡的设置，确保它使用了DHCP服务。

下一步，检查交换机，看一下端口、VLAN，看是否配置了VLAN成员。检查这个VLAN上的其他设备是否可以获得IP地址。如果这些设备都无法获得地址，问题可能是由于路由器没有将DHCP请求转发给DHCP服务器造成的。如果多个子网上的多台设备都有这个问题，问题有可能是服务器自身造成的。服务器可能并没有运行DHCP服务，或者它可能没有足够的IP地址可供分配。

2. 无法连接到应用程序服务器

症状：用户试图打开的应用程序发出警告说，无法连接到应用程序服务器。在使用电子邮件服务器或CRM应用程序时，常会出现这种情况。

原因：多种原因可导致此问题。关键问题是问一下用户这种故障是经常发生还是偶尔出现。如果用户拥有此连接的正确IP地址，那么，在用户和服务器之间可能存在着路由问题。技术人员可通过使用一个简单的Ping命令来确认问题。如果只是偶尔地丢掉连接，可能是由于服务器过于忙碌，导致无法响应客户端的请求。

解决方法：如果不是路由问题，应检查服务器的负载和资源，如服务器是否正在忙着运行另外一个任务（如备份）？如果服务器并不忙碌，应检查客户端和服务器之间的网络负载，如果有WAN连接的话，应特别检查一下。通常情况下，客户端和服务器之间周期性的过高网络应用会导致客户端的连接问题。检查的最好方法是利用一个SNMP工具，用它来监视这些链接上的网络利用率。此外，还要检查所有交换机和路由器上的以太网错误，这些错误可导致客户端和服务器之间的数据包丢失。

3. 错误的VLAN分配

症状：在向网络上安装新的服务时（如无线或VoIP），经常要使用VLAN来隔离与其他用户的通信。这就要求配置每一个支持这些服务端口的正确的VLAN。如果配置不当，服务就无法运行。IP电话可能无法呼叫管理器注册，连接到电话的电脑可能无法连接到关键服务器，无线用户有可能无法获取无线环境的正确地址。

原因：可能没有正确配置负责连接这些服务的交换机。交换机没有与单位内的设备通信，没有对交换机进行重新配置来支持这些新服务。

解决方法：测试端口验证支持了哪些VLAN。如果可能的话，使用一个VLAN标记来生成VLAN的特定通信，检查端口上配置了哪些VLAN。检查DHCP服务器所提供的IP地址，进而决定哪个未标记的VLAN被提供给了端口。另外，还应检查交换机的配置，验证VLAN的配置。

4. 双工不匹配

症状：双工不匹配，将导致连接工作异常。交换机和网卡上的连接指示灯显示非常活跃。网络性能极大降低，吞吐量降到100kbps或更低。

原因：连接的一端工作在全双工（同时传送和接收），其他的设备工作在半双工（同一时刻只能传送或接收）。全双工一端有可能中断半双工端，导致半双工一端异常中断传输。如果传输中断，就需要重新传送数据帧。这会极大地减少半双工端能够利用的带宽。

解决方法：在几乎所有的故障中，双工不匹配都是由于强迫连接的一端（通常是交换机）工作在全双工的结果，这会使另外一端的电脑自动发起连接会话。问题是自动发起会话将造成被强迫的全双工并匹配这种配置。但远不如此简单。被强迫工作在全双工的一端再也不能发送正确的信号，这种信号正是自动发起连接会话赖以决定速度和双工的信号。连接过程中，自动发起连接会话的一端需要猜测连接的双工状态。在无法确定的情况下，自动发起连接会话将一直工作在半双工。这是网络中多数双工不匹配问题的发生机理。为此，将网络中的所有连接设置为“Auto negotiation”。

除非你有明确的理由不这样做。在这些特例中，如交换机的相互联接中，一定要将两端的设置为全双工。

5. 应用程序性能降低

症状：应用程序运行起来似老牛拉破车，在存取数据时程序好像凝固在某个屏幕。

原因：许多问题可导致应用程序性能降低。在正常工作时间发生的服务器备份、数据库服务器的缓慢响应、网络数据包的丢失等属于最常见的原因。从网络技术人员的观点来看，需要决定的最重要的事情是这种问题是由服务器引起的，还是由网络引起的。为此，可从某客户端捕获应用程序数据，查找客户端和服务器之间是否存在数据重发。如果存在重发，那么，就可以断定在网络上存在着数据包的丢失情况，这会严重地影响应用程序的性能；如果不存在重发，并且建立了客户端和服务器之间的网络连接，那么问题可能出在服务器上，可从这方面解决问题。

解决方法：在跟踪问题时，虽然数据包的分析工具难以使用，但这些工具常常配置了简单的可以显示 TCP 重发的计数器。管理员可以使用这种计数器来帮助决定在客户端和服务器之间的网络上是否存在数据包的丢失。要查找客户端和服务器之间的任何交换机和路由器上的以太网的错误（如 FCS 错误）。如果有错误，就应关注由于广域网连接的过度利用所造成的数据包丢失。

6. 网络打印问题

症状：打印无法连续地在网络上运行。打印机看似可用，但发送给它的打印任务并没有完成。

原因：需要检查并确定是一个用户或多个用户正遇到此问题。如果只是一个用户遇到此问题，原因可能是这台电脑并没有正确地映射到打印服务器。如果不是一个用户的问题，问题可能出在客户端与打印机之间的网络上。数据包的丢失可引起打印问题，打印机自身的连接也会引起打印问题。

解决方法：检查打印机的配置，确保它拥有正确的 IP 地址，并且如果它属于外部打印服务器，还要检查它是否可以访问打印机。有时，更新打印机驱动程序可以解决打印问题。总之，要保障发往打印机和来自打印机的通信可以通过网络，并保障打印驱动程序是最新的。

单元小结

本单元主要学习了局域网的管理与维护，具体学习了网络综合布线系统的管理、网络用户和 NTFS 文件系统权限的设置、网络 DNS 和 DHCP 服务器管理与维护、网络监视系统维护工具的使用、网络故障的分析与排查等。通过本单元的学习，能够独立管理与维护局域网。

思考与练习

某单位组建了局域网，使用一段时间后出现如下问题，请你分析出现以下问题可能的原因并给出解决办法。

1. 有的计算机不能连入网络；
2. 有的计算机设置了共享资源却不能访问；
3. 有的计算机不能上网；
4. 有的计算机不能自动获取 IP 地址等参数；
5. 有的计算机不能通过域名浏览局域网内的网站。

图书在版编目（CIP）数据

计算机网络实用技术/何琳主编. —北京：中国人民大学出版社，2012.4
中等职业教育规划教材
ISBN 978-7-300-15582-1

Ⅰ.①计… Ⅱ.①何… Ⅲ.①计算机网络-中等专业学校-教材 Ⅳ.①TP393

中国版本图书馆 CIP 数据核字（2012）第 064228 号

中等职业教育规划教材
计算机网络实用技术
主 编 何 琳
主 审 古燕莹
Jisuanji Wangluo Shiyong Jishu

出版发行 中国人民大学出版社
社　　址 北京中关村大街 31 号　　**邮政编码** 100080
电　　话 010－62511242（总编室）　　010－62511398（质管部）
010－82501766（邮购部）　　010－62514148（门市部）
010－62515195（发行公司）　　010－62515275（盗版举报）
网　　址 http://www.crup.com.cn
http://www.ttrnet.com（人大教研网）
经　　销 新华书店
印　　刷 北京昌联印刷有限公司
规　　格 185 mm×260 mm 16 开本　　**版　　次** 2012 年 5 月第 1 版
印　　张 13.75　　**印　　次** 2017 年 10 月第 2 次印刷
字　　数 292 000　　**定　　价** 28.00 元
